走向平衡系列丛书

Research on Spatial Development
Evaluation and Planning Strategies of
RAIL TRANSIT
STATION AREAS

轨道交通站点地区空间
发展评价与规划策略研究

饶传坤　高　雪　金　利　许琼怡　田雪琪　◎著

ZHEJIANG UNIVERSITY PRESS
浙江大学出版社
·杭州·

图书在版编目（CIP）数据

轨道交通站点地区空间发展评价与规划策略研究 /
饶传坤等著 . -- 杭州 ：浙江大学出版社，2025. 3.
ISBN 978-7-308-25977-4

I. TU984. 2

中国国家版本馆 CIP 数据核字第 2025EL2099 号

轨道交通站点地区空间发展评价与规划策略研究

饶传坤　高　雪　金　利　许琼怡　田雪琪　著

责 任 编 辑	金　蕾	
责 任 校 对	蔡晓欢	
封 面 设 计	春天书装	
出 版 发 行	浙江大学出版社	
	（杭州市天目山路 148 号　邮政编码 310007）	
	（网址：http://www.zjupress.com）	
排　　　版	杭州晨特广告有限公司	
印　　　刷	杭州捷派印务有限公司	
开　　　本	787mm×1092mm　1/16	
印　　　张	18	
字　　　数	372 千	
版　印　次	2025 年 3 月第 1 版　2025 年 3 月第 1 次印刷	
书　　　号	ISBN 978-7-308-25977-4	
定　　　价	149.00 元	

前　言

　　1971 年 1 月，北京市地铁 1 号线正式通车运营。北京成为我国内地首个开通城市内部轨道交通（不含有轨电车）的城市。天津、上海、广东也先后在 1984 年、1993 年和 1997 年分别开通运营了各城市的首条地铁线路。至 1999 年底，我国内地开通城市轨道交通的总营运里程为 99.9 千米。进入 21 世纪后，我国城市轨道交通的建设速度显著加快。2012 年开通城市轨道交通的内地城市达到 17 个，运营里程 2286 千米。2023 年开通的城市数量更是达到 59 个，运营线路 338 条，线路总长度 11224.5 千米，均位居世界第一。

　　首先，城市轨道交通的快速发展，改变和优化了我国城市交通的出行方式和出行结构，轨道交通成为市民的重要出行方式，部分大城市（如上海、广州、深圳、成都）的轨道交通客运分担率超过 60%。通过城市轨道交通的建设，市民的出行选择更为多样化，在路面拥堵的高峰时段可采用更为便捷的轨道交通方式出行，各大城市的交通拥堵问题普遍得到一定程度的缓解。另外，城市轨道交通也为城市环境质量的提升和低碳城市的建设提供了保障，市民出行更多地采用公共交通工具，出行方式更为绿色低碳。然后，城市轨道交通的快速发展对引导各大城市用地开发和优化城市空间结构起到了重要的作用，轨道交通由于其大容量、快速、准点和可达性强的优势，使得其站点周边用地具有相对较高的区位优势、经济价值与开发前景，从而影响城市土地的利用形式、用地结构乃至城市空间结构。

　　城市轨道交通的建设与开发，使城市轨道交通站点地区成为吸引人流的城市新兴地区，也成为城市开发的热点地区，尤其是建设用地比重较小的城市边缘区与城市郊区的站点。这些地区，由于可开发的用地充足、开发成本较低，更容易作为城市空间发展的新增长点，成为城市政府激发城市活力、提升城市功能的主要着眼点。城市政府围绕轨道交通站点，选择关联性开发项目，如商业设施、商务办公设施、较高密度的居住设施等，并根据实际情况逐步向外围延伸，不仅对该地区的空间高效的开发起到积极的作用，实现地块的整体式和规模化开发，也有利于减缓城市规模的快速增长对城市中心地区的压力，疏解城市功能，促进城市空间结构合理有序的展开。

　　轨道交通站点周边地区的开发，作为城市开发的重要的组成部分，其开发模式必然要与城市发展的诸多要求相一致，既要使其本身空间结构有序，用地开发有序、高效，又要使其融入城市，成为城市的有机组成和重要的功能主体，与周边地块和城市主副中心有着协调的联系。国外学者对此已有较多的相关的研究成果。

　　卡尔索普的公共交通导向型发展（transit-oriented development，TOD）开发模式，近年来在中国得到了广泛的传播和一定程度的应用。该模式是在发达国家城市背景下被提出的，然而，无论是城市发展政策、土地开发模式和城市空间特征，中西方城市都存在较大的差异，发达城市关于轨道站点地区开发的理论在中国各大城市的利用，还需要结合中国自身城市实际上的不断探索、检验和再探索，以获得适合中国城市发展特色的站点地区发展模式和实现路径。

在此时代背景下，本书以我国城市轨道交通发展较为典型的杭州市为主要案例城市，通过对其轨道站点地区的空间发展状况、发展特征的考察与分析，从多角度对其发展的效果进行评价，探讨我国大城市轨道交通站点地区发展的一般性规律和可能存在的问题与不足，并尝试性地提出建议与实施策略，为完善适合中国城市的轨道交通站点地区的发展理论提供素材。

本书分为 8 章：第 1 章主要包括研究背景和国内外相关研究的进展；第 2 章基于用地开发的特征对轨道交通站点进行类型化的研究，各站点可分为七大类型，其类型的变动主要受到非建设用地的开发、服务功能的提升、制造业的撤退等因素的影响；第 3 章基于客流视角对轨道交通站点发展水平进行评价，主要分为活力评价、辐射能力评价和职住平衡度评价三个方面；第 4 章剖析影响轨道交通站点发展水平的因素，区位、用地布局、设施功能混合度等外源性因素对轨道交通发展水平起到较强的作用；第 5 章基于"节点—场所—联系"模型建立居住型站点 TOD 效能评价指标体系，并对杭州市 41 个站点进行评价，各站点的总体得分普遍不高，失衡型站点和待开发型站点仍超过半数，需不断充实与提高；第 6 章分类型选择 4 个居住型站点，对其 TOD 效能进行案例研究，各类型站点在 TOD 效能上的表现呈较多的差异；第 7 章从健康服务可及性、居住环境舒适性和建成空间健康性三方面建立轨道交通站域生活圈健康导向性评价体系，并应用于杭州市的典型站点，各站点的整体表现一般，其中，居住环境舒适性相对表现较好，健康服务可及性与建成空间健康性有待提升；第 8 章从协同发展、TOD 效能提升、健康导向性建设三方面，对轨道交通站点地区的空间发展策略进行研究，以期为我国城市轨道交通与城市空间的高质量、可持续发展提供参考。

本书的第 1 章由饶传坤编写，第 2 章由饶传坤、高雪编写，第 3 章、第 4 章由金利、饶传坤编写，第 5 章、第 6 章由许琼怡、饶传坤编写，第 7 章由饶传坤、田雪琪编写，第 8 章由饶传坤、高雪、田雪琪编写。本书由浙江大学平衡建筑研究中心资助。

本书可供城市规划、城市综合交通规划、城市可持续发展研究的相关人员以及城市建设与管理者参考。

作　者
2024 年 12 月

目　录

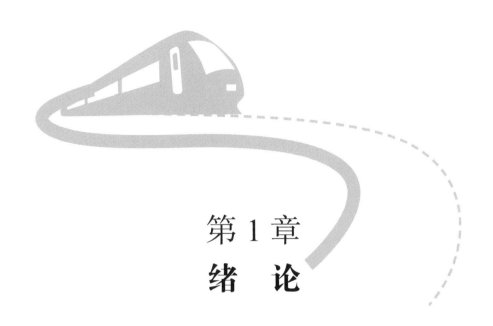

第 1 章
绪　论

1.1　城市轨道交通的快速发展有利于站点地区的开发

1.1.1　中国城市轨道交通的快速发展

大力建设城市轨道交通是顺应城市发展需求的积极作为。随着中国城镇化快速推进和大城市空间规模的急速扩张，城市交通拥堵、人车矛盾突出等问题也随之而来并日益严重，进而影响城市人居环境的优化提升。城市轨道交通作为大运量的公共交通工具，在缓解大城市交通拥堵、缓解人车矛盾，以及提升城市人居环境和提高土地利用效率上具有重要的作用。因此，构建以城市轨道交通线网为骨干框架、以常规公交为辅助的城市公共交通体系正成为解决中国大城市的交通问题、促进城市有序高效发展的重要的应对措施。目前，中国许多城市已经建成或正在大力发展轨道交通网络，深圳、成都、西安等城市的轨道交通在城市公共交通中的分担率已超过 50%，越来越多的城市居民选择轨道交通作为日常出行的交通工具。

从发展阶段来看，中国城市轨道交通建设进入了快速发展的阶段，建设规模处于世界领先的状态。截至 2023 年底，中国内地共有 59 个城市开通城市轨道交通，运营线路338 条，运营线路的总长度为 11224.54 千米，运营线路与总运营里程均排名世界第一。其中，运营里程占全球总里程的 25% 以上，2023 年全年累计完成客运量 294.66 亿人次，同比增长 52.7%。全球轨道交通运营总里程超过 100 千米的城市有 102 个，其中，中国内地有 29 个；全球轨道交通运营总里程超过 300 千米的城市有 24 个，其中，中国内地

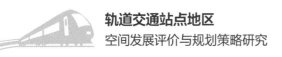

有 13 个。同时，正在实施的建设规划城市轨道交通线路的总长超过 6000 千米，城市轨道交通的快速发展还在不断持续中。

1.1.2 城市轨道交通与城市空间发展互促共进

对于一个轨道交通城市而言，城市发展与轨道交通建设有着"二位一体"且难以分割的相互关系。城市容量足够大才能支撑城市轨道交通系统的运作，城市轨道交通的有效发展才能促进大城市各种功能的有序运行。

城市是轨道交通系统的"本底"和"容器"，在规划设计、建造管理、运营维护的全过程中，轨道交通系统都不能脱离城市的物质环境。城市发展状况影响轨道交通建设，如城市人口规模及其衍生的交通规模决定了城市建设轨道交通的可行性，城市空间结构、空间形态与布局决定了城市轨道交通网络的布局，站点的区位及其周边的开发程度影响着轨道交通采用的类型和形式，站点周边的街道空间尺度、建筑与设施布局影响着站点出入口的设置等。

轨道交通系统是城市发展的"脉"与"磁"。首先，轨道交通对城市发展具有引导作用，轨道交通促使城市空间向周边呈带状开发，它能加强城市中心与城市边缘区乃至郊区的相互联系，扩大居民在城市中的移动范围，从而引导城市建设向外延伸。其次，轨道交通的发展将对城市空间结构带来影响，轨道交通促进沿线地区可达性的提高，使城市设施及其相对应的功能重新分布，新的城市活力地段不断兴起，城市空间格局得以重组。再者，由于轨道交通站点有较好的交通条件，尤其是多条线路相交的换乘站，这些站点将获得更多的发展优势，成为城市新的发展"磁极"。同时，这些"磁极"处于同一条轨道交通线上，使得该线路将有可能成为城市发展的新轴线。

当前，城市轨道交通建设已经成为快速推动中国城市空间发展的重要举措。如在北京市，城市轨道交通建设不仅加强了城市副中心和北京主城区之间的联系，方便了市民的日常生活、学习、工作和出游，还在疏解非首都城市功能的过程当中发挥了巨大的作用。上海城市轨道交通经历了"十字—环线—网络状"的演变过程，而这正对应上海市"一核—多中心—多圈层"的城市发展模式，轨道交通系统正成为上海综合交通体系的主动脉。武汉市的城市轨道交通有力促进了"1+6"多中心的城市建设，支撑了主城与外围新城的发展，充分发挥了其迅捷舒适的独特优势，使主城与各新城间在经济、技术、信息、人才等相关方面都能互补互支，成为有共同的发展前景、各具特色的新型"共同体"。中国各大城市的实践表明，城市轨道交通建设已经成为快速推动城市空间发展的重要举措，并对城市空间结构的再重塑起到了重要的推动作用。

1.1.3 城市轨道交通站点地区正成为城市的开发热点

将视角从城市整体层面缩放到区块层面，站点建设对其周边地区能形成强有力的促进效应。城市轨道交通站点不仅是轨道交通系统的"运行核心"，更是城市地区的"价值中心"。城市轨道交通的运输线路全程封闭，轨道交通站点是客流疏散集中的场所，是轨道交通的"运行核心"，对城市发展具有重大的影响作用。同时，站点地区在集散区域内客流时，产生了较强的集聚效应，地价溢出效应明显，使其成为地块高密度开发的重点，成为城市地区的"价值中心"。当轨道交通站点建设晚于周边城市建设时，可以助力推进老城区的更新，促进形态改造，实现功能重组，增强城市活力。当轨道交通站点建设领先于城市建设时，可以助力远郊新区的建设，提高土地的开发效率，增加郊区设施的供给率。

由此，城市轨道站点地区正成为城市开发的"热点"。国内外的各大城市在开通城市轨道交通之后，也迎来了城市轨道站点地区的"开发热"。站点地区的"开发热"既体现在平面的高密度开发，也体现在立体向上向下的高强度开发。以城市轨道交通站点为中心的周边地区城市地上地下空间的综合开发，是促进城市功能混合利用、节约土地资源、提高城市运行效率的重要手段。

站点地区的开发主要可以分为两大模式，分别为"后期开发模式"和"轨道 + 土地开发模式"。"后期开发模式"是指在站点建设完成后，依据其所处地区的乘客需求和城市发展的需要，进行后续的商业开发。地下开发主要利用站厅空余空间和地下通道进行商业服务设施布局。地面开发则分为新建与更新两种模式，主要集中于站点出入口附近的城市空间与站点周围的街道空间。这种模式多存在于轨道交通建设晚于地块建设的情况下。"轨道 + 土地开发模式"主要是指站点建设与站点周围城市空间建设统一时序，是一种地下与地面空间相结合层叠立体的开发方式，结合站点建设，打造融合商业、娱乐、换乘等多功能于一体的地上地下综合体，实现站点与地面广场、过街通道等的有机结合。在轨道建设早于地块开发的情况下，采用这种模式能更好地协调土地开发与交通发展的关系，有序高效地开发城市土地，促进站点周边地区的功能整合，构建良好的站域空间形态。

1.1.4 城市轨道交通站点地区的发展需要科学评价与合理引导

城市轨道交通的全寿命周期的成本高，成本包括前期设计、项目建设、运营维护等，地铁作为其主要形式，仅建设成本就大多超过每千米 10 亿元。如此高成本的投入，除了为市民提供更优质的交通出行服务之外，是否有更好的效益产出，是否对城市空间发展和居民生活质量带来切实的提升，都需要进行客观的分析与评估。同时，轨道交通设施具有体量大、多为地下设施等特点，一经建设就不易更改选址与布局。通过站点周围城市建设、设施布局等措施来优化已经落地建设的轨道交通站点发展具有重要意义，这也凸显了城市轨道交通发展相关评估的重要性，它既能为交通公司优化轨道交通运营提供参考，也能为政府部门强化站点周边地区的城市开发提供指引。

当前，作为大运量、便捷、快速的城市交通方式，城市轨道交通广受市民欢迎。随

着城市轨道交通的建设日益完善、系统不断得到拓展、规模逐渐扩张,城市轨道交通究竟处于什么样的发展水平? 在哪些方面还有待提升? 城市轨道交通各个站点的建设时间有先后, 客流量有大小, 周围城市的建设强度有高低, 轨道交通站点周边地区的空间发展水平究竟怎样? 是否已经充分利用了站点的区位与交通优势? 这些问题均需要分析与评估。站点周边地区多是人口集中居住的重要生活区, 站点及其站域的空间质量在很大程度上影响了人们的出行方式、生活质量乃至站点活力。如何提升站域空间的质量, 更好地服务于城市居民, 也需要通过评估, 发现问题与短板, 剖析城市轨道交通发展对城市建设的影响, 让城市建设者能对症下药, 及时改进城市轨道交通体系及站点地区在开发与发展中存在的问题。

本研究旨在通过对城市轨道交通站点发展的翔实调研, 考察城市轨道交通的站点地区的用地开发、交通发展特征与发展水平、站域开发水平和 TOD 效能等表现特征, 探究城市建设与轨道交通站点发展之间的关联性, 探讨影响轨道交通站点 TOD 效能的原因, 分析轨道交通站点开发建设的现状以及现存的问题, 提出促进轨道交通站点地区空间质量提升和站点有序高效发展的优化策略, 为轨道交通站点周边的城市开发与建设提供科学指引, 促进城市整体空间的高质量发展。

1.2 国内外的相关研究进展

1.2.1 轨道交通与土地利用的相关研究

针对交通与土地利用的相互关系, 最早可以追溯到早期的古典经济学派区位理论。该理论通过理想市场模式下的经济活动区位选择及其地域空间分布特征的研究, 形成了农业区位论、工业区位论和市场区位论等著名理论, 其中, 交通系统与土地关系的探讨是这些区位论建立的理论基础。

20 世纪后, 关于城市空间结构模型的理论开始出现, 如伯吉斯的同心圆模式、霍伊特的扇形模式、哈里斯与乌尔曼的扇形模式等。同时, 区位理论仍然在发展, 如克里斯泰勒、廖什的中心地理学说, 这些模型和理论充分考虑了土地利用与交通之间的关系, 如哈里斯和乌尔曼认为土地使用中包含众多的因素, 如可达性、经济规模、毗连的土地利用特性等, 进而提出交通费用和场地租金是相互联系的。纵观 20 世纪后的城市交通与土地利用关系的研究历程, 主要可分为早期(大致 1950 年前)、近期(1950—1990 年)与现代(大致 1990 年后)三个阶段。

1950 年前, 对交通系统与土地利用关系的探讨观点主要有两派: 一派提倡轨道交通系统为骨干的公共交通, 以美国纽约、芝加哥, 英国伦敦, 法国巴黎等大都市为代表; 另一派则提倡以小汽车为导向的城市交通系统, 主张低密度的建设。尽管两派的观点相左，但都开始认识到交通规划与土地利用的协调必不可少。在这一时期，麦凯（MacKaye）探讨了区域发展对公路交通的影响；芒福德（Mumford）抨击了机动车取代步行、铁路等交通方式的观点，指出了持这一观点的危险性。

1950—1990 年，对城市交通系统与土地利用关系的研究进入理论探讨及模型模拟阶段，研究涉及对公共基础设施投资与城市发展的互动关系、城市交通建设对地价的影响、土地利用对城市交通系统的作用与影响等多方面。1951 年，美国规划官员协会提出了一份关于研究消费者从居住地去工作地的出行的报告，首次将以消费者行为学说为基础的经济学概念引入城市交通系统与土地利用关系的基本理论中；1961 年，洛顿·温（Lowdon Wingo）针对城市交通系统与土地利用关系建立了新的经济学模型（通勤/居住成本模型）；1964 年，威廉·阿朗索（William Alonso）在《区位与土地利用》中建立了城市地租模型，罗利（Lowry）建立了人口居住、就业、交通与土地等因素的 Lowry 互动模型；1975 年，施盖尔弗（Schaeffer）和斯科勒（Sclar）首次全面探讨了交通系统与城市形态的关系；1989 年，德·拉巴拉（DeLabarra）在《综合土地利用与交通建模》中建立了综合的土地利用与交通模型的理论。

1990 年以后，能源危机、环境压力、交通拥挤以及投资效益的压力迫使人们反思基于传统的以"机动化为导向"的土地使用模式，被称为"新城市主义"的"精明增长"理念应运而生。新城市主义作为本世纪最重要的规划思潮，提出"多样的、混合使用的"用地模式，创造一种"紧凑的、生机勃勃的、适宜步行的"城市社区生态，主张将一切与人们生活息息相关的设施都布置在适宜步行出行的空间范围之内，高度重视公共交通体系与土地利用的协同关系。将大运量城市轨道交通的公共交通导向型发展（transit-oriented development，TOD）模式作为其中最为重要的技术手段，在城市和区域规划、社区规划、详细规划等多个层面得到了广泛的关注和应用。

我国早期的相关研究多集中于轨道交通与土地利用关系的探讨及经验总结。1995 年，李晓江初步提出交通模式与土地利用的相互关系及演变关系；1997 年，蔡军探讨了不同的交通方式的特性与城市土地利用之间的相互作用的规律，结合我国城市发展的实际情况，为选择适合我国国情的城市交通方式与相应的用地布局模式提出了建议；1998 年，曹继林研究了轨道交通的作用范围，论述了轨道交通促进地区发展的作用机制、土地开发的特征与前提条件，认为轨道交通带来高密度、高强度的开发，对如何利用轨道交通来优化大城市的布局结构提出三大战略；田莉分析了国内部分城市快轨沿线土地利用的经验和教训，就轨道交通沿线的土地性质、强度和土地地价的制定以及沿线土地利用的控制管理等内容进行了探讨，指出快速轨道交通有助于形成城市发展轴，促进多中心的城市布局；2016 年，张利分析了轨道交通与城市土地利用之间的相互关系，对带形城市的空间结构及土地利用特征进行了分析，并着重研究了在 TOD 模式下对轨道交通站点周边用地如何开发，根据不同路网的距离折减以及基于调查数据的出行方式选择的多项

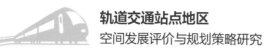
Logit 模型的建立，确定站点 TOD 的开发范围，进一步研究了 TOD 影响区内的交通一体化衔接，以期更大地发挥轨道交通站点的 TOD 效应；2017 年，张艳研究了土地使用与轨道交通的空间适配性，指出轨道交通客流与站点地区的土地使用之间存在较强的关联性，其影响主要来自站点功能、开发密度等。

1.2.2 轨道交通站点地区开发的相关研究

伴随着城市轨道交通的出现，围绕轨道交通站点的城市建设行为随之出现。这类行为最早可追溯到 19 世纪的英美等国家。由于城市铁路和有轨电车的兴起，城市由"步行城市""马车城市"开始向"轨道交通城市"演化，城市沿着公共交通线路呈现线状向外扩张。电力机车引导的有轨电车的出现，使有轨电车拥有更舒适、更清洁的乘车环境，其迅速取代蒸汽引导的电车，使有轨电车得以在各国迅速发展。到了 20 世纪初，有轨电车系统的发展遍及全美，对美国郊区城市的贡献超过了其他因素。

作为城市轨道交通发展较早的国家之一，日本在轨道交通站点的开发也相对较早。关于 1907 年建设的大阪市池田—宝塚的铁路线，在线路设计初期已经考虑了沿线土地的销售和房地产的开发，综合性的开发举措既提升了铁路线的经济效益，也有力促动了站点地区的城市开发。

"指状城市"的出现，也与城市轨道交通的发展密不可分，其中，最著名的为丹麦哥本哈根市。1948 年，丹麦城镇规划协会提交了《首都地区规划建议》：一是建设新型郊区，保护老城区，停止城市无休止的蔓延。二是依托轨道交通，以从丹麦哥本哈根城区向外放射状布局的轨道线路为轴线，建设完备的都市区，最终形成以老城区为"掌心"、以轨道线路为"手指"、以站点或附近城镇为"珍珠"的"指状城市"（finger city）。除此之外，德国的卡尔斯鲁厄市、日本的东京市也是类似于这种的城市发展形态。

经过多年的理论探索和实践总结，强调站点地区的开发逐渐被各国广泛接受，成为一种有别于"以小汽车交通为导向"的新的城市基本单元。加州大学彼得·卡尔索普将其概括为"公共交通导向的开发"，即 TOD 模式，并给出了 TOD 模式的定义、分类与准则等。与其类似的还有"公交社区"（transit village）、"公交友好设计"（transit-friendly design）等，与 TOD 相比，其使用更为广泛，能准确表达快速轨道交通支持下的城市土地的开发模式。

TOD 模式将居住、零售、办公、公共空间和公建设施等布局在适于步行的距离范围内，从而使居民和从业者在不排斥使用小汽车的同时能方便地选用公交、自行车或步行等多种出行方式。此后，经过多年的理论探索与实践总结，TOD 模式也在不断完善和发展，但 TOD 模式的核心理念仍然是提倡在合理的步行范围之内，围绕公共交通形成布局紧凑、功能复合、环境健康、社会公平和富有活力的区域，但并不排斥私人小汽车的使用。

1993 年，卡尔索普（Calthorpe）提出了 TOD 模式的 7 个规划原则：①在区域规划的层面上组织紧凑的、有公共交通系统支撑的城镇模式；②在公交站点周围适于步行的范围内布置商业、居住、就业岗位和公共设施；③创造适于步行的道路网络，营造适合于行人心理感受的街道空间，在各个目的地之间提供便捷、直接的联系通道；④提供多种价格、密度的住宅类型；⑤保护生态敏感区、滨水区，以及高质量的开敞空间；⑥使公共空间成为人们活动的中心，并且为建筑所占据而不是为停车场所占据；⑦鼓励在已有的发展区域内的公共交通线路周边进行新建和改建。

美国在第二次世界大战后，以小汽车为导向的城市发展模式变得非常明显，对汽车的过度依赖使城市以低密度、无序蔓延的形式不断向郊区扩展。在这种大背景下，TOD模式的提出立即得到其众多城市的积极响应。如美国波特兰市除了配置有从城市中心至郊区和机场的轻轨之外，也有路面电车；在城市中心，市民可以免费乘坐这些公共交通工具。鼓励乘坐公共交通的同时，波特兰市积极开发沿线站点周边的商业服务和公共服务设施，提升站点地区的活力。1996年，基于TOD模式的土地利用控制性规划得到批准。2002年9月，美国加利福尼亚运输局提交的《加利福尼亚州实施TOD策略成功因素研究最终报告》对美国基于TOD策略的城市土地利用进行了理论和实践的总结，对实施TOD策略的优越之处和TOD在美国的地位及经验教训进行了回顾与展望。

在我国城市社会经济快速发展的当下，城市空间形态和交通网络结构均处于不断发展和完善的阶段。TOD模式有利于集约高效地利用土地，遏制非理性的小汽车出行，鼓励使用公共交通，体现可持续发展的理念，符合我国当下发展的需求。但如何使TOD理论符合我国城市发展的特点以及如何在城市中建设TOD仍需要开展大量的实践与研究。近年来，如马强、潘海啸、丁川、刘泉等均对西方国家公交导向土地开发的研究进行了引介。也有较多的学者结合中国城市的案例，对轨道交通站点地区的开发开展规划研究，如李文翎对广州地铁TOD战略进行研究，指出对地铁实施TOD战略具有诱导城市空间结构重组、加快城区更新与土地置换的步伐、推进对地下空间的开发、吸引居民出行等作用。针对适合中国城市特征的TOD原则，边经卫提出交通沿线的分级开发，站点周边的高强度、高密度开发、商业化经营；张明提出级差密度、港岛式区划、豪华设计、多样化选择和涨价归公；陆化普提出宏观的城市有序引导、中观的综合开发利用、微观的公交友好和高强度开发；金鑫提出应树立整体统筹的观念、完善接驳细节的设计和建立沟通协调的机制；宋昀提出除了公共交通站点步行辐射范围内的有较高的密度居住与商业配比，更要着眼于构建多重接驳的公共交通系统。卡尔索普等也提出了面向低碳城市的中国TOD规划设计指南。

1.2.3 轨道交通发展与周边建成环境相互影响的相关研究

城市轨道交通与建成环境相互关系的研究多起源于城市发展形态理论。Richard M. Hurd认为所有的城市都体现了两种基本形态——"中心式"和"轴线式"。轴线式发展是交通运输、基础设施发展的结果，从中心沿运输线路扩展；中心式发展在遵循轴线发展的同时，试图消除轴线发展的痕迹，并产生新的轴线发展计划。20 世纪 30 年代，霍伊特提出扇形理论或轴向发展理论，强调交通干线对城市地域结构的影响。1999 年，TRB Special Report 提到人们往往会忽视城市交通、城市形态、城市环境与人类活动四要素之间的相互联系，并指出在不同层次和类型的交通形式下城市形态结构也会发生变化。2013 年，Peter Hall 提出要把重点放在居住、工作地点和城市的其他设施之间，更多地使用自行车和公共交通出行，无论这些城市设施是在城市中、城市边缘或是城市外围，公共交通的可用性将会是解决问题的关键因素。总体来看，研究者们认为城市轨道交通和建成环境两者之间是一种相互联系、相互制约的循环作用的关系，城市轨道交通能够促进沿线经济的发展、引导城市沿线路呈轴线性发展、促进城市中心区的变迁和城市规模的扩大、提高站点周边土地的利用效率和开发强度以及促进周边房地产价值的提升。

在实证研究的层面，Jinkyung Choi 利用直接需求预测模型和泊松回归模型，对首尔市轨道交通站点的建成环境与客流之间的影响关系进行研究，选定的建成环境属性有人口量、就业量、办公用地面积、居住用地面积、接驳公交线路数等。Loo 对美国纽约和中国香港两座城市的平均地铁站点的客流量进行了分析，认为站点影响范围内的商业 / 居住住房面积、停车（车库）面积、土地混合度等对站点客流量有提升的作用。Carey Curtis 认为城市轨道交通沿线较城市的其他区域，具有更高的开发强度，能吸引大量的人口在此区域居住和就业。Arefeh Nasri 等以华盛顿城市轨道交通为研究样本。Md. Kamruzzaman 等以布里斯班的三千多名居民为研究样本，都认为轨道交通站点的 TOD 发展会影响城市居民对交通方式的选择，进而影响整个城市的交通通勤的格局。

在国内，甘佐贤基于当前国际上通用的建成环境"5Ds"要素指标，以南京市为研究样本，利用多项 Logistic 回归模型对站点聚类和土地利用进行分析，揭示城市土地利用等建成环境变量与城市轨道交通站点日客流模式的关系。李昀松以武汉市的城市轨道交通建设为案例，从中微观的角度入手分别从轨道站点的设置与街区的空间形态、轨道交通设施与公共空间、轨道交通节点与公共建筑这三个方面，就城市轨道交通与城市空间形态两者相互影响的要素及其相互影响的机制的理论问题，结合现有的实践进行了研究和探讨。

总体上，当前国内对轨道交通发展与周边建成环境相互影响的研究较少，学者们对这方面的关注度不足。近几十年，我国城市轨道交通快速发展，各大城市的轨道交通的骨架被迅速搭建，各大站点陆续被投入使用，快速发展的过程中却缺乏了对轨道交通发展与建成环境之间关系的关注。然而，我国仍处在城市化的快速发展阶段，大城市的人口不断集聚，越来越多的城市将城市轨道交通作为缓解城市交通压力的一个有效方案，因此，厘清轨道交通发展和城市建成环境之间的关系尤为重要。

1.2.4 轨道交通站点 TOD 效能评价的相关研究

TOD 模式是指以公共交通为导向的建设和发展，是城市蔓延背景下集约高效的发展模式和方法。TOD 模式的目标是在步行距离合理的范围内，以公共交通站点为中心，优化城市空间和土地的利用效率，形成紧凑、多功能、健康、公平、充满活力的城市空间。"效能"是指在一定的目标下，系统对于目标的完成程度。那么，TOD 效能则是指在 TOD 模式目标下，轨道站点地区建设发展的程度。其体现为公共交通导向式发展给城市在交通、经济、社会等方面所带来的收益。在 TOD 效能度量中，站点的建成环境会影响 TOD 效能的发挥。部分学者提出的"5D"原则，对 TOD 效能进行量化，并且指标要素被不断丰富完善，呈现精细化的研究趋势。也有学者基于"节点—场所"模型以及其拓展模型来评价站点的 TOD 效能，反映各维度的协同互动关系，进一步推动了和促进了对于轨道站域空间规划的探索。

目前，国内外对于轨道交通站点 TOD 效能的评价，基本分为两个方面，分别为从 TOD 原则或者"节点—场所"模型及其拓展模型出发构建 TOD 效能评价体系。两者均是建立 TOD 效能评价体系的方法和手段，以此对 TOD 效能进行评价和量化。

（1）基于 TOD 原则构建轨道交通站点 TOD 效能的评价体系

最初，国外 Robert Cervero 等认为轨道站点周边用地的"3D"，即密度、设计和多样性，对轨道交通运营有着重要的影响，并总结了 10 项评价指标。之后，Cervero 等在"3D"原则的基础上提出了"5D"原则，增加了"公共交通站点距离"和"中心可达性"两个维度，并提出了建成环境"5D"维度的 39 个评价指标。多位学者以"5D"原则为参考，对 TOD 效能进行研究，并不断拓展评价体系，形成"5D+"维度。如 Chow 基于 TOD 的"5D"原则，对中国香港以轨道交通为导向的发展，以形成可持续的社区进行评价，表明以公共交通为导向的发展的可持续性研究与居民对城市设计的感知质量相辅相成。Higgins 等从"5D"原则出发，对加拿大多伦多地区的 372 个现有的和计划中的轨道交通站点 TOD 效能进行评价，以衡量和比较现有的与计划中的交通站周围的 TOD 投入的表现，并为进一步研究 TOD 与城市的关系提供了基础。Singh 等在"5D"原则的基础上，把轨道交通客流量也纳入对 TOD 效能的评价中，对荷兰阿纳姆奈梅亨城市地区的 21 个轨道交通站点进行了评价，以此作为地区性 TOD 政策制定的基础。

国内基于以 TOD 理论为基础构建轨道交通站点 TOD 效能评价体系的研究相对晚于国外，但仍处于不断地完善发展之中。夏正伟等通过对 TOD 效能的文献梳理，并应用"input-output"模型、社会网络分析和聚类分析，发现 4 个维度的 7 个建成环境指标对 TOD 综合效能的影响最为关键，分别为：交通换乘距离（到站点的距离）、多样性（土地利用的多样性）、密度（工作岗位密度、人口密度、容积率、住宅密度）和设计（宜步行的环境）。高德辉等基于多源地理大数据，采用开发强度、混合用地、慢行交通环境等变量刻画城市轨道交通 TOD 建成环境的 5D 特征，研究 TOD 建成环境对客流影响的空间特征，并提出不同站点的优化策略。张艳等基于"5D+"视角构建了由 8 个一级指标和 19 个二级指标组成的指标体系，对深圳市的 116 个站点进行了实证分析，有助于了解城市不同区域的轨道交通站点地区的发展情况，为制定城市 TOD 空间政策提供基础。朱敏清等以天津市 10 个社区型地铁站点为研究对象，基于"5D"原则，构建设计、密度、多样性、可达性、交通便利性和均衡性等多维度协调性的评价指标，综合评价站点与设施布局的协调性，最终提出优化建议。

（2）基于"节点—场所"模型及其拓展模型构建轨道交通站点 TOD 效能的评价体系

Bertolini 在 1996 年对火车站及周边地区改造复杂性的研究中，基于空间流动和 TOD 理论，提出了一套综合评价交通和发展之间协调程度的模型（"节点—场所"模型）。该模型通过定量测度站点地区的节点价值（交通属性）和场所价值（发展属性），以衡量交通和发展之间的关系。发展属性常用土地利用来表示，故"节点—场所"模型也体现了交通和土地利用之间的协调关系。该模型是评价站点地区发展的一个较为实用的理论模型，被广泛用于评价交通枢纽地区的发展情况。

"节点—场所"模型（图 1-1）中的"节点"是指机场、港口、高铁站、地铁站等交通枢纽，其不仅是交通网网络中的节点，也是地域空间社会经济活动的节点；"场所"是指交通枢纽节点地区的周边活动和空间要素高度聚集的区域，是受到节点直接影响的空间。Bertolini 将节点价值和场所价值分别放在 y 轴和 x 轴上，其中，节点价值表示站点对外联系的难易程度，节点价值越高，则在交通网络中的可达性越好；场所价值表示站点周边地区建设的完备程度和对外的吸引力的强弱，场所价值越高，则站点周边地区的多样化程度和设施的完善度越高。

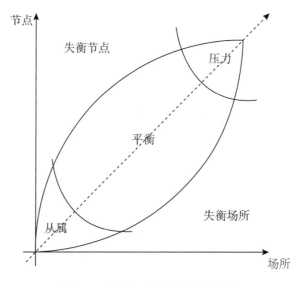

图 1-1 "节点—场所"模型示意图

因此，根据节点价值和场所价值在坐标轴上的相对位置的关系，区分为五种典型的对应关系：①节点价值与场所价值均最高的为"压力"区域；②节点价值与场所价值较为适中的为"平衡"区域；③节点价值与场所价值均最低的为"从属"区域；④节点价值远高于场所价值的为"失衡节点"区域；⑤场所价值远高于节点价值的为"失衡场所"区域。通过节点价值和场所价值的相对关系，可以识别轨道站点地区发展的潜力或短板，反映站点地区的建设情况与问题。TOD模式是现代城市公共交通与土地利用一体化发展的主要模式，而"节点—场所"模型则是通过节点价值和场所价值的评价，揭示交通与土地利用，即周边空间发展之间的关系，从而反映TOD效能和发展水平。

"节点—场所"模型常被应用在枢纽地区的发展评价研究、类型研究和发展预测研究。从"节点—场所"模型出发，对TOD效能进行测度和评价。Papa等以"节点—场所"模型为基础，对站点TOD效能进行评价，把城市中不同片区的网络连接度与就业、人口数量的匹配度作为评价TOD效能的重要指标，并提出了TOD度（Todness）的概念。张开翼等将"节点—场所"模型，应用于日本东京案例中，基于12个评价指标，评估了日本东京的典型的轨道交通站点周边地区的节点价值与场所价值，得出轨道交通站点周边地区的节点价值与场所价值呈非线性相关。

随着"节点—场所"模型在枢纽地区评价与分类研究的广泛应用，研究者们开始意识到单纯研究节点价值和场所价值这两个维度并不能充分反映TOD的作用与TOD的多维性特征。节点和场所之间的互动关系是一种复杂的、相互影响的过程，而非简单的孤立因素，故有大量的研究尝试将客流、设计、体验、交往、社交接触、出行网络等拓展为"节点—场所"模型的第三维度，如较多被应用的"节点—场所—联系"模型。"节点—场所—联系"模型（图1-2）是为了更准确地反映交通（transit）和发展

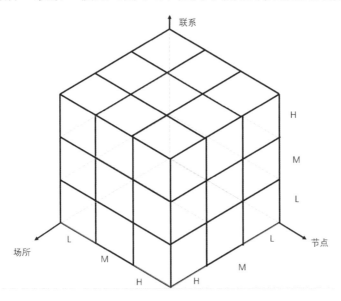

图1-2 "节点—场所—联系"模型示意图

（development）的功能和形态之间的关联性，并将 TOD 的理想模式完整地纳入评价体系中，故在"节点—场所"模型中加入导向性（oriented），引入描述站点与站域之间联系的其他指标，形成"联系"维度，以量化交通和发展部分的相互导向程度和紧密程度，从而对原模型进行拓展和完善。

"节点—场所—联系"模型将"节点""场所""联系"三个维度投射到三维坐标系中，根据定量每个维度的强度，将每个轴分为高、中、低三个等级，以魔方的形式直观地展现出 27 种不同的 TOD 类型。其中，"联系"表示站点及站域之间的相互作用和导向联系。"节点—场所—联系"模型囊括了轨道交通站点、轨道交通站点周边空间利用以及站点与站域之间的相互作用和导向联系，能够较好地反映 TOD 效能，量化 TOD 的发展程度，并反映 TOD 发展中各维度的相互关系，为 TOD 效能提升和地铁站点分类提供依据。

国外研究中，Vale 在对里斯本轨道站点的评价研究中提出，在"公共交通"（"T"指标）与"发展"（"D"指标）之间，将"导向性"（"O"指标）如"宜步行性"指标等添加到"节点—场所"模型中，增加了站点与站域之间的联系维度，使得站点的 TOD 效能评价更加全面。Zekun 等以中国上海为例，扩展了经典的"节点—场所"模型，纳入表征交通与土地利用之间的形态和功能联系的导向（oriented）特征，形成"节点—场所—联系"模型，并通过该模型将站点分为集成型、功能区位开发型、形态节点开发型和分散型，在评价的基础上，对 TOD 指标值低的区域提出了优化方案。Su 等通过对经典的"节点—场所"模型进行三维扩展，以魔方的形式构建了一个"节点—场所—联系"模型，作为 TOD 类型分类的理论依据，将其应用于中国的 5 个大城市，即北京、上海、深圳、武汉和杭州。

国内研究中，陈飞等建立了耦合功能连接性的 TOD 发展模式"节点—场所"测度模型，形成轨道交通枢纽服务能力评价、轨道交通枢纽场所功能评价、轨道交通节点与场所关系三个指标层，以评价不同站点之间的建设效能差异。姜莉等在"节点—场所"模型中新增描述两者关系的"可达性"，以表示节点和场所之间的联系。滕丽等整合了"节点—场所—联系"三维模型和耦合度模型，建立了评价 TOD 站域空间效能的评价指标体系，从"节点""场所""联系"维度出发，对 TOD 站域的空间效能进行定量测定，发现 TOD 发展存在空间不均衡的现象。

相对于基于 TOD 原则构建的 TOD 效能评价体系，采用"节点—场所—联系"模型能更加直观简洁地表达对于轨道交通站点的认识，直接且全面地反映了 TOD 发展所产生的作用和建设程度。同时，"节点—场所—联系"模型反映了轨道交通站点在站点、站域、联系三个维度中的相互关系，展现了轨道交通站点的发展现状。该模型也为轨道交通站点的分类提供依据，为识别 TOD 站域的开发潜能提供依据。

1.2.5 轨道交通站域生活圈健康导向性的相关研究

在城市化快速发展和城市规模迅猛增长的大背景下，我们对城市的健康性的关注度也在日益增加，"健康城市"被广泛提及。1994年，世界卫生组织定义"健康城市"是一个不断开发、发展自然和社会环境，并通过扩大社会资源，使人们在享受生命和充分发挥潜能方面能够互相支持的城市，强调城市要在规划、建设和管理等各个方面以人的健康为中心，健康城市是健康人群、健康服务、健康环境和健康社会的有机结合。

从狭义上看，健康城市强调城市环境对居民身体健康的影响。在这一理解下，健康城市的概念涵盖了城市内外环境的各个方面，如水质、空气质量、噪声水平、绿化覆盖等，并涉及高质量的医疗保健服务、卫生设施和紧急的医疗救援系统，以应对城市居民的健康需求。从广义上看，健康城市更加注重居民全面的福祉，除了身体健康，还包括社会健康、心理健康和情感健康。在这一理解下，健康城市倡导社会公平、文化多样性和社会融合，考虑居民的社会互动和社会支持体系，为居民提供情感支持和心理健康服务，以创造一个支持人们全面发展的城市环境。无论是从狭义还是广义的角度，健康城市都追求创造一个有益于居民身体和心理健康的城市环境，以提升居民的生活质量和幸福感。在不同的地域、文化和发展阶段，健康城市的具体内涵和实践策略可能会有所不同，但其核心目标始终是促进居民的健康和幸福。

轨道交通站域生活圈模式是将传统 TOD 模式的"多样性"理念拓展到了对人群的生活空间的广泛覆盖，实现了 TOD 模式与人群生活作息的直接联系。目前，关于轨道交通站域生活圈的研究仍处于起步阶段，主要集中于生活圈设施配置、设施可达性等方面的研究。李嘉威等以天津市 3 号线站点周边设施配置为例，对设施配置的顺序、数量和精细度进行研究；张乔嘉则基于站点范围内交通、居住、商业、游憩等空间对影响可达性的空间要素建立评价模型；潘海啸指出轨道交通站点与城市公共活动中心这两类空间节点相互耦合能促进城市空间的发展；黄子云等从智慧城市建设的角度出发，对枢纽周边 15 分钟生活圈的空间发展进行优化策略的研究等。

轨道交通站域生活圈的健康导向性思维，就是在高密度开发的轨道交通站域空间内，使居民获得安全、宜人及高效的城市生活环境也是健康城市的核心议题。它是指在城市轨道交通站点集聚效应的带动下，围绕轨道交通站域范围形成的居民生活居住地，除了追求站点交通出行的便利、站域的城市活力之外，还需考察站域的健康导向性发展，包括交通环境的健康性、居住条件的健康性、生活服务设施的健康性等。虽然关于站域空间发展、社区生活圈建设、健康城市建设等已有较多的研究成果，但针对站域生活圈健康导向性的研究还处于起步阶段。

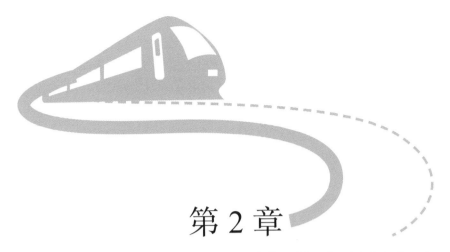

第2章
基于用地开发的轨道交通站点
类型化研究

　　轨道交通由于其大容量、快速、准点和可达性强的优势，使得其站点周边用地具有相对较高的经济价值与开发前景，从而影响土地利用的形式、用地结构乃至城市空间结构。由于城市空间的不均质性，不同轨道交通站点对城市空间的影响也将具有一定的区块差异，使得各站点的周边用地表现出若干的功能差异。针对站点周边用地的开发，TOD理念下的综合开发模式也得到较多的认可与实践应用。然而，该模式的应用也需要根据城市的发展状况以及站点周边用地的发展条件来有针对性地展开。

　　目前，国内外针对轨道交通站点周边用地开发的研究成果逐渐增多。有侧重政策性的研究，提出站点周边的开发策略，如沿线TOD战略研究、土地开发控制策略、空间适配性研究等；也有关于轨道交通对城市空间结构的影响，包括多中心与交通走廊的形成、新城开发的影响等；也有关于城市轨道交通对土地价值或土地利用的影响，包括对沿线土地居住和商业价值的影响，以及土地利用分析和聚类分析，但多侧重于较为单一的现象研究或分类研究，阶段性研究和关联性分析较为薄弱。本章拟以杭州市地铁1号线为案例，通过聚类分析法，对其各站点周边的土地开发状况进行类型化分析，并从用地构成、空间分布与变动模式等方面探究各自的特征，分析引起其类型变动的主导影响因素，以此明确地铁建设对城市用地开发的引导作用。

　　杭州市城市轨道交通建设经历了快速发展的"黄金十年"。杭州市作为浙江省的省会城市，2022年常住人口达到1237.6万人。自2012年地铁1号线开通至2023年12月，杭州市共建成城市轨道交通线路12条，站点260个，运营线路总长505km，2023年的全年客运量为13.84亿人次。杭州市城市轨道交通的建设起步较晚，与20世纪即已开通

城市轨道交通的北京、上海、广州以及 20 世纪初开通城市轨道交通的深圳、武汉、南京相比，杭州市的城市轨道交通系统仍在建设的进程中，它是一个典型的新兴轨道交通城市。但是，为了迎接亚运会等国际盛事，杭州市轨道交通建设在近 10 年里迎来快速发展的契机，从 2012 年到 2022 年这 10 年间，年均新开通里程超过 50 千米，可以将其称之为杭州市城市轨道交通快速发展的"黄金十年"。

2012 年 11 月 24 日，杭州市地铁 1 号线（图 2-1）正式通车试运营，成为杭州市及浙江省的第一条地铁线路。该线总长 53600 米，设 34 个站点，联系杭州市的主城区、滨江区、经济技术开发区（下沙）、余杭区和萧山区，是串联杭州城市主要区块的交通干线，每 2 个相邻站点之间的平均距离约为 1.5 千米。2021 年 7 月，乔司南站以北的临平支线独立成线运行，并被改为地铁 9 号线。

图 2-1　杭州市地铁 1 号线站点示意图

本章以该线路各站点中心 500 米半径的周边用地为重点研究的范围，现状和历史数据通过 Googleearth 遥感数据与现状探勘的相互结合来获取。

2.1　研究方法

2.1.1　用地分类的方法

依据城市用地分类的方法，以其大类分类为基础，结合地铁 1 号线周边用地的实际情况，把站点周边用地分为 10 大类：居住用地（R，含村庄的居住用地），服务设施用地（AB，但不包含教育科研用地），教育科研用地（A3），工业用地（M），物流仓储用地（W），交通设施用地（S，含区域交通设施用地及城市建设用地中的道路与交通设施用地），公用设施用地（U），绿地与广场用地（G），水域（E1）与非建设用地（E2，含农林用地等非建设用地和少量在建的建设用地）。表 2-1 为以此分类的 2019 年杭州市地铁 1 号线站点半径 500 米内的用地情况表。

在类型化分析中，考虑到水域（E1）不为建设用地，随年份的变动较小，剔除了该因素。同时，道路与交通设施用地中的城市道路用地，由于其功能以交通为主，属城市其他功能的支撑性功能，为使站点用地类型化更趋于简单直观，类型化时在交通设施用地（S）中扣除了其内部的城市道路用地。

表 2-1　2019 年杭州市地铁 1 号线站点周边用地情况表　　（单位：公顷）

编号	站名	R	AB	A3	M	W	S	U	G	E
01	临平站	19.7	30.8	4.6	0.7	0.0	15.4	0.2	4.5	0.0
02	南苑站	17.2	21.0	6.7	0.0	0.0	10.8	0.0	7.8	13.8
03	余杭高铁站站	1.3	2.5	0.2	1.0	0.0	35.6	0.0	11.4	23.8
04	翁梅站	39.1	6.1	0.4	11.1	0.0	9.6	0.0	4.6	6.2
05	乔司站	28.1	14.3	0.0	2.0	0.0	11.3	0.0	5.6	17.1
06	乔司南站	5.8	0.0	0.0	2.6	3.9	11.8	0.0	1.7	52.5
07	客运中心站	18.4	7.4	1.6	0.0	2.1	29.2	0.0	8.2	11.4
08	九堡站	22.1	10.9	0.0	11.4	3.6	4.7	0.1	6.6	17.5
09	九和路站	32.4	7.9	0.0	4.3	2.4	9.9	0.0	9.7	9.9
10	七堡站	46.5	7.5	3.8	0.0	0.0	6.7	0.0	0.3	13.4
11	彭埠站	35.3	12.3	1.2	6.3	0.0	8.3	0.0	3.5	10.1
12	火车东站站	2.9	3.2	0.0	0.0	0.0	55.0	0.0	7.2	10.2
13	闸弄口站	40.5	9.5	5.4	0.0	0.0	10.7	0.3	7.5	1.2
14	打铁关站	19.6	7.7	1.8	8.7	0.0	18.1	0.0	9.4	10.2
15	西湖文化广场站	33.6	29.7	1.8	0.0	0.0	7.2	0.0	4.8	0.0
16	武林广场站	16.7	24.6	2.0	0.0	0.0	13.4	0.8	7.9	5.4
17	凤起路站	31.7	26.1	8.7	0.0	0.0	10.8	0.2	1.0	0.0
18	龙翔桥站	10.1	39.2	2.4	0.0	0.0	13.0	0.0	4.6	0.0
19	定安路站	28.2	31.7	6.7	0.2	0.0	10.4	0.0	0.8	0.0
20	城站站	11.1	30.0	2.3	0.0	0.0	23.7	0.2	7.6	0.0
21	婺江路站	34.2	9.7	4.0	0.6	0.0	11.3	0.2	5.8	10.8
22	近江站	29.9	19.2	3.7	0.0	0.0	9.0	0.0	7.8	6.5
23	江陵路站	11.6	37.5	1.2	0.0	0.0	10.9	0.0	7.1	6.5
24	滨和路站	39.8	7.5	6.0	0.0	0.0	8.4	0.0	1.7	11.5

续表

编号	站名	R	AB	A3	M	W	S	U	G	E
25	西兴站	40.4	8.4	3.5	2.9	0.0	8.1	1.8	2.0	6.9
26	滨康路站	33.2	12.4	1.8	6.8	0.0	9.4	1.8	6.8	5.4
27	湘湖站	26.1	10.0	0.0	0.0	0.0	8.9	4.2	7.3	18.2
28	下沙西站	5.2	7.7	0.0	2.8	11.3	5.1	0.0	16.4	20.1
29	金沙湖站	25.7	13.4	0.0	0.0	0.0	7.8	0.0	19.9	4.9
30	高沙路站	26.8	19.7	7.4	5.2	0.0	7.3	0.0	1.9	9.3
31	文泽路站	16.4	5.2	38.5	0.0	0.0	8.8	3.0	4.8	0.0
32	文海南路站	0.9	1.0	49.5	4.3	0.0	8.8	0.0	11.9	0.0
33	云水站	24.8	4.7	27.6	3.7	0.0	10.0	0.7	3.3	1.6
34	下沙江滨站	37.1	3.3	2.6	14.3	0.0	7.6	0.0	8.1	2.9
	平均值	23.9	14.2	5.7	2.6	0.7	12.9	0.4	6.5	9.0
	比重	31.5%	18.7%	7.5%	3.4%	0.9%	17.0%	0.5%	8.6%	11.9%

可以看出，34 个站点现状的用地类型主要以居住用地为主，平均为 23.9 公顷，占比 31.5%。其次是服务设施用地和教育科研用地，两者合计占 26.2%；交通设施用地占比 17.0%；工业用地相对较少，占比只有 3.4%，基本符合地铁站点周边用地开发的规律。另外，还存在有较多的非建设用地，占比达到 11.9%，站点周边的开发潜力较大。

2.1.2 站点类型的划分方法

以各站点 500 米半径范围内的周边用地为基准，选取其各类用地的占比为原始数据进行类型化。

站点的分类方法采用聚类分析法（cluster analysis），以对象间的相似性（亲疏关系）作为依据进行分类。各站点间的相似性关系通过欧氏距离的大小来衡量。欧氏距离的计算方法为：$d_{ij} = \sqrt{\sum_{k=1}^{p}\left(X_{ik} - X_{jk}\right)^2}$，其中，$dij$ 为 i、j 两站点间的欧氏距离；X_{ik}、X_{jk} 分别为 i、j 站点的第 k 种用地的所占比值，单位为 %；p 为因素的个数，本处为 9。欧氏距离越小，相似性越大，其可以作为一种类型进行考虑。类型的选择则通过距离的大小来进行判断，距离值取小，则类型数量多；反之，类型数量少。

2.2 站点周边用地开发的总体特征

分别对 2007 年（地铁建设前）和 2012 年（地铁开通时）不同时期的 34 个站点 500

米半径范围内的周边用地进行同样的用地类型统计，得到汇总的平均值（见表2-2）。2007年，站点周边用地的构成中，非建设用地的比重最多，其次是居住用地，两者占总用地的比重近60%，其他类型用地所占的比重较少。可见，在地铁建设前，站点周边用地以居住为主，未进行大面积的开发；2012年，站点周边服务设施用地的比重逐渐增加，工业用地和非建设用地的比重逐渐减少；2019年，非建设用地和工业用地的比重较2012年有了大幅度的减少，服务设施用地的比重继续上升。

2007—2019年，站点周边用地的构成发生较大的变动，主要包括四个方面：①在城市快速扩张和地铁新建带动下的非建设用地迅速减少，单个站点平均减少15.0万平方米，所占的比重由30.5%下降至11.5%；②服务设施用地增加最多，平均增加6.8万平方米，基本上增加了一倍，显示地铁站点带动服务性用地的大量增加，站点周边服务功能迅速得到强化；③交通设施用地、居住用地和绿地与广场用地也有所增加；④工业用地的减少也非常明显，平均减少3.4万平方米，减少了超过一半。在这样的趋势下，原有的以非建设用地和居住用地为主导的用地构成，在2019年转变为以居住用地、服务设施用地、交通设施用地为主导的用地构成，用地结构发生了较大的转变。

表 2-2　各年度站点周边各类用地的平均值

项目		R	AB	A3	M	W	S	U	G	E
面积（万平方米）	2007 年	21.6	7.4	5.1	6.0	0.8	7.4	0.2	4.0	24.0
	2012 年	21.4	9.3	5.5	4.7	1.0	10.5	0.2	4.9	18.8
	2019 年	23.9	14.2	5.7	2.6	0.7	12.9	0.4	6.5	9.0
占比（%）	2007 年	27.5	9.4	6.4	7.6	1.0	9.4	0.2	5.1	30.5
	2012 年	27.2	11.9	7.0	6.0	1.3	13.4	0.2	6.2	24.0
	2019 年	30.4	18.1	7.3	3.3	0.9	16.4	0.5	8.3	11.5

2.3　站点周边用地的类型化特征

2.3.1　站点周边用地的类型化分析

通过对杭州市地铁1号线在2007年、2012年和2019年3个时间点的各站点周边用地面积的统计，选取各类用地的占比作为原始数据进行类型化分析。站点周边土地的用地性质的占比不同，存在多变量的特征，故采取聚类分析法进行分类，通过对每个时段的34个站点、合计102个站点周边的各类用地的占比计算相似性，反映研究对象之间的亲疏程度，再根据研究对象间的相似性进行分类。

以各个站点不同时段的站点周边各类用地的比例值作为数据依据，计算不同站点间用地占比的欧氏距离，最终获得各站点间欧氏距离的柱状关系图（见图 2-2）。由于篇幅有限，而分析站点的数量较多，仅截取柱状图的上端部分，即欧氏距离大于 8.0 的数据，将其作为主要的计算结果进行图解分析。

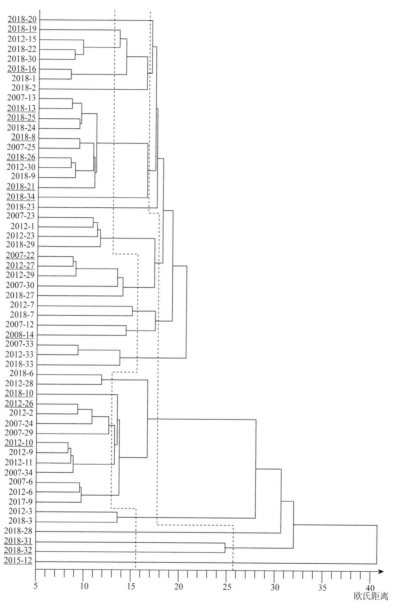

图 2-2　聚类分类法的柱状分析图

　　注：左侧代码表示各年份的站点，与表 2-1 的序号相对应；下划线站点表示该处省略了其他欧氏距离较近的站点。

依据柱状分析图，各个站点的欧氏距离大多位于 20.0 以下，最远的欧氏距离为 40.7。根据不同的欧氏距离值，对每个时段的 34 个站点的划分有多种方式，为直观又简明地显示各站点的用地特征，分类方法采用小类与大类两种划分方式：小类方式的欧氏距离基本以 13.0 为标准，局部放大到 15.0；大类方式的欧氏距离基本以 17.5 为标准，对局部也进行适当调整。其中，标准值未采用简单划一的方式，主要是由于有些站点虽然与其他站点的欧氏距离较大，如 2019-31 文泽路站与 2019-32 文海南路站的距离达到 24.9，但两者用地的特征较类似，各自与其他站点的欧氏距离更大，把两者作为一个类型更能体现其共同特征，同时也能避免类型过于碎化。

根据小类与大类两种方式的划分，每个时段的 34 个站点可分为 7 大类 23 小类（见表 2-3），7 大类分别为居住型、服务设施型、居住＋服务设施型、交通枢纽型、大学园区型、城郊型和郊外型。每个大类还细化了不同的小类。

表 2-3　各类型的站点情况表

大类	小类	2007 年	2012 年	2019 年
居住型	居住特色型	九堡站、闸弄口站、婺江路站、滨和路站、西兴站	乔司站、九堡站、闸弄口站、婺江路站、滨和路站、西兴站、高沙路站	翁梅站、乔司站、九和路站、七堡站、彭埠站、闸弄口站、婺江路站、滨和路站、西兴站、滨康路站
	居住＋工业型		下沙江滨站	下沙江滨站
服务设施型	服务设施特色型	龙翔桥站	龙翔桥站	龙翔桥站、江陵路站
	服务设施＋交通枢纽型	城站站	城站站	城站站
居住＋服务设施型	居住＋服务设施Ⅰ型	定安路站、凤起路站	定安路站、凤起路站	定安路站、凤起路站、西湖文化广场站
	居住＋服务设施Ⅱ型	武林广场站	武林广场站	武林广场站、临平站
	居住＋服务设施Ⅲ型	西湖文化广场站	西湖文化广场站、近江站	近江站、高沙路站
	居住＋服务设施Ⅳ型			南苑站、金沙湖站、九堡站、
交通枢纽型	交通枢纽特色型		火车东站站	火车东站站
	交通枢纽城郊型		余杭高铁站站	余杭高铁站站
	交通枢纽城郊居住型		客运中心站	客运中心站
	交通枢纽混合型	火车东站站、打铁关站	打铁关站	打铁关站
大学园区型	大学园区特色型	文海南路站	文海南路站	文海南路站
	大学园区较强型	文泽路站	文泽路站	文泽路站
	大学园区＋居住型	云水站	云水站	云水站

续表

类型		2007 年	2012 年	2019 年
大类	**小类**			
城郊型	城郊居住型	乔司站、近江站、湘湖站、高沙路站	湘湖站、金沙湖站	湘湖站
	城郊居住 + 服务型	江陵路站	江陵路站、临平站	
	城郊混合型			下沙西站
郊外型	郊外居住型	彭埠站		
	郊外工业型		下沙西站	
	郊外居住工业型	乔司南站、九和路站	乔司南站	
	郊外混合型	临平站、南苑站、余杭高铁站、滨康路站、金沙湖站	南苑站、滨康路站	
	郊外待开发型	翁梅站、客运中心站、七堡站、下沙西站、下沙江滨站	翁梅站、九和路站、七堡站、彭埠站	乔司南站

2.3.2 各类型站点的开发特征

每一种类型在用地构成上都有着较大的差异，显示出各自的典型特征（见表2-4），即各类站点的周边用地开发特征都具有自己的独特性。

表 2-4 杭州市地铁 1 号线 3 个时段 102 个站点的分类及周边用地特征

类型		数量	用地占比平均值（%）								
大类	**小类**		R	AB	A3	M	W	S	U	G	E
居住型			46.6	9.0	3.1	7.8	0.6	1.5	0.3	5.9	13.0
	居住特色型	22	46.9	9.6	3.1	7.0	0.6	1.6	0.3	5.6	13.7
	居住 + 工业型	2	42.7	1.9	2.9	16.4	0.0	0.0	0.0	9.3	5.3
服务设施型			15.2	42.1	2.7	0.0	0.0	8.7	0.1	7.3	2.6
	服务设施特色型	4	15.4	47.7	2.7	0.0	0.0	2.2	0.0	6.7	3.8
	服务设施 + 交通枢纽型	3	14.9	34.5	2.6	0.0	0.0	17.3	0.2	8.0	1.0

续表

类型		数量	用地占比平均值（%）								
大类	小类		R	AB	A3	M	W	S	U	G	E
居住＋服务设施型			31.6	27.9	5.7	1.6	0.2	1.0	0.2	6.4	4.9
	居住＋服务设施Ⅰ型	7	34.4	32.0	9.7	0.1	0.0	0.2	0.1	1.7	0.4
	居住＋服务设施Ⅱ型	4	24.8	33.3	3.3	0.6	0.0	3.8	1.0	9.2	2.5
	居住＋服务设施Ⅲ型	5	35.6	23.2	3.7	2.5	0.0	0.4	0.0	6.0	7.0
	居住＋服务设施Ⅳ型	3	27.6	19.2	2.8	4.8	1.5	0.0	0.0	14.5	15.4
交通枢纽型			13.6	4.6	1.0	6.8	1.0	23.4	0.0	8.8	19.3
	交通枢纽特色型	2	2.0	3.3	0.0	0.0	0.0	53.6	0.0	6.8	12.8
	交通枢纽城郊型	2	2.2	1.5	0.2	4.7	0.0	20.2	0.0	13.3	36.2
	交通枢纽城郊居住型	2	21.1	5.8	1.8	0.0	1.2	19.1	0.0	7.1	22.4
	交通枢纽混合型	4	21.2	6.2	1.6	14.8	1.8	12.0	0.0	8.3	12.6
大学园区型			15.3	3.0	43.7	3.8	0.0	0.3	1.3	7.6	3.6
	大学园区特色型	3	0.7	0.8	56.3	3.3	0.0	0.0	0.0	13.8	3.6
	大学园区较强型	3	19.0	6.0	44.5	0.0	0.0	0.0	3.5	5.5	0.0
	大学园区＋居住型	3	26.3	2.1	30.4	8.1	0.0	0.9	0.4	3.3	7.1
城郊型			29.3	10.5	2.1	3.0	1.3	0.7	0.6	7.8	28.5
	城郊居住型	7	32.7	4.4	2.6	4.1	0.0	0.5	0.9	6.1	27.1
	城郊居住＋服务型	3	29.0	25.2	1.7	0.4	0.0	1.2	0.0	7.8	32.9
	城郊混合型	1	6.4	9.5	0.0	3.4	13.9	0.5	0.0	20.1	24.7
郊外型			14.2	2.5	1.0	7.8	2.6	1.3	0.0	3.1	48.5
	郊外居住型	1	32.0	0.0	0.0	3.2	0.0	1.5	0.0	0.0	62.0
	郊外工业型	1	4.3	0.0	0.0	9.9	14.5	1.9	0.0	1.0	63.1
	郊外居住工业型	3	18.0	0.0	0.0	13.9	8.6	0.2	0.0	1.0	36.8
	郊外混合型	7	15.3	5.7	2.5	7.7	0.0	0.6	0.0	5.4	41.3
	郊外待开发型	10	11.4	1.5	0.5	6.3	1.8	2.0	0.0	2.8	54

（1）居住型：该类型站点的周边以居住用地为主导，居住用地所占的比重超过40%，多属于城市较为典型的居住区块。共包括两小类：一是居住特色型，除居住用地以外，其他类型的用地均相对较少；二是居住＋工业型，居住用地以外还有少量的工业用地分布。居住特色型共有22个，数量最多，12年间也呈不断增加之势，而居住＋工业型仅有2个。

（2）服务设施型：该类站点的周边以服务设施用地为主导，服务设施用地的占比超过34%，具有较强的公共服务与管理、商贸商务等服务功能，属于城市中心性的用地特征。共包括两小类：一是服务设施特色型，服务设施用地占比接近 1/2，城市中心性的地位更强，如各年度的龙翔桥站；二是服务设施＋交通枢纽型，交通设施用地也有一定的规模，属于服务设施依托交通枢纽发展而成的区块，如各年度的城站站。

（3）居住＋服务设施型：该类站点的周边用地特征介于上述居住型和服务设施型之间，居住用地和服务设施用地均较多，但又不十分突出，该类站点也较多，总计 19 个。共包括四小类：Ⅰ型，居住用地和服务设施用地均较多，都在 30% 以上；Ⅱ型，服务设施用地相对突出；Ⅲ型，居住用地相对突出；Ⅳ型，居住用地和服务设施用地均相对较少，都在 30% 以下。总体来看，这些站点具有较强的城市中心性特征，尤其是居住＋服务设施Ⅰ型和Ⅱ型。

（4）交通枢纽型：该类站点的周边交通设施的用地占有较大的比重，平均值达到 23.4%，属于依托交通枢纽而形成的站点，如火车东站站、打铁关站等。共包括四小类：一是交通枢纽特色型，交通设施用地的占比超过 1/2；二是交通枢纽城郊型，非建设用地较多，位于城郊，有一定的交通设施用地；三是交通枢纽城郊居住型，与城郊交通枢纽型相比，居住用地较多，非建设用地较少；四是交通枢纽混合型，交通设施的用地较少，工业用地有所分布，用地类型较混合，多为依托货运站发展而成的区块。

（5）大学园区型：地铁 1 号线经过大学园区，所以存在部分大学园区型站点，其教育科研用地的平均占比达到 43.7%。共包括三小类：一是大学园区特色型，教育科研用地的占比为 56.3%；二是大学园区较强型，教育科研用地的占比为 44.5%，有一定的居住用地；三是大学园区＋居住型，教育科研用地的占比为 30.4%，居住用地的占比也达到 26.3%。

（6）城郊型：该类站点的周边中，有较多的非建设用地，平均为 28.5%，说明这些区块部分处于待开发的状态。共包括三小类：一是城郊居住型，有部分村庄居住用地被开发为居住楼盘的用地，其他功能较弱；二是城郊居住＋服务型，除居住外，有一定的服务设施分布，具有较强的服务功能；三是城郊混合型，站点位于城郊接合部，存在一定的工业用地和其他类型的建设用地。

（7）郊外型：相对于城郊型，郊外型的非建设用地的占比则更大，平均达到 48.5%，大量的土地处于待开发的状态，主要为 2007 年和 2012 年的站点，2019 年仅有 1 例。共包括五小类：一是郊外居住型，分布有一定量的城郊村；二是郊外工业型，城郊工业有一定量的分布；三是郊外居住工业型，居住与工业均有部分分布；四是郊外混合型，多种建设用地均有少量的分布；五是郊外待开发型，非建设用地的比重超过 1/2，虽有其他的用地，但都不突出。

2.4 基于类型化的站点周边用地变动的特征

2.4.1 总体空间的布局与变动

2007 年：居住型的站点多位于城市中心区的外围，如闸弄口站、婺江路站与滨和路站等，多为开发不久的城市居住区块（见图 2-3）。服务设施型站点龙翔桥站与城站站均位于城市中心区块，体现了对较强的城市服务性功能。居住 + 服务设施型站点与服务设施型站点的区位类似，也均位于城市中心区块。这些区块多处于老城区，具有较强服务功能的同时，又提供一定的居住性功能。交通枢纽型站点为打铁关站与火车东站站，位于城市外围，交通功能以外的其他功能相对较弱。城郊型和郊外型站点均位于城市外围或城市郊区，区位与其站点类型有较高的吻合性。

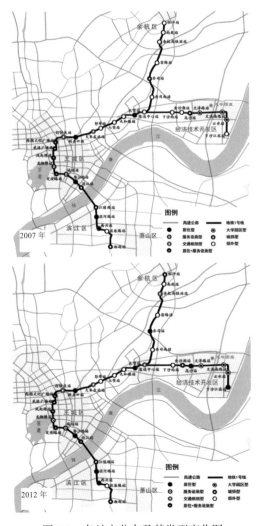

图 2-3　各站点分布及其类型变化图

图 2-3（续）　各站点分布及其类型变化图

2012 年：随着城市建设用地的迅速扩张，不同类型的站点分布也开始出现调整。相对来说，原有的建成区范围内的站点类型的变动较小，如城市中心区的大部分站点、大学园区内的 3 个站点均属于这一类型。而城市外围区块，尤其是紧邻原有城市建成区的区块，变动程度相对较强，如临平站、余杭高铁站站、乔司站、客运中心站、近江站、下沙江滨站、高沙路站等，分别由城郊型和郊外型向其他类型转变。

2019 年：城市建设用地进一步扩张，使得各不同区块几乎连成一片。站点类型的变动基本延续前一阶段的特征，即以城郊型和郊外型为主向其他类型转变。服务设施型和居住＋服务设施型站点扎堆出现，形成了一个连续的城市服务型站点"串"，并由 2007 年"西湖文化广场站—城站站"扩展到"西湖文化广场站—江陵路站"，城市服务功能逐渐向南扩展并跨越钱塘江，延伸至钱塘新区，这也符合杭州市总体规划中"南拓"的空间发展方向。

从各类型的分布特征来看，居住型站点多位于城市中心区外围以及新开发的城郊区块；服务设施型与居住＋服务设施型站点位于城市中心区或者外围副城的中心区（如余杭区的临平站等），两者之间则多为用地，从而构成较为均衡的部分站点，如居住＋服务设施Ⅲ型和Ⅳ型等；交通枢纽型和大学园区型分别位于各自的功能区块；城郊型和郊外型较少，均位于各城区之间的待开发地块。

总体来看，站点的类型与其所在的区位有较大的关联性，较好地反映了城市不同区块的功能所在。从空间变迁的角度来看，由于老城区原有的类型受到城市发展的惯性等因素的影响，类型变迁的可能性较小，而城市新开发的地块具有较强的可塑性，站点类型的变动相对较大，其变动指向也具有一定的多样性，指向居住型、居住＋服务设施型、交通枢纽型等类型的站点均在不同的区块有所体现。

2.4.2　站点类型的总体变动

在地铁建设刚启动的 2007 年，34 个站点的大类类型主要为郊外型、城郊型和居住型（见表 2-5），前两者共计 18 个站点，超过站点数的 1/2，说明当时的多数站点正处于待开发的状态。之后，站点类型开始处于不断变动的状态，主要特征为郊外型和城郊型大幅度减少，由 2007 年的 18 个减少至 2019 年的 3 个，地铁建设以及城市发展本身带动了这些站点周边用地的迅速开发；居住型站点增加较多，12 年间由 5 个增加到 11 个；居住＋服务设施型站点也有较多的增加，由原来的 4 个增加到 10 个；而其他大类类型的变动相对较少，服务设施型也只是由 2 个增加到 3 个。根据分类方式的分析，情况基本一致，如郊外型的各小类的数量大量减少，居住特色型的数量增加较多。

表 2-5　杭州市地铁 1 号线各站点类型的数量变化表

站点个数	2007 年	2012 年	2019 年
居住型	5	8	11
服务设施型	2	2	3
居住＋服务设施型	4	5	10
交通枢纽型	2	4	4
大学园区型	3	3	3
城郊型	5	4	2
郊外型	13	8	1

2.4.3　各类型站点的变动模式

为更详细地考察站点类型的变动，本小节主要以小类的变动进行分析。12 年间，14 个站点的小类类型保持不变，20 个站点的小类类型发生了变动（见表 2-6）。类型不变的主要为原有的居住型、服务设施型、居住＋服务设施型和大学园区型中的各小类。这些类型的站点多在老城区或者开发较成熟的城市区块，城市用地的调整幅度较小，功能变化不大。

小类类型存在变动的 20 个站点，多位于城市郊区或者郊外区块，其变动模式呈现一定的多样性。归纳起来，其变动特征主要有：

（1）由郊外型、城郊型向其他类型转变。这种类型共有 16 个站点，占 80%，是最主要的变动类型，如翁梅站由郊外待开发型转变为居住特色型，临平站由郊外混合型转变为居住＋服务设施Ⅱ型，客运中心站由郊外待开发型转变为交通枢纽城郊居住型等。这些站点主要是由于城市的快速扩张，结合自身区位特色，转变为另外的站点类型。

（2）由其他类型向居住型或带有一定居住特色的类型转变。这种类型共有12个站点，占60%，说明依托地铁站点进行不同程度的住宅开发，是城市开发的重要形式。这类站点有由郊外居住型向居住特色型转变的彭埠站、由郊外混合型向居住特色型转变的滨康路站、由郊外待开发型向居住＋工业型转变的下沙江滨站等。

（3）由其他类型向服务设施型或带有一定服务特色的类型转变。这种类型共有7个站点，占35%，是城市服务型功能依托地铁站点进行点状扩散的有效表现。如江陵路站由城郊居住＋服务型向服务设施特色型转变，临平站由郊外混合型向居住＋服务设施Ⅱ型转变。除此之外，还有许多站点的服务设施用地的比重也有不同程度的增加，但由于程度较弱，分类时未能靠近服务设施相关的类型。

表2-6　2007—2019年站点类型的转换情况

	站点序号与名称		站点类型	
			2007年	2019年
类型未转换站点	17	凤起路站	居住＋服务设施Ⅰ型	居住＋服务设施Ⅰ型
	19	定安路站	居住＋服务设施Ⅰ型	居住＋服务设施Ⅰ型
	16	武林广场站	居住＋服务设施Ⅱ型	居住＋服务设施Ⅱ型
	18	龙翔桥站	服务设施特色型	服务设施特色型
	20	城站站	服务设施＋交通枢纽型	服务设施＋交通枢纽型
	13	闸弄口站	居住特色型	居住特色型
	21	婺江路站	居住特色型	居住特色型
	24	滨和路站	居住特色型	居住特色型
	25	西兴站	居住特色型	居住特色型
	14	打铁关站	交通枢纽混合型	交通枢纽混合型
	31	文泽路站	大学园区较强型	大学园区较强型
	32	文海南路站	大学园区特色型	大学园区特色型
	33	云水站	大学园区＋居住型	大学园区＋居住型
	27	湘湖站	城郊居住型	城郊居住型

站点序号与名称		站点类型	
		2007 年	2019 年
15	西湖文化广场站	居住 + 服务设施Ⅲ型	居住 + 服务设施Ⅰ型
8	九堡站	居住特色型	居住 + 服务设施Ⅳ型
12	火车东站站	交通枢纽混合型	交通枢纽特色型
5	乔司站	城郊居住型	居住特色型
22	近江站	城郊居住型	居住 + 服务设施Ⅲ型
30	高沙站	城郊居住型	居住 + 服务设施Ⅲ型
23	江陵路站	城郊居住 + 服务型	服务设施特色型
11	彭埠站	郊外居住型	居住特色型
9	九和路站	郊外居住工业型	居住特色型
6	乔司南站	郊外居住工业型	郊外待开发型
1	临平站	郊外混合型	居住 + 服务设施Ⅱ型
2	南苑站	郊外混合型	居住 + 服务设施Ⅳ型
3	余杭高铁站站	郊外混合型	交通枢纽城郊型
26	滨康路站	郊外混合型	居住特色型
29	金沙湖站	郊外混合型	居住 + 服务设施Ⅳ型
4	翁梅站	郊外待开发型	居住特色型
7	客运中心站	郊外待开发型	交通枢纽城郊居住型
10	七堡站	郊外待开发型	居住特色型
28	下沙西站	郊外待开发型	城郊混合型
34	下沙江滨站	郊外待开发型	居住 + 工业型

注:左侧栏为"类型转换站点"。

2.4.4 各类型站点周边用地的变动特征

从杭州市地铁 1 号线开始建设的 2007 年，到地铁开始运营的 2012 年，再到地铁运营 7 年有余的 2019 年，站点周边用地发生特别大的变化，非建设用地的比重大幅度减少，服务设施用地和居住用地的比重也不断增加。7 种不同类型的站点有各自的用地变动特征（见表 2-7）。

表 2-7　各年度各类站点周边的各类用地值

起始年站点类型	年份	R	AB	A3	M	W	S	U	G	E
服务设施型	2007 年	14.3	31.0	2.3	0.0	0.0	16.9	0.1	5.6	1.9
	2012 年	11.7	32.4	2.3	0.0	0.0	18.3	0.1	5.3	2.1
	2019 年	10.6	34.6	2.3	0.0	0.0	18.4	0.1	6.1	0.0
	变化值	−3.7	3.6	0.0	0.0	0.0	1.5	0.0	0.5	−1.9
居住 + 服务设施型	2007 年	28.7	25.2	5.9	1.3	0.0	10.3	0.2	3.6	0.8
	2012 年	28.4	25.0	5.9	0.1	0.0	10.2	0.3	3.6	2.6
	2019 年	27.6	28.0	4.8	0.1	0.0	10.5	0.3	3.6	1.3
	变化值	−1.1	2.8	−1.1	−1.2	0.0	0.2	0.1	0.0	0.5
居住型	2007 年	35.5	4.8	1.2	8.0	0.7	7.3	0.1	3.7	14.4
	2012 年	40.1	5.4	2.3	5.6	0.7	7.7	0.1	4.5	9.0
	2019 年	35.4	9.2	3.8	3.0	0.7	8.6	0.5	4.7	9.6
	变化值	−0.1	4.4	2.6	−5.0	0.0	1.3	0.4	1.0	−4.8
交通枢纽型	2007 年	18.9	2.9	0.9	15.5	1.0	16.9	0.0	5.6	14.9
	2012 年	9.1	5.4	0.9	6.5	1.0	36.4	0.0	6.8	10.8
	2019 年	11.3	5.4	0.9	4.4	1.0	36.6	0.0	8.3	9.2
	变化值	−7.6	2.5	0.0	−11.1	0.0	19.7	0.0	2.7	−5.7
大学园区型	2007 年	12.9	1.7	36.3	4.6	0.0	8.7	1.0	6.2	5.1
	2012 年	12.8	2.3	38.5	2.5	0.0	8.9	1.1	6.7	3.7
	2019 年	14.0	3.6	38.5	2.7	0.0	9.2	1.1	6.7	0.5
	变化值	1.1	1.9	2.2	−1.9	0.0	0.5	0.1	0.5	−4.6
城郊型	2007 年	27.9	5.9	2.4	4.3	0.0	4.5	0.1	5.7	25.5
	2012 年	27.8	12.9	2.7	4.3	0.0	6.3	0.1	6.6	15.5
	2019 年	24.5	20.1	2.4	1.4	0.0	9.5	0.8	6.0	11.5
	变化值	−3.4	14.3	0.0	−2.9	0.0	5.0	0.7	0.3	−14.0
郊外型	2007 年	15.2	1.9	1.2	7.1	1.7	4.5	0.0	2.5	43.3
	2012 年	14.8	3.4	1.3	6.8	2.1	8.4	0.0	3.9	36.1
	2019 年	24.4	10.2	1.7	3.8	1.5	12.9	0.1	7.9	13.4
	变化值	9.2	8.3	0.5	−3.3	−0.2	8.4	0.1	5.4	−29.9
平均变化值		2.3	6.8	0.6	−3.4	−0.1	5.5	0.2	2.5	−15.0

（1）服务设施型：此类型受地铁建设的影响小，站点周边的各类用地变动小。较为明显的用地变动趋势是部分居住用地逐渐向服务设施用地转换，非建设用地被全部开发，城市中心服务功能不断得到增强。

（2）居住＋服务设施型：此类型站点周边的各类用地的变动特征与服务设施型站点相似：居住用地逐渐向服务设施用地转换，同时，教育设施用地的比重逐渐减少。这体现了站点逐渐向服务设施性功能突出的居住＋服务设施Ⅰ型和Ⅱ型或服务设施型演变的趋势。

（3）居住型：此类型站点周边以居住用地为主，地铁对其的影响不仅是居住用地的开发，更多的是居住配套服务设施用地的增加。并且，随着居住人口数的增加，适龄儿童数也在增加，教育服务设施用地的比重也逐渐提升。

（4）交通枢纽型：此类型站点周边最大的变动特征为交通设施用地的增加，并且居住用地和工业用地也逐渐减少，交通枢纽对周围用地的影响作用逐渐增强。

（5）大学园区型：站点周边用地受地铁建设的影响作用小，各类用地变动小，最突出的为教育设施用地的比重小幅度提升。杭州市下沙大学城因人为规划因素而被分布在城市空间中，受城市规划的主导影响，因此受地铁的影响较小。

（6）城郊型和郊外型：这两类站点受地铁建设影响的作用比较大，站点周边非建设用地被大量开发，尤其是郊外型站点。其中，城郊型站点表现出服务设施用地大幅度提升、居住用地的比重减少的开发特征，体现了其向服务功能较为突出的居住＋服务设施型或服务设施型站点转换的趋势；而郊外型站点周边用地的开发特征与站点整体的平均开发特征趋同，且居住用地开发较大，体现此类站点周边以居住用地开发为主，并向多样化类型开发演变。

2.5　类型变动的影响因素分析

站点周边用地类型的变动，受到内外各种因素的影响，如城市的自身扩张、新居住区块的开发、地铁线路建设自身带来的触动等。从功能变迁的角度的出发，根据对不同变动模式的站点分析，主要可以归纳为六方面的影响因素：非建设用地的开发、新居住用地的开发、老小区或城郊村的搬迁、服务功能的提升、制造业的撤退和交通功能的增强。即使在类型不变的站点，这些因素也大多存在，只是其所表现的程度较轻，还不足以改变这些站点的类型（见表2-8）。

表 2-8　类型不变站点的用地变动及影响要素

类型	站点	年份	用地构成平均值（%）									用地构成变动特征				
			R	AB	A3	M	W	S	U	G	E2	非建设用地的开发	新居住用地的开发	老小区或城郊村的搬迁	服务功能的提升	制造业的撤退
居住特色型	闸弄口站、婺江路站、滨和路站、西兴站	2007 年	50.8	6.7	1.8	11.3	1.0	2.4	0.2	5.3	20.6	○	○		○	○
		2012 年	54.2	7.2	2.5	9.8	1.0	2.2	0.2	5.9	17.2					
		2019 年	53.8	11.8	4.5	4.2	1.0	3.0	0.7	6.8	14.3					
服务设施型	龙翔桥站、城站站	2007 年	23.0	50.5	3.7	0.0	0.0	10.6	0.1	8.9	3.3			○	○	
		2012 年	18.9	52.6	3.7	0.0	0.0	12.9	0.1	8.4	3.4					
		2019 年	17.1	56.3	3.8	0.0	0.0	13.0	0.1	9.7	0.0					
居住+服务设施型	武林广场站、凤起路站、定安路站	2007 年	41.7	39.1	11.3	0.7	0.0	1.3	0.5	5.4	0.0			○	○	
		2012 年	39.0	39.6	11.3	0.1	0.0	1.1	0.7	5.3	2.9					
		2019 年	39.2	42.1	8.7	0.0	0.0	1.5	0.6	5.3	2.5					
城郊居住型	湘湖站	2007 年	48.7	0.0	2.6	2.9		0.0	1.0	12.2	32.7	○		○	⊕	○
		2012 年	41.4	6.1		1.2		0.0	0.6	1.0	14.4	35.4				
		2019 年	42.6	9.5				0.0	3.5	6.2	10.7	27.6				
大学园区型	文泽路站、文海南路站、云水站	2007 年	19.0	2.6	53.5	6.9	0.0	0.0	1.5	9.2	7.5	○			○	
		2012 年	18.9	3.4	56.7	3.7	0.0	0.3	1.6	9.9	5.4					
		2019 年	20.7	5.3	56.9	4.0	0.0	0.8	1.8	9.9	0.8					
交通枢纽型	打铁关站	2007 年	25.6	8.5	2.6	18.3	3.1	14.3	0.0	14.3	13.3			○	○	○
		2012 年	25.8	11.4	2.7	19.5	3.1	14.3	0.0	11.9	11.3					
		2019 年	29.3	11.4	2.7	13.0	3.1	14.3	0.0	14.0	12.2					

注：○表示较弱；⊕表示一般；◎表示较强；●表示很强。

在类型变动的站点中，受到上述六方面影响因素的程度较大（见表 2-9），主要的影响因素包括非建设用地的开发、新居住用地的开发、服务功能的提升与制造业的撤退等。

2.5.1　非建设用地的开发

该影响因素实际上来自城市用地的向外扩张以及城市地铁对城市用地开发的带动效应等多方面。近年来，杭州市仍处于一个快速发展的时期。2007—2019 年的城市建设用地的面积由 34448 万平方米增长到 45809 万平方米（不包括后来并入杭州的富阳区与临安区），增长了 33%。地铁 1 号线 34 个站点即使有较多的位于老城区，拓展空间的余地有限，但总体来看，各站点 500 米用地范围内，建设用地也由 1780 万平方米增加到 2270 万平方米，增长了 27.5%，基本上与城市发展同步。除了城市中心区的部分站点之外，这一因素在大部分站点上都有所涉及，相对来说，城郊型和郊外型的站点尤为显著。12 年间，站点周边用地开发最为显著的有下沙江滨站、客运中心站、翁梅站和彭埠站等，新开发量均超过 1/2 的用地规模。

2.5.2　新居住用地的开发

从属性来看，该影响因素（以及后续的部分因素）为前一个影响因素的具体体现。在类型不变的居住特色型和交通枢纽型站点，以及类型变动的多数站点中，新居住用地的开发均有不同程度的表现，12 年间共增长了 145 万平方米，占新增建设用地的 34.4%。其中，下沙江滨站、翁梅站与滨康路站等郊外型站点的新居住用地的开发最为突出，如下沙江滨站居住用地前后增长了 31.5 万平方米，占新开发建设用地的 68.2%。可以看出，依托地铁的带动效应进行城市居住新区的开发是城市发展的重要模式，也是疏散城市中心区人口、形成更为有效的城市空间形态的有效途径，同时也有利于提高地铁自身利用的效益。

2.5.3　老小区或城郊村的搬迁

与上一个因素相反，该影响因素来自原有居住用地的搬迁，但同样是站点周边用地类型变动的重要因素，是城市功能提升的重要表现，12 年间的居住用地减少的站点中共减少了 90.6 万平方米的该类用地。从表现形式来看，老小区的搬迁主要集中于城市建成区，尤其是中心区内的站点，如城站站、龙翔桥站与定安路站等，都有一定规模的原有居住用地的减少。城郊村的搬迁则更为显著，它们多分布于城市边缘区的城乡接合部，由于城市开发的推进，其逐渐被纳入到城市建设用地范围之内，用地功能随之改变，如火车东站站、乔司南站、湘湖站和余杭高铁站等。相对来说，老小区搬迁后的功能更替一般指向城市服务功能，而城郊村的搬迁后的功能更替指向较为多样，有交通枢纽功能，也有居住功能或者城市服务功能等。

2.5.4　服务功能的提升

除了乔司南站因为目前正处于城郊村搬迁、地块整理中之外，无论是类型不变站点还是类型变动站点，均不同程度地显示出服务设施用地的增加，说明地铁设站对其周边用地的服务功能的提升有着强力的推动效应。从用地增长上来看，12 年间总计共增长了 214 万平方米的服务设施用地，占新增建设用地的 48.1%，位居各类用地的首位。服务设施用地增加较多的站点主要为江陵路站、临平站、高沙路站与南苑站等，多处于紧邻城市中心区或者城市新区的外围区块，增加规模普遍超过 10 万平方米，是近阶段城市扩张的主要区块。而位于城市中心区的站点，虽然多为服务设施型，城市服务功能最强，但由于地铁建设之初其功能已基本确立，之后的功能改变较小，服务设施用地的增加程度有限，也使得其类型变动的幅度小或没有变动。

2.5.5　制造业的撤退

城市产业结构的调整与升级，是城市化与城市现代化的重要表现，尤其是对于区域性中心城市而言。杭州市目前也正在积极调整产业结构，提出现代服务业中心城市的建设战略，积极推动传统制造业向现代服务业的转型。地铁沿线周边的制造业的撤退也成为其中重要的部分，共有 23 个站点有所表现，总计减少 119.7 万平方米的工业用地，占原有建设用地的 14.9%，占原有工业用地的 58.7%。主要影响的站点为原城郊工业较多的火车东站站、九和路站和七堡站等。

2.5.6　交通功能的增强

该影响因素主要表现为两个类型：一类是大型交通枢纽的建设，其对站点的类型变动的影响较大，如火车东站站的新建铁路站场的用地规模即已达到 37.2 万平方米，占比达到 47.3%，此外还有余杭高铁站站、客运中心站等；另一类是地铁地面场地以及停车场地的建设，但规模一般较小，对地铁站点的类型影响也较弱。

表 2-9　类型变动站点的用地变动及影响因素

站点		变动类型	用地占比平均值（%）									主要变动因素					
			R	AB	A3	M	W	S	U	G	E	非建设用地的开发	新增居住用地的开发	城郊村的搬迁	服务功能的提升	制造业的撤退	交通功能的增强
火车东站站	2007 年	交通枢纽混合型	27.0	0.0	0.0	24.5	0.0	18.1	0.0	2.1	27.4						
	2012 年	交通枢纽特色型	1.0	4.1	0.0	0.0	0.0	67.2	0.0	7.4	18.4	⊕		●	○	●	●
	2019 年	交通枢纽特色型	4.1	4.5	0.0	0.0	0.0	67.2	0.0	10.0	14.2						
九堡站	2007 年	居住特色型	36.2	6.6	0.0	19.0	4.5	6.0	0.0	5.0	20.9						
	2012 年	居住特色型	40.4	7.8	0.0	14.4	4.6	6.0	0.1	8.3	16.4			●	○		
	2019 年	居住＋服务设施Ⅳ型	28.2	13.9	0.0	14.5	4.6	6.0	0.1	8.4	22.3						

站点	变动类型		用地占比平均值（%）										主要变动因素					
			R	AB	A3	M	W	S	U	G	E	非建设用地开发	新居住用地开发	城郊村搬迁	服务功能提升	制造业撤退	交通功能增强
西湖文化广场站	2007 年	居住+服务设施Ⅲ型	50.7	31.5	1.3	5.4	0.0	0.0	0.0	6.6	4.7						
	2012 年	居住+服务设施Ⅲ型	53.0	31.9	1.3	0.0	0.0	0.0	0.0	6.8	7.0				⊕	⊕	
	2019 年	居住+服务设施Ⅰ型	48.2	42.5	2.6	0.0	0.0	0.0	0.0	6.8	0.0						
近江站	2007 年	城郊居住型	40.3	6.6	5.4	5.6	0.0	0.0	0.0	11.4	30.8						
	2012 年	居住+服务设施Ⅲ型	41.0	28.4	5.4	3.5	0.0	0.9	0.0	10.8	10.0	◎	○		●	⊕	
	2019 年	居住+服务设施Ⅲ型	43.7	28.2	5.4	0.0	0.0	1.8	0.0	11.4	9.5						
高沙路站	2007 年	城郊居住型	36.9	3.1	6.7	8.3	0.0	0.0	0.0	0.0	45.1						
	2012 年	居住特色型	48.8	14.2	10.6	7.3	0.0	0.0	0.0	2.7	16.4	●	⊕		●		
	2019 年	居住+服务设施Ⅲ型	38.2	28.0	10.6	7.3	0.0	0.0	0.0	2.7	13.2						
乔司站	2007 年	城郊居住型	41.5	6.7	2.1	12.8	0.0	0.0	0.0	6.0	31.0						
	2012 年	居住特色型	37.0	12.3	3.0	17.9	0.0	0.7	0.0	8.7	20.4	⊕		⊕	⊕	⊕	○
	2019 年	居住特色型	35.8	18.2	0.0	2.6	0.0	14.4	0.0	7.2	21.8						
江陵路站	2007 年	城郊居住+商业型	26.1	25.6	0.0	0.0	0.0	0.0	0.0	10.5	37.8						
	2012 年	城郊居住+商业型	25.5	36.4	0.0	0.0	0.0	0.0	0.0	10.6	27.6	◎		⊕	●		○
	2019 年	公共设施特色型	17.4	56.3	1.8	0.0	0.0	4.2	0.0	10.7	9.7						
彭埠站	2007 年	郊外居住型	32.9	0.0	0.0	3.3	0.0	0.0	0.0	0.0	63.9						
	2012 年	郊外待开发型	12.8	0.0	1.4	8.2	0.0	0.0	0.0	1.9	75.7	●	◎	◎			
	2019 年	居住特色型	51.5	17.9	1.7	9.1	0.0	0.0	0.0	5.1	14.7						
乔司南站	2007 年	郊外工业居住型	16.4	0.0	0.0	14.8	21.4	0.0	0.0	2.0	45.7						
	2012 年	郊外工业居住型	16.7	0.0	0.0	14.6	18.8	1.0	0.0	2.0	47.1					◎	
	2019 年	郊外待开发型	7.4	0.0	0.0	3.3	5.0	15.0	0.0	2.1	66.9						
九和路站	2007 年	郊外工业居住型	25.5	0.0	0.0	23.8	3.0	0.0	0.0	0.0	47.8						
	2012 年	郊外待开发型	14.2	0.0	0.0	18.7	3.0	0.0	0.0	2.5	61.6	●	◎		⊕	◎	
	2019 年	居住特色型	41.3	10.1	0.0	5.5	3.1	12.6	0.0	12.4	12.7						

续表

站点	变动类型		用地占比平均值（%）									主要变动因素					
			R	AB	A3	M	W	S	U	G	E	非建设用地开发	新居住用地开发	城郊村搬迁	服务功能提升	制造业撤退	交通功能增强
金沙湖站	2007 年	郊外混合型	22.7	0.0	8.1	12.8	0.0	0.0	0.0	0.0	56.4						
	2012 年	城郊居住型	43.9	7.9	6.9	6.0	0.0	0.0	0.0	0.0	35.4	●	◎		●	◎	
	2019 年	居住 + 服务设施Ⅳ型	32.7	17.1	0.0	0.0	0.0	9.9	0.0	25.3	6.3						
临平站	2007 年	郊外混合型	19.3	16.6	6.4	5.2	0.0	3.5	0.0	3.7	45.3						
	2012 年	城郊居住 + 商业型	28.6	18.2	6.6	1.5	0.0	5.7	0.2	4.3	34.9	●	⊕		●	○	○
	2019 年	居住 + 服务设施Ⅱ型	29.5	46.2	6.8	1.1	0.0	9.3	0.2	6.8	0.0						
南苑站	2007 年	郊外混合型	21.5	6.0	0.0	9.0	0.0	0.0	0.0	9.7	53.9						
	2012 年	郊外混合型	19.5	10.0	0.0	5.9	0.0	0.0	0.0	13.3	51.3	●			●		
	2019 年	居住 + 服务设施Ⅳ型	21.9	26.8	8.5	0.0	0.0	13.8	0.0	10.0	17.6						
余杭高铁站	2007 年	郊外混合型	18.6	0.1	0.3	12.8	0.0	0.0	0.0	11.0	57.4						
	2012 年	交通枢纽城郊型	4.4	0.1	0.3	10.3	0.0	19.4	0.0	16.2	49.4	⊕		◎	○	◎	●
	2019 年	交通枢纽城郊型	2.0	3.8	0.3	1.6	0.0	32.0	0.0	17.7	42.8						
滨康路站	2007 年	郊外混合型	18.2	6.8	1.8	11.5	0.0	0.0	0.0	8.6	53.2						
	2012 年	郊外混合型	16.8	14.2	2.6	7.6	0.0	0.8	0.0	8.6	49.5	●	●		⊕		
	2019 年	居住特色型	48.4	18.0	2.6	9.9	0.0	0.8	2.6	10.0	7.9						
下沙西站	2007 年	郊外待开发型	16.6	0.0	0.0	3.8	15.2	0.0	0.0	0.0	64.5						
	2012 年	郊外工业型	4.8	0.0	0.0	10.8	15.9	0.0	0.0	0.0	68.6	◎			⊕	⊕	
	2019 年	城郊混合型	8.1	12.1	0.0	4.4	17.7	0.7	0.0	25.6	31.5						
翁梅站	2007 年	郊外待开发型	16.7	5.7	0.5	10.8	0.0	0.0	0.0	0.3	66.0						
	2012 年	郊外待开发型	13.0	5.9	0.5	12.7	0.0	0.0	0.0	0.3	67.7	●	●		○		⊕
	2019 年	居住特色型	49.8	7.7	0.5	14.1	0.0	12.2	0.0	5.8	7.9						
客运中心站	2007 年	郊外待开发型	22.1	0.0	0.0	0.0	0.0	5.6	0.0	0.0	72.3	●	○		○		●
	2012 年	交通枢纽城郊居住型	26.7	7.3	2.3	0.0	0.0	20.7	0.0	6.2	36.8						
	2019 年	交通枢纽城郊居住型	23.4	9.5	2.0	0.0	2.7	37.3	0.0	10.4	14.6						

站点	变动类型	用地占比平均值（%）									主要变动因素				
		R	AB	A3	M	W	S	U	G	E	非建设用地开发	新居住用地开发	城郊村搬迁	服务功能提升	制造业撤退	交通功能增强
七堡站	2007 年 郊外待开发型	18.8	0.0	0.0	13.1	0.0	0.0	0.0	0.0	68.1						
	2012 年 郊外待开发型	17.6	0.0	0.0	6.8	0.0	2.2	0.0	6.1	67.4	●	●		○	◎	
	2019 年 居住特色型	59.2	9.6	4.8	0.0	0.0	8.5	0.0	0.4	17.1						
下沙江滨站	2007 年 郊外待开发型	8.1	0.0	3.7	4.2	0.0	0.0	0.0	11.9	72.1						
	2012 年 居住 + 工业型	54.4	0.0	3.7	20.9	0.0	0.0	0.0	11.9	9.1	●	●		○		
	2019 年 居住 + 工业型	54.4	4.9	3.7	20.9	0.0	0.0	0.0	11.9	4.3						

注：○表示较弱；⊕表示一般；◎表示较强；●表示很强。

2.6 总 结

城市轨道交通作为我国大城市重要的公共交通方式，正处于快速建设之中，其便利了市民的日常出行，有效缓解了城市的交通问题，也对城市轨道交通周边乃至城市空间结构带来了深远的影响。

（1）从类型上来看，地铁站点周边用地的构成具有较强的复杂性与多样性，杭州市地铁 1 号线的 34 个站点在 3 个时段可以分为 7 大类 23 小类，这与城市土地利用方式的多样性和城市开发的复杂性有着密切的关系。

（2）从空间分布上来看，站点的类型与其区位选择和区块开发方向有着较大的关联性。服务设施型与居住 + 服务设施型站点具有较强的城市中心性，普遍位于城市中心区或者外围副城的中心区；居住型站点多为新开发的城市居住区块，一般位于城市中心区外围与新开发的城郊区块；两者之间则多为过渡用地，从而构成较为均衡的部分站点，如居住 + 服务设施Ⅲ型和Ⅳ型等；交通枢纽型和大学园区型分别位于各自的功能区块；城郊型和郊外型较少，均位于各城区之间的待开发地块。

（3）从动态角度来看，伴随着城市的快速发展和地铁从启动到运营，地铁站点的周边用地类型也随之发生较大的改变。从小类的角度看，半数以上站点的类型被改变，即使是未改变的站点，其功能也有一定程度的调整。类型改变的站点主要为由郊外型和城

郊型向其他型转变，由其他型向居住型或服务设施型转变。在空间上，老城区设立的地铁站点，其服务功能虽有一定程度的提高，但提高的幅度较小，用地类型基本不变；而在城市新开发地块，站点类型的变动相对较大，其变动指向也具有一定的多样性，多指向居住型、居住＋服务设施型、交通枢纽型等类型（见图2-4）。

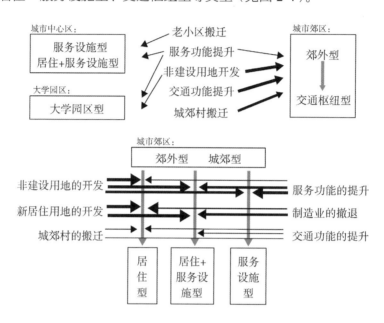

图2-4　站点类型转变的主要模式及其影响因素的关系图

（4）从影响因素的角度来看，非建设用地的开发、新居住用地的开发、服务功能的提升、老小区或城郊村的搬迁、制造业的撤退和交通功能的增强等是站点类型变动的主要的影响因素。在不同的类型变动模式下，各种因素所起的作用有着一定的差异，如郊外型向居住型转变，受到以新居住用地的开发、城效村的搬迁等为主导的影响因素的作用，郊外型向服务设施型转变，受到以服务功能的提升、制造业的撤退等为主导的影响因素的作用。这些因素共同引导站点周边用地内部的功能转变，并影响城市的空间结构。

地铁的建设与运行，给以站点为核心的地铁沿线城市土地开发带来了新的机遇，其以快速、高效、大容量的交通优势为沿线土地开发创造了优越的交通条件和区位优势。依托地铁站点积极实施以大运量公共交通为导向的TOD发展模式，在我国部分大城市中也开始逐步得到认可和实践。从杭州市地铁1号线的情况来看，城区由于城市发展的惯性，城市更新的难度较大，TOD模式的实施可能性较小，而在城市郊区，土地开发的可塑性较强，比较适宜采用TOD模式的开发。从站点类型的转变特征和转变影响因素的分析来看，杭州市地铁1号线在一定的程度上存在TOD模式开发的趋势。

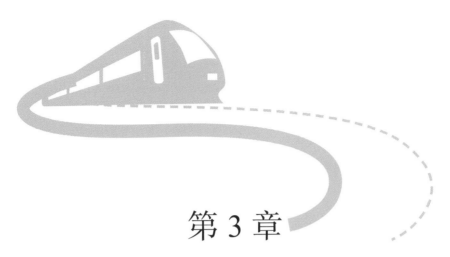

第3章
基于客流视角的轨道交通站点发展水平的评价研究

对城市轨道交通发展状况与水平进行分层级的研究，主要可分为网络体系和微观节点两个层面。

在网络体系层面，近年来，国内众多学者对各大城市的轨道交通网络进行若干实证研究，包括网络拓扑特征、网络客流特征等。郑啸等建立北京市公交复杂网络模型，计算其拓扑特性。辜姣等整理分析了交通网络的基本拓扑参量。许葭等基于复杂网络构建北京地铁的网络拓扑结构，定量分析地铁网络建设对网络结构、性能的影响。高天智等选取中国10个典型城市的轨道交通网络结构，并对其网络拓扑结构进行分析。曹敬洺等基于轨道交通数据对北京市的客流特征与城市功能结构进行分析。冷彪等以地铁客流数据为基础提取了乘客出行模式和地铁站客流模式。殷玮宏等结合网络拓扑结构分析、OD分析与过度通勤理论，对深圳地铁的网络拓扑特性与通勤空间特征进行了研究。

在微观节点层面，国内众多学者对站点活力、站点开发强度、交通衔接情况等进行了研究。吴光周等定量分析深圳轨道交通站点的客流活力分布特征，并对轨道交通站点进行了分类分析。夏正伟等对影响TOD效能的不同要素之间存在的组群关系及关键指标进行研究。王琦等对上海市居住型轨道交通站点周边慢行交通设施进行评价并提出改善建议。潘海啸等实证分析了上海轨道交通对站点地区土地使用的影响。国内对轨道交通的研究主要集中在北京、深圳、广州等轨道交通发展较为成熟的城市，对新兴轨道交通城市的研究较少，相关研究多侧重于某个侧面，综合性的研究不足。本章将通过特征指标的选取，从网络和站点两个层面构建城市轨道交通的分析与评价框架，以杭州市为案例对其网络和站点特征进行探讨，为城市轨道交通的优化与提升提供参考。

3.1 研究方法

3.1.1 网络特征指标

3.1.1.1 网络几何特征（G）

网络几何特征可以直观地反映一个轨道交通网络的规模和空间聚集度。其中，线路总长 G_1 反映了网络的规模，站点平均线路间距 G_2 和地铁网络密度 G_3 反映了网络的空间聚集度（见表 3-1）。

3.1.1.2 网络拓扑特征（T）

轨道交通网络是若干个站点经由若干条地铁线路联系起来的一张网络，每个节点与每条线路在网络中的重要性与通达性受到网络本身所固有的拓扑性质的影响，因此，在研究轨道交通网络特征时，其网络拓扑特征不容忽视。本章主要从节点度、平均路径长度、平均聚类系数、最大网络直径这四个基本拓扑量来开展研究。

（1）节点度 T_1：为网络中所有节点度值的算术平均值，表征轨道交通网络的联通度。

$$T_1 = \frac{\sum_{i=1}^{n} t_i}{n}$$

式中，t_i 是节点 i 的度值，即和该节点相关联的边的条数；n 是网络中的节点数量。

（2）平均路径长度 T_2：为网络中任意两个节点间最短路径的算术平均值，反映轨道交通网络的理论传输效率。

$$T_2 = \frac{\sum_{ij=1}^{n(n-1)} \text{Min}(L_{ij})}{n(n-1)}$$

式中，$\min(L_{ij})$ 是节点 i、j 间的最短拓扑路径；$n(n-1)$ 是最短路径总数。

（3）平均聚类系数 T_3：为全部节点的聚类系数的平均值，表征节点间联系的密切程度。

$$T_3 = \overline{c}_i$$

$$c_i = \frac{e_i}{k_i(k_i - 1)/2}$$

式中，c_i 是节点 i 的聚类系数；k_i 是相邻的节点数；e_i 是相邻节点间的边数，理论上节点 i 的最大连接边数 e_i 为 $k_i(k_i-1)/2$。

（4）最大网络直径 T_4：为所有两个节点之间最短距离的最大值，这里的节点距离指的是两个节点间的拓扑距离。

城市轨道交通网络拓扑数据根据以下三个步骤进行收集及处理。

步骤 1：在城市轨道交通几何网络数据集的基础上，将站点抽象成"节点"，将线路抽象成连接"节点"的无向量的"边"，这里的"边"包含其联系节点的源（sourse）与目标（target）的信息，整理形成"节点统计表"与"边统计表"备用。

步骤 2：借助一款基于 JVM 的复杂网络分析软件 Gephi 构建各大城市的轨道交通拓扑网络数据集，将步骤 1 中的"节点统计表"与"边统计表"导入 Gephi。

步骤 3：在 Gephi 软件平台内对中国九大城市的城市轨道交通拓扑网络的节点度 T_1、平均路径长度 T_2、平均聚类系数 T_3、最大网络直径 T_4 进行计算，计算结果见本章第 2 小节。

3.1.1.3 网络客流特征（P）

网络客流特征（表 3-1）可以描述轨道交通网络在一定时间段内的运行规模和运输效能，同时表现客流的时间与空间分布的情况，包括客流量 P_1、客流时间分布 P_2 和客流空间分布 P_3 三方面。

表 3-1　轨道交通网络特征属性一览表

一级特征	二级特征	定义
网络几何特征（G）	线路总长（G_1）	各条轨道线路几何长度的总和
	站点平均线路间距（G_2）	每两个相邻站点的实际轨道长度的算术平均值
	线路网络密度（G_3）	线路总长与城市建成区面积的比值
网络拓扑特征（T）	节点度（T_1）	网络中所有的节点度值的算术平均值，表征轨道交通网络的联通度
	平均路径长度（T_2）	网络中任意两个节点间最短路径的算术平均值，反映轨道交通网络的理论传输效率
	平均聚类系数（T_3）	全部节点的聚类系数的平均值。表征轨道网络节点间联系的密切程度
	最大网络直径（T_4）	所有两个节点之间最短距离的最大值，反映网络拓扑规模
网络客流特征（P）	客流量（P_1）	轨道交通网络承担的客流人数，如年客流量、日客流量等
	客流时间分布（P_2）	轨道交通网络的客流时间分布特征
	客流空间分布（P_3）	轨道交通网络的客流空间分布特征

3.1.2　站点特征指标

3.1.2.1　站点活力（V）

简·雅各布斯认为空间活力受以下两个方面的影响：一是要有足够的人流量，二是人流量持续出现。为此，站点活力评价指标可以从客流强度和客流的时间持续性两个方面出发，评估轨道交通站点的活力。

站点客流强度 V_1 一般用平均日客流量来衡量。

客流分布连续度 V_2 是指站点客流时间分布的信息熵。

$$V_2 = \sum_{f=1}^{7} \sum_{g=1}^{24} U_{fg} \log(U_{fg})$$

$$U_{fg} = \frac{P_{fg}}{\sum_{f=1}^{7} \sum_{a=1}^{24} P_{fg}}$$

式中，U_{fg} 是指某站点在第 f 天、时段 g 的客流量占一周总客流量的比重；P_{fg} 是指某站点在第 f 天、时段 g 的客流量。

结合上述两参数，实际的站点活力 V 可表征为：$V = V_1 \times V_2$。

3.1.2.2 站点辐射能力（R）

在轨道交通网络中，点与点之间的要素流动体现了相互之间的力的作用，这种相互作用体现在辐射和受辐射两方面。

一是站点辐射强度 R_1，是该站点辐射城市空间的能力，即到达该站点的乘客的平均乘车站数与理论上该站点的平均最短拓扑路径的比值。二是站点受辐射强度 R_2，是指该站点受到其他站点辐射的强度的大小，即从该站点出发的乘客的平均乘车站数与理论上该站点的平均最短拓扑路径的比值。两者的表达式分别为：

$$R_1 = \left(\frac{\sum_{x=1}^{N_x} L_x}{N_x} \right) \div T_i$$

$$R_2 = \left(\frac{\sum_{y=1}^{N_y} L_y}{N_y} \right) \div T_i$$

式中，L_x、L_y 分别表示到达该站点和从该站点出发的乘客的乘车站数；N_x、N_y 分别为一日到达该站点和从该站点出发的乘客人数；T_i 为节点 i 到其他所有节点的拓扑最短路径的平均值。

结合上述两参数，站点辐射能力 R 可表征为：

$$R = R_1 + R_2$$

3.1.2.3 站点职住平衡度（W）

可从站点高峰客流比例和早晚高峰客流出入比例对站点职住平衡度进行测算。

站点高峰客流比例 W_1，是指站点在高峰时段的客流人数占全日客流的比例。

早高峰客流出入比例 W_2，是指站点早高峰出发客流量与到达客流量之比，该值大于1时说明早高峰以出发客流为主。

晚高峰客流出入比例 W_3，是指站点晚高峰出发客流和到达客流的比例，该值小于 1 时说明晚高峰以到达客流为主。

结合上述三参数，站点职住平衡度 W 可表征为：

$$W = W_1 \times (W_2 - W_3)$$

若 W_2 大于 W_3，则 W 为正数，说明站点偏向早高峰出发和晚高峰到达，居住功能较强，反之则为就业功能较强。

表 3-2 为轨道交通站点特征属性一览表。

表 3-2　轨道交通站点特征属性一览表

一级特征	二级特征	定义
站点活力 （$V=V_1 \times V_2$）	站点客流强度（V_1）	指站点平均每日客流量
	客流分布连续度（V_2）	指站点客流时间分布的连续程度
站点辐射能力 （$R=R_1+R_2$）	站点辐射强度（R_1）	指站点辐射城市空间的能力，即到达该站点的乘客的平均乘车站数与该站点的平均最短路径的比值
	站点受辐射潜力（R_2）	指某站点受到其他站点辐射的潜力的大小，即从该站点出发的乘客的平均乘车站数与该站点的平均最短路径的比值
站点职住平衡度 [$W=W_1 \times (W_2-W_3)$]	站点高峰客流比例（W_1）	指站点在高峰时段的客流人数占全日客流的比例
	早高峰客流出入比例（W_2）	指站点早高峰出发客流量与到达客流量的比例
	晚高峰客流出入比例（W_3）	指站点晚高峰出发客流量与到达客流量的比例
站点区位度 （$Z=Z_1 \times Z_2$）	轨道交通区位度（Z_1）	指站点在轨道交通网络中的区位优势度，即站点节点度和聚类系数的复合结果
	城市慢行交通可达性（Z_2）	指站点在慢行交通网络中达到周边区域的可达性
站点周边建成度 （$B=B_1$）	站点 500m 范围内的建成度（B_1）	指站点周边 500 米范围内的建设空间占总面积的比例

3.2　城市轨道交通网络发展水平的分析

3.2.1　中国九大城市轨道交通网络发展水平的分析

为了客观评价杭州市轨道交通网络的发展水平，依据 2021 年中国内地城市地铁运营里程的数据，选取线路总里程超过 300 千米的另外 8 个城市与杭州市进行轨道交通网络特征属性的对比分析，分别构建了中国九大城市轨道交通几何网络数据集和拓扑网络数据集，见图 3-1 与图 3-2。

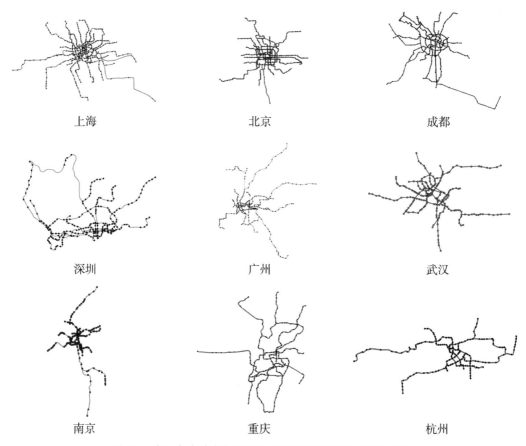

上海　　　　　　　　　　北京　　　　　　　　　　成都

深圳　　　　　　　　　　广州　　　　　　　　　　武汉

南京　　　　　　　　　　重庆　　　　　　　　　　杭州

图 3-1　中国九大城市轨道交通几何网络数据集（2021 年）

北京的城市轨道交通初运营始于 1971 年，是我国最早建设、最早投入运营的城市轨道交通网络系统。其网络呈现"方形环状放射型"空间布局模式，城轨网络与北京城市空间布局的关系紧密，各个方向的跨度均衡。线路总长 G_1 为 727 千米，站点平均线路间距 G_2 为 1.72 千米 / 站，地铁网络密度 G_3 为 0.5 千米 / 千米^2。构建的拓扑网络数据集，反映出北京城市轨道交通的站点度 T_1 为 2.24，平均路径长度 T_2 为 17.1，平均聚类系数 T_3 为 0.006，日客流量 P_1 为 626.5 万人次 / 日。

上海的城市轨道交通初运营始于 1993 年，是我国至今线网规模最大、站点数量最多的城市轨道交通网络系统。其网络呈现"内部棋盘格、外部放射状"的空间布局模式，东西向的跨度大于南北向的跨度，线路总长 G_1 为 729km，站点平均线路间距 G_2 为 1.72 千米 / 站，地铁网络密度 G_3 为 0.59 千米 / 千米^2。构建的拓扑网络数据集，反映出上海市轨道交通的站点度 T_1 为 2.34，平均路径长度 T_2 为 15.5，平均聚类系数 T_3 为 0.019，日客流量 P_1 为 774.6 万人次 / 日。

成都的城市轨道交通网络空间布局模式与北京相仿，是"圆形环状放射型"空间布局模式。深圳的城市轨道交通网络空间布局则呈现"沿海集中布局、内陆放射"的模式. 广州、武汉、重庆的城市轨道交通网络空间布局则偏向"自由式"的布局模式。南京与杭州的城轨网络线路较其余七大城市少，南京的南北向的跨度大，杭州的东西向的跨度大。

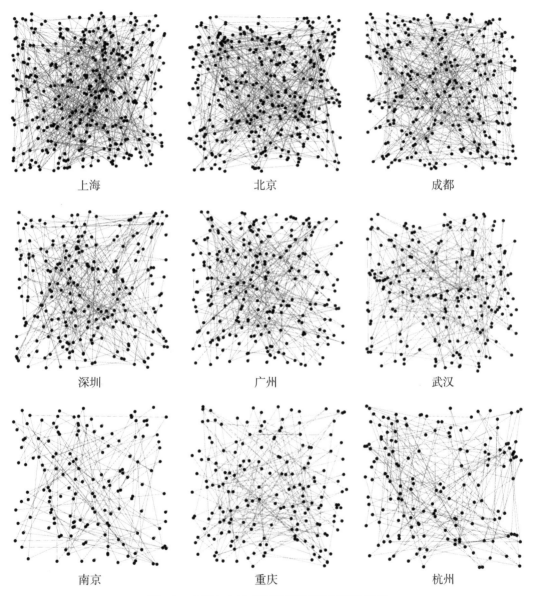

图 3-2　中国九大城市轨道交通拓扑网络数据集

从单个指标来看（表3-3），2021年底，在线路总长方面，上海位居第一，北京紧跟其后，它们成为我国城市轨道交通线路最长的两个城市；第二梯队为成都市和广州市；深圳市等其他5个城市属第三梯队。

在站点平均间距上，南京市的平均间距最大，达到2.30千米；最小的为深圳市，只有1.49千米。

在线路网络密度上，上海市和成都市并列第一，为0.59千米/千米^2，而重庆市还只有0.23千米/千米^2；杭州市的线路总长虽然位列九大城市的末席，但其密度达到0.47千米/千米^2，是重庆市的2倍。

在网络拓扑特征上，各城市的差异不大，其中，南京市的节点度最大，杭州市的最小；北京市的平均路径长度最长，深圳市的最小；平均聚类系数上，深圳市最大，南京和杭州市最小；最大网络直径上，北京市最大，重庆市最小。

在日客流强度上，上海市的日客流量最大；其次是广州市，超过线路总长排名第二的北京市。该市也成为每千米日客流量排名第一的城市，达到1.19万人次/（日·千米）。其次为上海市和深圳市。九大城市中，该指标最低的为武汉市，只有0.41万人次/（日·千米）；杭州市为0.52万人次/（日·千米），均不到效率较高城市的一半。

表3-3 2021年中国九大城市轨道交通网络发展水平一览表

城市	线路总长 G_1（千米）	站点平均线路间距 G_2 千米/站	线路网络密度 G_3（千米/千米^2）	节点度 T_1	平均路径长度 T_2	平均聚类系数 T_3	最大网络直径 T_4	日客流量 P_1（万人次/日）	每千米日客流量 P_1/G_1[万人次/（日·千米）]
上海	729	1.72	0.59	2.34	15.5	0.019	44	774.6	1.06
北京	727	1.72	0.50	2.24	17.1	0.006	52	626.5	0.86
成都	558	1.72	0.59	2.25	15.9	0.007	50	332.5	0.60
广州	553	1.95	0.42	2.18	16.2	0.013	50	660.1	1.19
深圳	422	1.49	0.44	2.30	13.4	0.048	40	444.5	1.05
武汉	409	1.78	0.50	2.17	15.6	0.003	50	169.6	0.41
南京	395	2.30	0.48	2.50	16.8	0.000	49	218	0.55
重庆	343	1.72	0.23	2.15	14.7	0.003	41	229	0.67
杭州	306	1.72	0.47	2.13	16.9	0.000	53	159	0.52

3.2.2 杭州与各大城市轨道交通网络发展水平的对比

根据已构建的城市轨道交通的几何网络与拓扑网络模型，得到九大城市轨道交通网络的特征属性（表3-3）。对比杭州和其他各大城市，可以看出杭州的城市轨道交通网络的主要特征如下。

（1）杭州市轨道交通的跨度大，整体的传输效率较低

2021 年底，杭州市线路总长为 306 千米，在九大城市中排最后，但从最大网络直径来看，杭州市的网络直径最大（达 53），排名第一，可以看出杭州市网络体系的跨度大，这与其轨道交通的总体规模不协调。当网络体系跨度与总体规模不匹配时，就容易影响网络整体的传输效率。

从平均路径长度来看，在杭州从任意一个站点入站，到任意一个站点出站，理论上平均需经过约 16.9 个站点，对比其他城市，杭州的城市轨道网络平均路径最长，两个站点之间的理论的平均需经过的站点数最多，这也佐证了其网络整体传输效率较低的问题。

（2）杭州市轨道交通站点的集聚程度低

杭州市的平均聚类系数为 0.0001，非常趋近于 0，排名第九，对比深圳市的平均聚类系数值 0.048、上海市的平均聚类系数值 0.019，反映出杭州市的站点聚集性较弱，站点网络连通性弱。杭州市站点的弱聚集现状是城市轨道交通建设发展新兴阶段易产生的共性问题，比如南京、重庆、武汉等地的城市轨道交通平均聚类系数也较低。要解决站点弱聚集问题，就要完善城市轨道交通规划设计，在搭建完城市轨道交通骨架之后，进行新线路的布局，加强站点的相互联系，尤其是城市核心地区站点的聚集程度。

（3）杭州市轨道交通站点分布的格局有待优化

杭州市轨道交通总体表现为以普通站点为主、以中小型换乘站为辅的站点分布格局。杭州市轨道交通站点的节点度最大为 4，其均为两条线路的换乘站点，没有容纳两条以上线路换乘的大型换乘点，而其他大城市轨道交通均有大型的换乘站点。例如，上海的龙阳路站承担了 2、7、16、18、磁浮 5 线的换乘任务，是上海最大的换乘站；深圳的车公庙站和岗厦北站均为 4 线换乘。城市轨道交通网络中的大型换乘站点承担枢纽职责，合理规划布置大型的换乘站，将有利于优化乘客线路的选择，提高城市轨道交通运行的效率。

（4）杭州市轨道交通的总体规模和城市的建成情况相匹配，但运行效率较低

九大城市的地铁网络密度大多集中在 0.4~0.6 千米 / 千米^2，杭州市为 0.47 千米 / 千米^2，轨道交通规模与城市建成情况的匹配度较好；但是从每千米日客流量（P_1/G_1）来看，杭州为 0.52 万人次 /（日·千米），排第八位，仅高于武汉市。杭州轨道交通每千米承担的客流量较低，建成的轨道交通的使用效率不高。城市轨道交通作为高造价、高投入的公共交通设施，也应该注重产出回报比率。其中，最重要的参考因素就是每千米的日客流量。因此，杭州市轨道交通系统仍需提高运营管理的水平，进而提升公共交通运行的效率，实现投入产出效益的最大化。

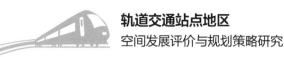
3.2.3 杭州轨道交通网络客流的特征

（1）客流的时间分布

杭州市轨道交通网络客流的时间分布不均衡，早晚高峰明显，呈双峰分布（图3-3）（数据为2021年1月中旬杭州市各地铁站出入站的刷卡数据）。其中，早高峰（7：00—9：00）和晚高峰（17：00—19：00）的客流量占全天客流量的比重分别为27.2%和21.3%。同时，早高峰的强度更高，晚高峰的持续时间更长。从客流曲线的浮动来看，出站高峰比进站高峰整体滞后约30分钟，且晚高峰进站的客流有3个小峰值，呈现一定规律的波动，而晚高峰出站的客流波动较为平缓。晚高峰进站出现3次客流波峰的原因是城市轨道交通已经成为城市居民重要的通勤手段，下班的时间分布具有相似性，如17：00、17：30、18：00等。

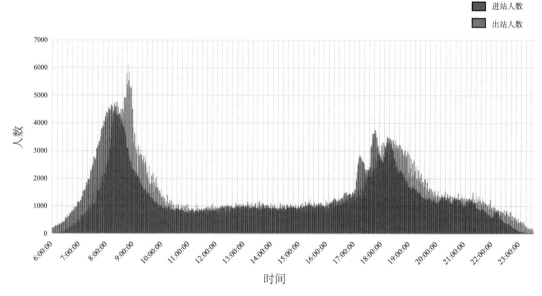

图3-3 杭州市轨道交通进出站客流时间分布图（2021年1月，以下同）

（2）客流的空间分布

杭州市城市轨道交通客流的空间分布有以下三个特征。

其一，表现为站点客流的空间分布极不均衡，小集中、大分散。如图3-4所示，少数站点和线路承载着绝大部分的客流量，杭州市单个站点的日均客流为8900人次，客流最高的站点是火车东站站，达到6.4万人次。

客流小集中、大分散还体现在客流量前40%的轨道交通站点集聚了80%的客流，客流量后60%的轨道交通站点只承担20%的客流。如表3-4所示，杭州城市轨道交通工作日高峰进站量排名前15位的车站中，有12个车站的高峰进站量占全天的40%以上，高峰进站量占全天进站量超过50%的有6个站点。1号线、2号线、5号线工作日均进站的客流总量为 119.3 万人次，占全网进站客流总量的 77.9%；工作日的日均出站客流总量为 114.9 万人次，占全网出站客流的总量的 77.2%（图 3-5）。

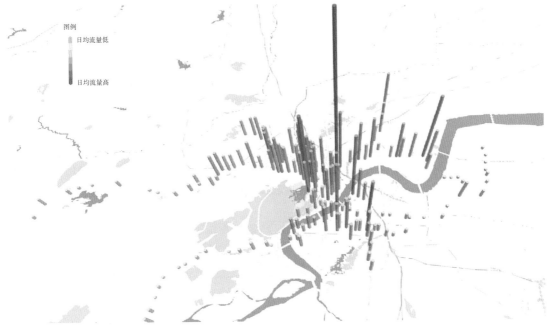

图 3-4　杭州市轨道交通全日客流量的空间分布图

表 3-4　杭州市轨道交通工作日高峰进站量排名前 15 位的车站数据

高峰客流量排名	进站车站	日客流量排名	工作日高峰时段进站量/人次	全天客流量/人次	高峰时段进站量占全天的比例（%）
1	火车东站站	1	20766	64363	0.32
2	彭埠站	3	16894	29557	0.57
3	江陵路站	4	13990	29109	0.48
4	九和路站	12	11988	29109	0.41
5	凤起路站	2	11913	33073	0.36
6	客运中心站	7	10765	21237	0.51
7	闸弄口站	13	10525	19692	0.53
8	钱江路站	10	10110	20517	0.49
9	龙翔桥站	2	10033	37968	0.26
10	近江站	14	9950	19148	0.52
11	丰潭路站	21	9912	17209	0.58

续表

高峰客流量排名	进站车站	日客流量排名	工作日高峰时段进站量/人次	全天客流量/人次	高峰时段进站量占全天的比例（%）
12	临平站	11	9843	20226	0.49
13	建国北路站	9	9738	20581	0.47
14	西湖文化广场站	8	9727	21041	0.46
15	古翠路站	17	9461	18541	0.51

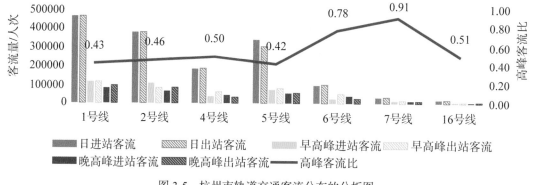

图 3-5　杭州市轨道交通客流分布的分析图

其二，是钟摆式的人口流动，早高峰弥散性出发，集中性到达，从外围向核心聚集；晚高峰集中性出发，弥散性到达，从核心向外围发散。在早高峰时段，各站点出发的人数较为均匀，65%的站点的出发人数集中在1000~5000人。但各站点的到达人数的差距较大，到达人数大于5000人的有38个站点（23%），到达人数小于千人的有79个站点（47%）。

与此对应，晚高峰的情况则恰好相反，各站点的出发人数的差距较大，到达的人数较为均匀。计算早高峰各站点净流入值和净流出值，结果表明，早高峰客流由外围向核心聚集，晚高峰与之相反，客流由核心向外围发散的特征非常明显。这一特征反映出杭州市职住空间分布的不平衡，尤其是城市外围空间的就业岗位与当地居民的就业需求不匹配，不足以支撑该地居民的充分就业。

其三，是站点客流联系强度的差异大，呈现由外围向中心逐渐收缩加强的特征。通过对客流数据的深入分析，构建站点客流OD矩阵，并利用GIS数据平台将客流联系可视化，最终形成如图3-6所示的杭州市轨道交通客流OD矩阵图。通过观察，我们可以发现杭州市站点客流联系由外向内逐渐收缩加强，有明显的圈层特征：最中心一层为日客流联系大于2000人，呈深红色，有龙翔桥站—火车东站站、城站站—火车东站站，这种站点间的强联系在杭州城市轨道交通系统中较少；第二层为日客流联系在1000~2000人，呈浅红色，主要为各地区中心站点至火车东站与客运中心站的联系，涉

及的范围较小，主要存在于城市东侧；第三层为日客流联系在 500~1000 人，呈橙色，
广泛分布在杭州市区内部的各站点之间，其中，临平、下沙方向同主城区的联系强于良
渚、老余杭、萧山方向，而临安、富阳、钱塘方向至主城区则缺少这一强度的联系，这
一层级的站点 OD 与杭州主城区轨道交通网络结构的耦合性较好；第四层为日客流联系
在 50~500 人，呈黄色；第五层为日客流联系小于 50 人，呈蓝色，均广泛分布在杭州市
域的各站点之间。第四层级的联系强度大，但第五层级的联系更为广泛。

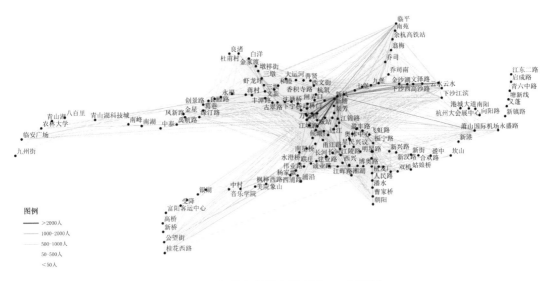

图 3-6　杭州市轨道交通客流 OD 矩阵图

从杭州市轨道交通网络发展水平的评价结果可以得出，当前杭州城市轨道交通网络
发展中存在的某些问题，同时也表明杭州市城市轨道交通网络是市民重要的通勤公交系
统，能较好地反映出城市职住格局。

在网络空间方面，杭州市城市轨道交通在 2012—2022 年这 10 年间，经历了从无到
有，从线路到网络的成长变化。其总体规模和城市建成情况相匹配，但也存在轨道交通
有跨度大、整体传输效率较低、站点集聚程度低、交通站点分布格局有待优化、运行效
率较低等问题。上述问题也是轨道交通新兴城市在发展中容易出现的共性问题。

在网络客流分布方面，杭州城市轨道交通网络有"客流时间与空间分布不均衡"的
特点，大量客流集中在小部分的地点与时间段内，同时，早晚高峰出现"钟摆式客流"，
站点间的客流联系由城市外围向中心逐渐收缩加强。

随着亚运会的召开，2021—2023 年杭州市城市轨道交通建设的速度再次提速，至
2023 年底，线路总长达到 586.76 千米（含市域快轨 81.5 千米），站点数 330 个，线路总
长超越武汉、深圳等，位列全国第五，城市轨道线路的网络化结构也得到了较大程度的
优化，城市轨道交通发展进入了新的阶段。

3.3　杭州市轨道交通站点发展水平的三维评价

　　依据前文构建的轨道交通站点特征评价体系，对 2021 年杭州市 167 个轨道交通站点进行分析（见图 3-7），其中对二级特征的分析数据选取直接计算方法，便于观测站点在各个二级指标的实际情况。但是考虑到一级特征是通过二级特征运算得出，其计算结果的单位不同，在后续的研究中，需要将三个维度的一级指标整合起来观测，为了便于比较，对各站点的一级特征数据进行了归一标准化的处理。

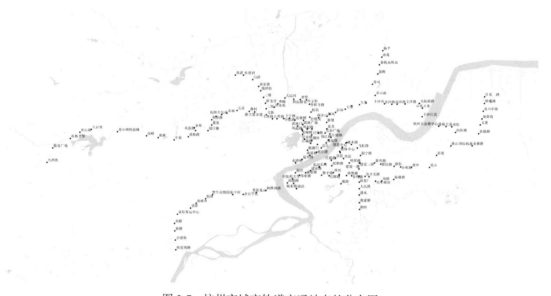

图 3-7　杭州市城市轨道交通站点的分布图

3.3.1　站点活力评价

3.3.1.1　站点客流强度 V_1

　　杭州市站点客流强度分异明显。从区域上看，中心城区的站点客流强度高于城市边缘区域（见图 3-8）；从线路上看，1 号线、2 号线的站点客流强度最高，4 号线、5 号线次之，6 号线、7 号线、16 号线的站点客流强度很弱。站点客流强度分异具有区域性差别、线路性差别、个体差异悬殊的特点。

　　以站点客流强度为依据对杭州市站点进行排名，表 3-5 中展示了排名前 20 与排名末 20 的相关数据，前 20 名站点的客流强度均值为末 20 名站点的 58.9 倍。

图 3-8　站点客流强度评价结果图

表 3-5　V_1 与 V_2 首末排名前后 20 个站点的统计表

站点客流强度（V_1）（万人次 / 日）			站点客流连续性（V_2）		
站点名称	V_1 值	排名	站点名称	V_2 值	排名
火车东站站	7.08	1	萧山国际机场站	1.16	1
彭埠站	4.86	2	向阳路站	1.16	2
客运中心站	3.18	3	火车南站站	1.15	3
临平站	3.04	4	九州街站	1.15	4
闸弄口站	2.89	5	南阳站	1.15	5
丰潭路站	2.74	6	启成路站	1.15	6
白洋站	2.53	7	城站站	1.14	7
九和路站	2.37	8	临安广场站	1.14	8
湘湖站	2.27	9	农林大学站	1.14	9
振宁路站	2.26	10	桂花西路站	1.13	10
建国北路站	2.22	11	公望街站	1.13	11
金沙湖站	2.22	12	高桥站	1.13	12
城站站	2.16	13	新汉路站	1.13	13
三墩站	2.16	14	富阳客运中心站	1.13	14

续表

站点客流强度（V_1）（万人次/日）			站点客流连续性（V_2）		
站点名称	V_1值	排名	站点名称	V_2值	排名
大运河站	2.15	15	八百里站	1.13	15
墩祥街站	2.07	16	龙翔桥站	1.12	16
凤起路站	2.02	17	杭发厂站	1.12	17
西湖文化广场站	2.02	18	野生动物园东站	1.12	18
三坝站	1.98	19	新港站	1.12	19
拱宸桥东站	1.95	20	临平站	1.11	20
……	……	……	……	……	……
江东二路站	0.08	148	下沙西站	0.98	148
南阳站	0.08	149	城星路站	0.98	149
新港站	0.08	150	江锦路站	0.98	150
虎啸杏站	0.07	151	诚业路站	0.98	151
盈中站	0.07	152	兴议站	0.98	152
富阳客运中心站	0.06	153	滨康路站	0.97	153
塘新线站	0.06	154	中泰站	0.97	154
八百里站	0.05	155	博奥路站	0.96	155
杭州大会展中心站	0.05	156	盈丰路站	0.96	156
青山湖站	0.05	157	星民站	0.96	157
南峰站	0.04	158	钱江世纪城站	0.95	158
启成路站	0.04	159	杭师大仓前站	0.95	159
新桥站	0.04	160	浙大紫金港站	0.95	160
港城大道站	0.03	161	伟业路站	0.94	161
南湖站	0.03	162	良睦路站	0.92	162
青六中路站	0.03	163	五常站	0.9	163
中村站	0.03	164	永福站	0.89	164
科海路站	0.01	165	江晖路站	0.89	165
双浦站	0.01	166	创景路站	0.89	166
霞鸣街站	0.01	167	聚才路站	0.88	167

排名前 20 名的站点中，火车东站站以 7.08 万人次／日位居首位，是杭州市客流强度最高的城市轨道交通站点。彭埠站、客运中心站、临平站的 V_1 值大于 3 万人次／日，位居全杭州的前列。其余的闸弄口站、丰潭路站、白洋站等 14 个前 20 名中的站点的 V_1 值在 2 万~3 万人次／日这个区间中，三坝站与拱宸桥东站的 V_1 值十分接近 2 万人次／日。火车东站站、彭埠站和客运中心站的客流强度特别高，是因为这些站点是杭州市最重要的对外交通枢纽，或者邻近对外交通枢纽，构成了一个多交通形式联合的综合交通枢纽，因此客流强度大。

排名后 20 名的站点中，南峰站、启成路站、新桥站等 10 个站点的 V_1 值均小于 0.05 万人次／日，江东二路站、南阳站、新港站等 10 个站点的 V_1 值则在 0.5 万~1.0 万人次／日之间。排名后 20 名的站点基本上位于临安方向、富阳方向和钱塘方向。这三个线路方向的站点均远离主城区，且线路单独向外延伸十几个站点至外围，不像萧山方向、临平方向和良渚方向从线路末端往前几站后便有线路交叉和换乘，客流量能得到一定的保证。

3.3.1.2 站点客流分布连续度 V_2

站点客流分布连续度的评价结果与站点客流强度 V_1 的评价结果具有显著的差异。从空间上看，客流分布连续度 V_2 从外至内有"强—弱—强"的变化趋势，即城市外围站点客流的连续度强，至城市边缘区逐渐减弱，再由城市边缘区至城市中心区逐渐增强（图3-9）。从线路上看，客流分布的连续度没有明显的规律。V_2 的空间变化规律强于线路的变化规律。

图 3-9 站点客流分布连续度（V_2）的评价结果图

以站点客流分布连续度 V_2 为依据对杭州市站点进行排名，表3-5中展示了排名前20与排名末20的相关数据，前20名站点的客流连续度均值为末20名站点的1.2倍，此项的评价结果与 V_1 差距大，说明杭州市城市轨道交通站点客流分布连续度 V_2 的整体分异较站点客流强度 V_1 小很多。

排名前20名的站点客流分布连续度 V_2 值在 [1.1，1.2] 区间内，其中，萧山国际机场站、向阳路站、南阳站、启成路站位于萧山国际机场附近的区域，同时，火车南站站、城站站、富阳客运中心站均靠近区域交通枢纽。以上站点都与城市交通枢纽有紧密的空间关系。临安广场站、农林大学站、桂花西路站、公望街站等站点均是远离城市中心区域的线路末端的站点，其客流分布连续度 V_2 值较城市边缘线路末端的站点高，其原因是乘客通勤的需求较城市边缘区弱，客流连续性受通勤的影响弱。

排名后20名的站点具有区域集聚的特征，大多数集聚在钱塘江岸两侧的城市核心区与城西科创大走廊核心区。其中，城星路站、江锦路站、诚业路站、兴议站、滨康路站、博奥路站、盈丰路站、星民站、钱江世纪城站、伟业路站、江晖路站、聚才路站均位于城区钱塘江岸两侧的城市核心区。杭师大仓前站、五常站、永福站、浙大紫金港站、良睦路站、创景路站、中泰站位于城西科创大走廊城市的核心区。这些地区多数为居住人口集中的大型居住区，或者商务设施集中的大型商务区，通勤特征明显。

3.3.1.3　站点活力 V

站点活力 V 是站点客流强度与客流分布连续度的综合表述。个体上，站点活力 V 两极分化，两极站点有各自的共性特征。其中，站点活力较强的有城市交通枢纽站点（火车东站站、客运中心站、城站等）、轨道交通换乘站点（彭埠站、建国北路站等）、大型商业中心直达站点（龙翔桥站、凤起路站等）、服务大型居住区站点（闸弄口站、丰潭路站等）。站点活力较弱的有城市外围站点（青山湖站、虎啸杏站等）、建成时间较短的站点（博览中心站、伟业路站等）。

整体上，站点的客流活力 V 分异与站点的发展阶段的相关性强。建成时间越早、建设越成熟的站点，其客流活力越强。在2015年及以前开通的线路1、2、4的站点活力均值高于2019年及之后开通的线路5、6、7、16的站点活力均值（图3-10）。对于城市外围区域的线路，站点活力普遍低下，如16号线（临安段）、6号线（富阳段）、7号线（钱塘段）沿线的城市轨道交通站的活力均较弱，站点的利用效率不佳。

杭州市城市轨道交通站点活力的评价结果显示，站点活力的两极分化显著，活力分异有共性原因。例如站点区位不同、建设环境不同、运营情况不同等因素均会导致站点活力水平出现差异，影响站点活力水平的相关因素需要深入探讨。

$0 \leqslant V \leqslant 1$
V值越大，点越大

图 3-10　站点活力（V）的评价结果图

3.3.2　站点辐射能力的评价

3.3.2.1　站点辐射强度 R_1

杭州市城市轨道交通站点辐射强度的评价结果显示，总体上，其具有内强外弱、线路末端加强的趋势。在客流视角下，图 3-11 中，点越大的站点，其出发的乘客的平均乘车站数与理论上该站点的平均最短拓扑路径的比值越大。个体上，城市中心区的龙翔桥站、定安桥站、市民中心站等具有较强的城市服务功能的站点，其辐射强度高于同区位的其他站点。

3.3.2.2　站点受辐射潜力 R_2

与站点辐射强度 R_1 相似，站点受辐射潜力 R_2 的评价结果如图 3-12，总体上，其具有内强外弱、线路末端加强的趋势。在客流视角下，图 3-12 中，对于点越大、颜色越深的站点，其到达的乘客的平均乘车站数与理论上该站点的平均最短拓扑路径的比值越大，即站点受辐射的潜力越强。

图 3-11 站点辐射强度（R_1）的评价结果图

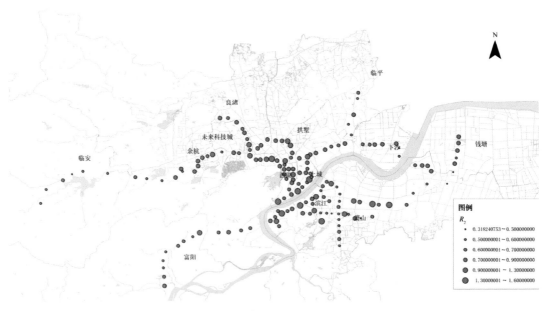

图 3-12 站点受辐射潜力（R_2）的评价结果图

3.3.2.3 站点辐射能力 R

站点辐射能力 R 是站点辐射强度与站点受辐射潜力的综合表述。整体上，站点辐射能力 R 呈现内强外弱、部分线路末段稍有增强的趋势，16 号线的辐射能力明显较低，其余线路的差别不大（图 3-12）。主要原因是站点辐射能力与服务需求有关，服务需求越大，站点辐射能力越强（图 3-13）。

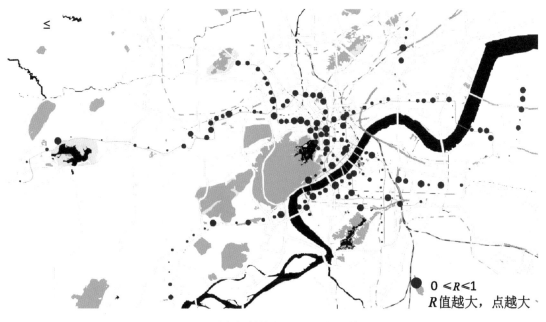

$0 < R \leqslant 1$
R 值越大，点越大

图 3-13　站点辐射能力（R）的评价结果图

首先，越靠近中心区的轨道交通站点，周围越是聚集了大量的公共设施资源，其有较好的建设基础和设施支撑，其人口密度大于城市外围区域。例如，周边聚集了大量的行政服务职能的市民中心站，周边聚集了较多高等院校的下宁桥站，周边集聚了众多医疗设施的万宁桥站，均有较强的辐射能力。

其次，城市外围站点的服务人口较少，站点周围的城市功能较为单一，以居住和服务设施为主，站点服务需求较低，特别是 16 号线，全线均在城市外围，其 R 均值明显低于其他线路。

另外，部分线路的末段站点，需要结合其他类型的换乘交通工具，承担一大片城市外围区域的服务职能，比如 2 号线的北段需要承担良渚、仁和等区块的轨道交通需求，5 号线西段需要承担余杭、闲林等区块的轨道交通需求，使得其具备一定的辐射能力。

3.3.3　站点职住平衡度的评价

3.3.3.1　站点高峰客流比例 W_1

杭州市各个站点在高峰客流比例上差异明显，主要体现在区域、站点周围城市功能等多个方面，见图 3-14。

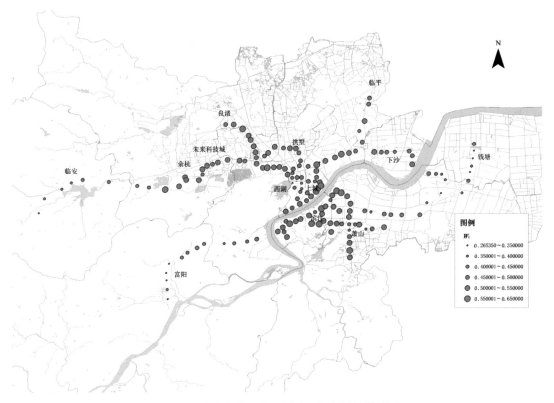

图 3-14　站点高峰客流比例（W_1）的评价结果图

　　有大量站点的钱塘江两岸城市核心区的高峰客流比例较高。"南湖—杭师大—浙大—杭州东站—下沙大学城"这一横贯杭州城市东西轴向的站点群也具有较高的高峰客流比例，其原因是以钱塘江为轴线的两岸城市核心区有较高的公共交通的通勤需求，同时，"南湖—下沙"一线联系杭州城市东西方向并与城市科创大走廊的走向一致，也具有很高的通勤需求。与上述两个区域不同，"西湖—武林门"及其周围站点，地处杭州市的核心商圈，其站点高峰客流比例却很低，这是由于这些站点周围商业发达，乘客的出行目的不仅仅是通勤，还有购物、娱乐、休闲、公共服务等多样化的需求，出行时间则不再高度集中于早晚高峰期间。与此同时，远离主城区的站点，如临安方向、富阳方向、钱塘方向的站点的高峰客流比例显著较低，并具有"脱节"与"断崖式"的降低趋势。究其原因是这三个线路方向的站点距离城市中心区的距离过远，既没有高品质、丰富数量的工作岗位，又不是其他城市区域就业者首选的居住区域。

　　以站点高峰客流比例 W_1 为依据对杭州市站点进行排名，图 3-15 展示了站点排名前 20 的高峰客流比，图 3-16 展示了排名末 20 的相关数据。可以看到，高峰客流比大、排名靠前的站点周围城市的开发较完善，功能则以商务、工业等就业功能和居住功能为主，这些主要服务于职住的站点的通勤需求大，站点的高峰客流比高。而高峰客流比小、排名靠后的站点有的周围城市的开发程度较低，有的周围功能以城市交通、商业服务为主。

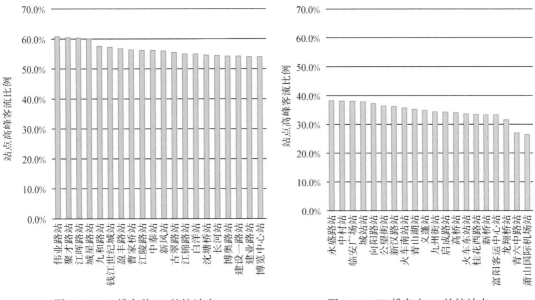

图 3-15　W_1 排名前 20 的统计表　　　　图 3-16　W_1 排名末 20 的统计表

3.3.3.2　早高峰客流出入比例 W_2 与晚高峰客流出入比例 W_3

杭州市站点早高峰客流出入比例 W_2 与晚高峰客流出入比例 W_3 的评价结果呈现完全相反的态势，如图 3-17 与图 3-18 所示。W_2 呈现城市外围大、城市中心小的态势，W_3 则呈现城市外围小、城市中心大的态势。当一个站点出现 W_2 大于 W_3，则说明在客流角度下该站点的职住功能偏向居住；相反，当一个站点出现 W_2 小于 W_3，则说明在客流角度下该站点的职住功能偏向就业。

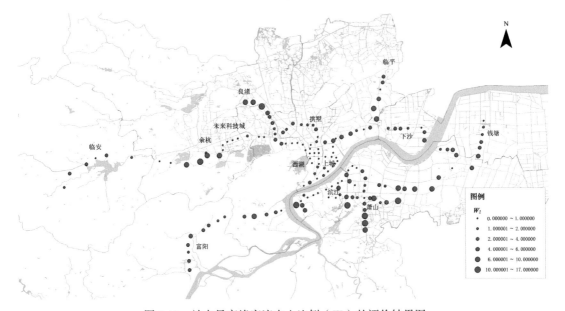

图 3-17　站点早高峰客流出入比例（W_2）的评价结果图

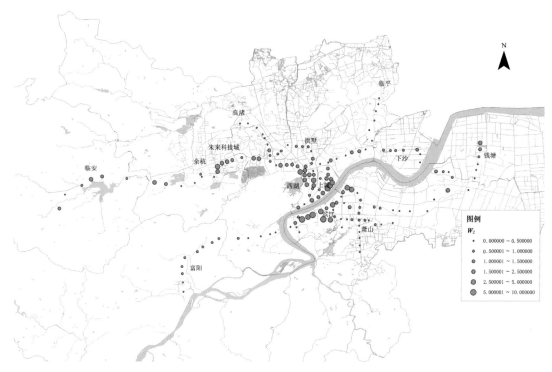

图 3-18　站点晚高峰客流出入比例（W_3）的评价结果图

　　结合早高峰客流出入比例 W_2 与晚高峰客流出入比例 W_3 这两项评价结果，可以清楚地看到城市轨道交通视角下的杭州市职住格局分离明显，城市外围站点以居住型站点为主，城市中心区站点以就业型站点为主。图 3-19 将 W_2、W_3 首末排名前后 20 的站点进行统计，发现早高峰客流出入比例 W_2 排名前 20 的站点中有 80% 在晚高峰客流出入比例 W_3 排名中位于后 20 名。同时，早高峰客流出入比例 W_2 排名后 20 的站点中有 80% 在晚高峰客流出入比例 W_2 排名中位于前 20 名。这表明就业型与居住型城市轨道交通站点在 W_2、W_3 这两个特征上具有显著的反向差异。

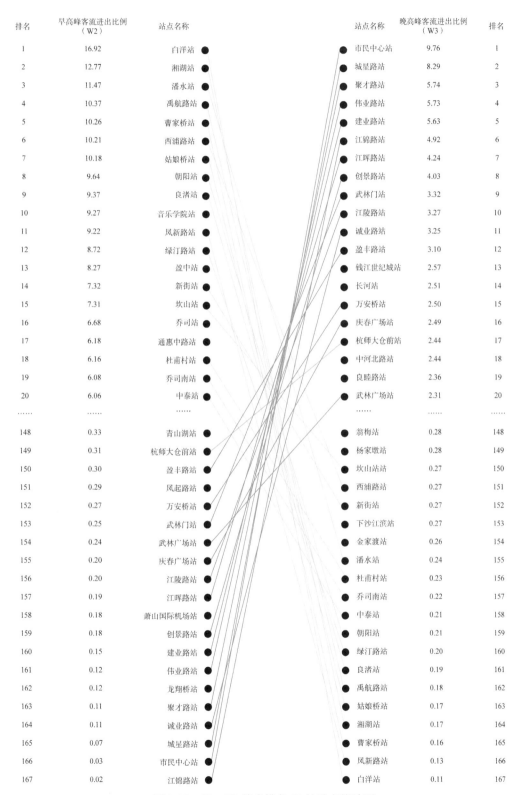

排名	早高峰客流进出比例 （W2）	站点名称		站点名称	晚高峰客流进出比例 （W3）	排名
1	16.92	白洋站		市民中心站	9.76	1
2	12.77	湘湖站		城星路站	8.29	2
3	11.47	潘水站		聚才路站	5.74	3
4	10.37	禹航路站		伟业路站	5.73	4
5	10.26	曹家桥站		建业路站	5.63	5
6	10.21	西浦路站		江锦路站	4.92	6
7	10.18	姑娘桥站		江晖路站	4.24	7
8	9.64	朝阳站		创景路站	4.03	8
9	9.37	良渚站		武林门站	3.32	9
10	9.27	音乐学院站		江陵路站	3.27	10
11	9.22	凤新路站		诚业路站	3.25	11
12	8.72	绿汀路站		盈丰路站	3.10	12
13	8.27	盈中站		钱江世纪城站	2.57	13
14	7.32	新街站		长河站	2.51	14
15	7.31	坎山站		万安桥站	2.50	15
16	6.68	乔司站		庆春广场站	2.49	16
17	6.18	通惠中路站		杭师大仓前站	2.44	17
18	6.16	杜甫村站		中河北路站	2.44	18
19	6.08	乔司南站		良睦路站	2.36	19
20	6.06	中泰站		武林广场站	2.31	20
……	……	……		……	……	……
148	0.33	青山湖站		翁梅站	0.28	148
149	0.31	杭师大仓前站		杨家墩站	0.28	149
150	0.30	盈丰路站		坎山站	0.27	150
151	0.29	凤起路站		西浦路站	0.27	151
152	0.27	万安桥站		新街站	0.27	152
153	0.25	武林门站		下沙江滨站	0.27	153
154	0.24	武林广场站		金家渡站	0.26	154
155	0.20	庆春广场站		潘水站	0.24	155
156	0.20	江陵路站		杜甫村站	0.23	156
157	0.19	江晖路站		乔司南站	0.22	157
158	0.18	萧山国际机场站		中泰站	0.21	158
159	0.18	创景路站		朝阳站	0.21	159
160	0.15	建业路站		绿汀路站	0.20	160
161	0.12	伟业路站		良渚站	0.19	161
162	0.12	龙翔桥站		禹航路站	0.18	162
163	0.11	聚才路站		姑娘桥站	0.17	163
164	0.11	诚业路站		湘湖站	0.17	164
165	0.07	城星路站		曹家桥站	0.16	165
166	0.03	市民中心站		凤新路站	0.13	166
167	0.02	江锦路站		白洋站	0.11	167

图 3-19　W_2、W_3 首末排名 20 的站点统计图

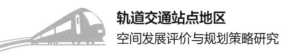
3.3.3.3 **站点职住平衡度** W

站点职住平衡度 W 是站点高峰客流比例与站点早晚高峰客流出入比例的综合表述。根据 W 的计算结果，杭州市居住型站点（$W \geqslant 0$）的数量约为就业型站点（$W < 0$）的 2 倍，居住型站点相对较多，其中，居住型站点 108 个，就业型站点 59 个。

空间上，杭州市轨道交通网络呈现"外居内职"的职住分离格局，网络整体职住平衡的水平较低（图 3-20）。其中，倾向于"职"的区域较多集中于上城区、滨江区的沿江区域、城西科创走廊的站点，而其他区域多为倾向于"住"，尤其是萧山、良渚、城东临平等城市外围区域的站点，偏向"住"的数值较大，职住不平衡最为严重。另外，临安、富阳、钱塘区的站点虽然也偏向"住"，但程度较低，主要因为轨道交通站点发育不充分，对主城区职住功能的外溢承担不足等。

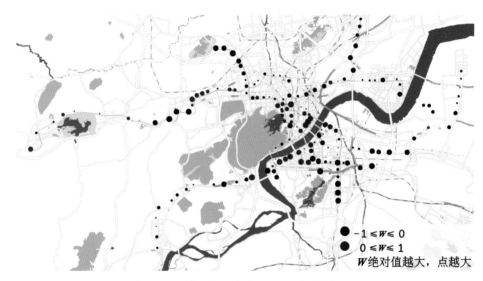

图 3-20　站点职住平衡度（W）的评价结果图

城市轨道交通客流视角下的杭州市城市职住分离格局明显，面对职住不平衡现状的挑战，城市资源如何优化布局、通勤设施如何完善布置、城市轨道交通如何高效运营等问题亟待解决。

3.3.4　**各线路三维评价的结果**

各线路的站点发展水平三维均值统计见表 3-6。依据各线路站点三维评价结果，1 号线、2 号线的站点活力 V 均值较高，超过 0.7；4 号线、5 号线、6 号线的站点活力均值次之，在 0.5~0.6 区间内；而 7 号线与 16 号线的活力均值较弱，小于 0.5，有待加强。

4 号线的站点辐射能力的均值最高，接近 0.6；16 号线的站点辐射能力的均值最低，仅为 0.25；其余线路的站点辐射能力的差异较小。

4 号线站点 $W+$ 与 $W-$ 站点的比例接近 1：2，这表示 4 号线沿线的就业型站点较多，而 1 号线、7 号线、16 号线沿线站点 $W+$ 的占比远大于 $W-$，其居住型站点比较多。2 号线、5 号线、6 号线沿线站点的 $W+$ 占比与 $W-$ 占比相近，两种类型的站点数量不相上下，但内部的职住分离现象也不容忽视（表 3-6）。

表 3-6　杭州市轨道交通线路三维评价的结果表

线路	V 均值	R 均值	W 均值	$W+$ 占比	$W-$ 占比	开通时间
1 号线	0.71	0.49	0.21	64%	36%	2012 年 11 月
2 号线	0.76	0.48	0.13	58%	42%	2014 年 11 月
4 号线	0.58	0.59	−0.13	35%	65%	2015 年 2 月
5 号线	0.56	0.55	0.06	60%	40%	2019 年 6 月
6 号线	0.31	0.50	0.00	56%	44%	2020 年 12 月
7 号线	0.24	0.42	0.42	81%	19%	2020 年 12 月
16 号线	0.22	0.25	0.21	69%	31%	2020 年 4 月

综上所述，从各条线路的站点发展水平三维评价的结果来看，7 号线、16 号线沿线站点的发展水平较低，其余线路的发展水平在各个维度上的表现不均衡，1 号线、2 号线具有良好的站点活力，但职住平衡度有待增强，4 号线、5 号线、6 号线还需稳步提升站点活力。

3.4　基于三维评价的杭州市轨道交通站点的分类

以客流角度下的三大站点发展水平的评价结果作为特征指标，利用 K-Means 算法实现杭州市轨道交通站点类型的聚类分析，聚类结果见表 3-7。对聚类结果进行检验，三大特征指标的显著性均为 $P<0.05$，可以判定该分类的有效性高。各类型站点的空间分布见图 3-21，各类型的三维情况见图 3-22。

表 3-7　杭州市轨道交通站点聚类结果一览表

序号	类型名	数量	代表站点	站点五维均值		
				V	R	W
类型一	高活力职住均衡型站点	31	打铁关站、三坝站、文泽路站、善贤站	0.71	0.68	0.06
类型二	低活力职住均衡型站点	29	农林大学站、新汉路站、南湖站、萧山国际机场站	0.20	0.32	0.01
类型三	远距离通勤居住型站点	20	良渚站、绿汀路站、湘湖站、西浦路站	0.41	0.81	0.68
类型四	近距离通勤居住型站点	48	五常站、杜甫村站、乔司站、滨康路站	0.57	0.26	0.65
类型五	就业型站点	36	龙翔桥站、武林广场站、聚才路站、蒋村站	0.54	0.66	−0.69

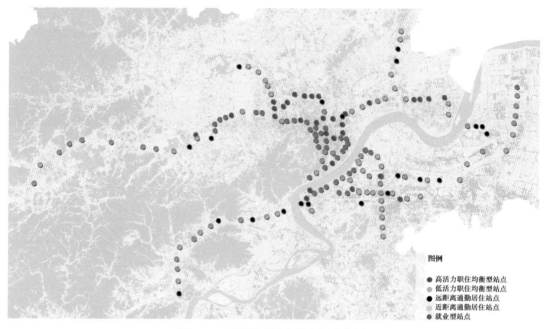

图例

● 高活力职住均衡型站点
○ 低活力职住均衡型站点
● 远距离通勤居住型站点
○ 近距离通勤居住型站点
● 就业型站点

图 3-21　不同类型站点的空间分布图

类型一：高活力职住均衡型站点。主要分布于城市中心与郊区的交接地带，共计 31 个，代表的站点有打铁关站、三坝站、文泽路站、善贤站等。此类型的站点活力 V 最高，有较好的客流度和客流连续性；同时，该类型站点的服务覆盖的城市范围较广，其站点辐射强度 R 较大，均值达到 0.68；在站点职住平衡 W 方面，这 31 个站点的 W 均值为 0.06，十分接近于 0，其是职住非常均衡的站点类型。

类型二：低活力职住均衡型站点。其共计 29 个，大部分位于城市郊区，小部分位于城市建成区，临安方向、富阳方向、钱塘新区方向的站点多为低活力职住均衡型站点。代表的站点有农林大学站、新汉路站、南湖站、萧山国际机场站。该类型站点的职住配合度 W 均值为 0.01，趋近于 0，在职住这一维度非常均衡。但是它们的站点活力 V 均值仅为 0.20，仅能达到类型一的 1/3。有的站点活力较小是因为站点的客流强度较弱，有的站点活力较小是因为站点客流的连续性较差。同时，该类型站点服务的城市区域较小，其站点辐射强度 R 的均值仅为 0.32。

类型三：远距离通勤居住型站点。其站点共计 20 个，主要位于城市核心区的外围，大部分位于线路末端，代表的站点有良渚站、绿汀路站、湘湖站、西浦路站。首先，这类型站点的职住平衡度 W 均值为 0.68，为正且绝对值趋近 1，其是居住型站点。其次，该类型站点的站点辐射强度较大，均值达到 0.81，站点服务的城市范围较广，其是典型的远距离通勤型居住站点，站点活力适中。

类型四：近距离通勤居住型站点。其主要分布在城市中心与城市郊区的交界地带，主要集中在良渚方向、下沙方向、临平方向、萧山方向的线路末端，共计 48 个。代表的站点有五常站、杜甫村站、乔司站、滨康路站。此类型站点的职住平衡度 W 也较高，均值为 0.65，其是居住型站点。但是与类型三不同，类型四的站点的站点辐射强度 R 仅为 0.26，站点辐射强度 R 较低，说明该类型站点以短距离出行和通勤为主，是典型的近距离通勤型居住站点，站点活力适中。

类型五：就业型站点。其主要分布于城市核心区，少部分位于外围的城市组团中心，共计 36 个。代表的站点有龙翔桥站、武林广场站、聚才路站、蒋村站等。该类型站点在职住均衡维度的评价值为负，均值为 -0.69，绝对值趋近于 1，是典型的就业型站点。同时，该类型站点在站点活力上表现适中，辐射范围较广，是通勤人口就业的集中地区。

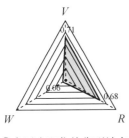

①高活力职住均衡型站点

②低活力职住均衡型站点

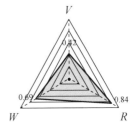

③远距离通勤居住型站点

④近距离通勤居住型站点

⑤就业型站点

图 3-22　各类型站点三维均值图

3.5　总　结

本章从客流视角切入，构建轨道交通站点发展水平的评价体系，并以杭州市为样本进行实证研究。从站点发展水平的三个维度的研究结果来看，杭州市城市轨道交通站点在站点活力、站点辐射能力、站点职住平衡性上具有"个体分异、群体类聚"的特征。

在站点活力方面，总体有"两极分化明显，分异与站点发展阶段相关性强"的特点，站点客流强度分异具有区域性差别、线路性差别、个体性差别三大特征，站点客流分布连续度在空间上则具有从外至内"强—弱—强"的变化趋势。

在站点辐射能力方面，总体有"内强外弱、线路末端加强"的趋势，越是聚集了大量的公共设施资源、有较好的建设基础和设施支撑、有较高的人口密度的站点，其辐射能力越好。

在站点职住平衡性方面，杭州市轨道交通网络呈现"外居内职"的职住分离格局，网络整体的职住平衡水平较低。杭州市上城区、滨江区沿江区域、城西科创走廊区域倾向于"职"的站点较多；杭州市萧山、良渚、城东临平等城市外围区域的站点偏向"住"的站点较多，且职住不平衡最为严重；杭州市临安、富阳、钱塘区的部分站点发育不充分，对主城区职住功能的外溢承担不足。

在站点类型化方面，以站点发展水平三个维度为依据，对杭州市站点进行聚类分析，得出各站点可以分为高活力职住均衡型、低活力职住均衡型、远距离通勤居住型、近距离通勤居住型、就业型这五大类型，且每个群体内部具有较强的共性特征。

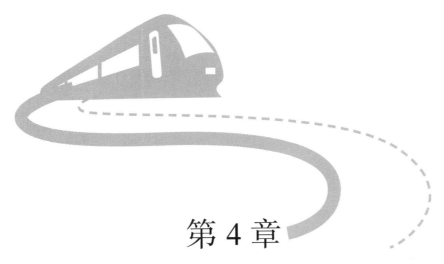

第4章
建成环境对城市轨道交通站点发展的影响研究

4.1 基于多源数据的站点建成环境分析

针对轨道交通站点周边用地的建成环境，最初有 Robert Cervero 等提出的"3Ds"，即密度、多样性和设计这 3 个维度。随着研究者对"建成环境—出行行为"的认识不断加深，建成环境最初的度量方法也逐渐扩充到"5Ds"，增加了中心可达性和到公共交通站点的距离。本章从以上 5 个维度出发，最终选择了区位、规模、用地、开发度、混合度、可达性、聚集性这 7 个维度来度量站点建成环境，具体的因子选取和杭州实证结果见表 4-1。

4.1.1 站点建成环境指标体系的构建与数据收集

4.1.1.1 站点建成环境指标体系的构建

（1）区位

站点区位主要包括地理区位和网络区位两个子类。站点地理区位包括距城市中心的距离和距城市组团中心距离两个因子。在杭州市的实证计算中，以《杭州市国土空间总体规划（2021—2035 年）》的"一核九星"空间格局为依据，确定市中心和组团中心的地理位置，组团中心包括滨江、萧山、临平、余杭、富阳、临安、钱塘、淳安、桐庐和建德板块。网络区位包括度中心性、紧密中心性、中介中心性 3 个因子，在 Gephi 软件中构建轨道交通的拓扑网络数据集，以表征轨道交通网络中各站点的网络中心性。

（2）规模

站点规模是每个站点的固有属性，也是建成环境中不可或缺的因素，包括出入口数、线路数、站台面积和站点层数 4 个因子。

（3）用地

站点周围的城市空间，由建设用地和未建设用地组成，其中，建设用地的构成不一，体现了站点周围城市空间的主要职能，也反映出站点服务人群的出行目的和需求。依据市民出行的目的，选择居住用地的占比、就业用地的占比（包含商务商业、公共服务、工矿三大类）、职住用地的比例（住／职）、公共服务用地的占比、绿地与开敞空间用地的占比 5 个因子。

（4）开发度

站点附近 500 米范围内的开发度，是反映站点开发程度的指标，包括投入运营时间、建成度、容积率 3 个因子。投入运营时间是反映站点自身建设的因子，其他 2 个因子是反映站点周围城市空间建设的因子。建成度反映了城市用地及城市平面的开发程度。容积率是表征站点周围城市立体空间的开发程度。

（5）混合度

站点周边建设环境的混合度，是表征站点周围建设丰富性的指标。本处选择用地混合和设施多样两个子类来评价站点混合度。用地混合度（land use mix）的计算公式如下：

$$混合度 = \frac{-\sum_1^k P_k \ln(P_k)}{\ln k}$$

式中，k 表示站点 i 的土地利用类型的数量；P_k 表示第 k 种土地利用类型在站点 i 的面积占比。混合度的取值越大，表示站点周围各种土地功能的分配越均衡，土地利用的混合度越高；取值越小，表示站点周围用地分配比较单一，土地混合利用度较低。设施多样性是利用站点周围 500 米范围内的所有设施点（POI），计算其辛普森多样性指数（Simpson），计算公式如下：

$$Simpson = 1 - \left(\sum (N_i / N) \right)^2$$

式中，N_i 为站点 i 中设施类型的个体数；N 为设施点总量。设施多样性又细化分为总体设施多样性指数、商业设施多样性指数、公共服务设施多样性指数。

（6）可达性

轨道交通站点的可达性表征了站点在交通系统中的可达程度，站点的可达性随着乘客选择不同的交通换乘方式而不同。大部分人会选择步行、骑行、公交这三种换乘工具，因此，要测度这三种不同交通方式下的站点可达性。其中，步行和骑行可达性都利用换乘 15min 内可达的城市范围面积来测度，在 GIS 中构建城市交通网络数据集，再基于站点服务区进行分析计算后得出。公交换乘指数利用站点周边 500 米范围内各公交站点的公交方向总和来表征。

表 4-1　站点建成环境因子表

类别		因子	描述内容	实证结果（杭州）		
				均值	标准差	单位
区位	地理区位	距城市中心的距离	站点到城市中心的几何距离	15.9	11.7	千米
		距城市组团中心的距离	站点到各个城市组团中心的最小几何距离	8.02	4.59	千米
	网络区位	度中心性	与站点直接相连的站点数	2.15	0.65	—
		紧密中心性	某个站点到达其他站点的难易程度，也就是到其他所有站点拓扑距离的平均值的倒数	0.06	0.02	—
		中介中心性	轨道交通网络里通过站点的最短路径数	1296	941	—
规模		出入口数	站点已开通的出入口的数量	4.16	2.32	个
		线路数	站点已开通的线路数量	1.13	0.34	条
		站台面积	站点的站台面积	4086	2720	㎡
		站点层数	站点层数	2.17	0.39	层
用地		居住用地的占比	站域（站点周边 500 米范围内，以下同）的居住用地占建设用地的比例	0.28	0.18	—
		职业用地的占比	站域的职业用地占建设用地的比例，职业用地包括公共服务用地、商务商业用地、工矿用地	0.25	0.15	—
		职住用地的比例	站域的居住用地与职业用地的比例	1.90	2.26	—
		公共服务用地的占比	站域的公共服务用地占建设用地的比例	0.08	0.09	—
		商业用地的占比	站域的商务商业用地占建设用地的比例	0.11	0.11	—
		绿地与开敞空间用地的占比	站域的绿地与开敞空间用地占建设用地的比例	0.06	0.06	—
开发度		投入运营时间	站点投入运营时间的年数	3.49	2.96	年
		建成度	站域的建设空间（不含道路、水域、非建设用地等）的比例	0.37	0.23	—
		容积率	站域地上建筑总面积除以已建设用地的面积	6.85	5.22	—
混合度	用地混合	用地混合度	反映了站域不同土地利用功能的混合程度	0.71	0.12	—
	设施多样	总体设施多样性指数	站域所有设施类型的辛普森多样性指数。辛普森多样性指数是指随机取样的两个设施点属于不同类型的概率	0.77	0.12	—
		商业设施多样性指数	站域商业设施点类型的辛普森多样性指数	0.69	0.19	—
		公共服务设施多样性指数	站域公共服务设施点类型的辛普森多样性指数	0.63	0.15	—
可达性		步行可达性	从站点出发，步行 15min 可达的城市范围面积	1.17	0.54	公顷
		骑行可达性	从站点出发，骑行 15min 可达的城市范围面积	8.55	2.97	公顷
		公交换乘指数	站域各公交站点的公交方向总和	53.3	42.3	个

续表

类别		因子	描述内容	实证结果（杭州）		
				均值	标准差	单位
聚集性	设施集聚	总体设施聚集指数	站域 POI 数量	705	677	个
		商业设施聚集指数	站域商业 POI 数量	423	440	个
		公共服务设施聚集指数	站域公共服务 POI 数量	159	166	个
	建筑集聚	建筑密度	站域建筑密度	0.15	0.10	——
	路网集聚	路网密度	站域的路网长度除以总用地的面积	14.6	8.4	千米/公顷

（7）聚集性

在 TOD 开发模式下，轨道交通站点周围会集聚大量的设施，同时，其建筑密度和道路密度也比城市的其他地区要高。在设施点的集聚上，选取了总体设施聚集指数、商业设施聚集指数、公共服务设施聚集指数这 3 个因子来测度。建筑集聚因子利用建筑密度，即站点周边 500 米范围内地上建筑的占地面积与建设用地的面积之比。路网集聚因子用路网密度，即站点周边 500 米范围内的路网长度与总用地的面积之比。

4.1.1.2 多源数据的获取及处理

土地利用数据：来源于杭州市规划部门所提供的杭州市域的第三次土地利用调查的矢量数据，在 GIS 数据平台中处理得到站点周围 500 米范围内的土地利用现状的情况数据。

POI（兴趣点）数据：利用高德地图、百度地图等开源数据接口，获取得到餐饮、购物、住宅、医院、学校、企业等的 POI 数据，总量 82.3 万条，再通过数据清洗和分类整理，获得站点周围 500 米范围内的商业设施点、公共服务设施点的数据。

建筑与公交数据：利用 Python 爬取高德地图和百度地图的建筑边界、建筑高度、公交站点的数量、公交方向数等开源数据。

4.1.2 杭州市轨道交通站点建成环境的分析

上一章从站点客流的角度出发，对站点发展水平进行评价，共分为高活力职住均衡型站点、低活力职住均衡型站点、远距离通勤居住型站点、近距离通勤居住型站点、就业型站点这五大类型的站点。本章将通过观察不同类型的站点在建成环境上的不同来分析其差异性。

4.1.2.1 区　位

从区位上来看，就业型站点离城市中心的距离最近，平均为 8.83 千米；高活力职住均衡型站点次之，平均距离为 10.99 千米；近距离通勤居住型站点与远距离通勤居住型站点距离城市中心的距离在 15 千米至 20 千米区间内；低活力职住均衡型站点距离城市中心最远，平均距离为 25.25 千米。距城市组团中心距离的排序为：就业型站点（6.10 千米）、低活力职住均衡型站点（6.84 千米）、近距离通勤居住型站点（8.35 千米）、远距离通勤居住型站点（8.44 千米）、高活力职住均衡型站点（10.58 千米）。其中，就业型站点在地理区位上最靠近城市中心和城市组团中心；高活力职住均衡型站点距离城市中心较近，但距离城市组团中心较远；低活力职住均衡型站点距离城市中心远，但距离城市组团中心近。虽然远距离通勤居住型站点和近距离通勤居住型站点在与城市中心的距离特征上相似，但后者的通勤更偏向于外围的组团中心，实际的通勤距离更短。

网络度中心性评价结果较高的是就业型站点和高活力职住均衡型站点，两个类型站点的网络度中心性评价均值在 2.3~2.4；低活力职住均衡型站点和近距离通勤居住型站点的网络度中心性评价均值则在 2.0~2.1；远距离通勤居住型站点的网络度中心性评价均值最低，为 1.89。网络中介中心性的排序为：就业型站点（1871）、高活力职住均衡型站点（1583）、远距离通勤居住型站点（1023）、低活力职住均衡型站点（983）、近距离通勤居住型站点（980）。各类型站点在网络紧密中心性上的差异较小。从中可以看出，就业型站点的区位最优，在地理区位与网络区位上均处于中心位置，高活力职住均衡型站点的区位比低活力职住均衡型站点更靠近中心位置，远距离通勤居住型站点与近距离通勤居住型站点在区位上的差别不显著（见表 4-2）。

表 4-2　区位因子结果表

类别		因子	单位	站点类型				
				高活力职住均衡型站点	低活力职住均衡型站点	远距离通勤居住型站点	近距离通勤居住型站点	就业型站点
区位	地理区位	距城市中心的距离	千米	10.99	25.25	19.07	17.62	8.83
		距城市组团中心的距离	千米	10.58	6.84	8.44	8.35	6.10
	网络区位	度中心性	—	2.32	2.07	1.89	2.00	2.39
		紧密中心性	—	0.07	0.05	0.06	0.06	0.07
		中介中心性	—	1583	983	1023	980	1871

在确定规划设计选址阶段时，站点的地理区位就很难再被改变，提升其地理区位的唯一途径是通过站点周边城市的塑造，提高站点周边地区的区域地位。对于城市郊区的站点，以站点为核心，充分发挥城市轨道交通建设的推动作用，抓住开发机遇，深化

TOD 建设模式，塑造城市边缘的新区域中心。城市中心区的站点，很难仅通过站点开发提升区位优势，应当与邻近站点紧密联系，协同开发，打造更具有竞争力的站点群。

站点网络区位随着城市轨道交通网络的不断建设优化，仍会产生变化。在面对网络区位提升机遇时，对于已建成的站点应该积极应对、把握机遇，提升其他维度的建设水平，增强站点整体的建成环境的水平。

4.1.2.2　规　模

从规模上来看，站点出入口数最多的站点类型是就业型站点，平均每个站点有 5.39 个出入口；高活力职住均衡型站点次之，平均有 4.65 个出入口；低活力职住均衡型站点、远距离通勤居住型站点、近距离通勤居住型站点的出入口的数量差别较小，均在 3.3~3.7 内。

各类型站点的线路数的差别不大，仍然是就业型站点最高，平均线路数为 1.28；高活力职住均衡型站点次之，平均线路数为 1.19；低活力职住均衡型站点、近距离通勤居住型站点的线路数相仿，分别为 1.07、1.06。

在站台面积方面，就业型站点的规模依旧最大，其余按站台面积的规模由大至小排序，依次是高活力职住均衡型站点、远距离通勤居住型站点、低活力职住均衡型站点、近距离通勤居住型站点。在站点层数方面，各类型站点的差异不大，均处于 2~3 层这一区间（表 4-3）。

表 4-3　规模因子结果表

类别	因子	单位	站点类型				
			高活力职住均衡型站点	低活力职住均衡型站点	远距离通勤居住型站点	近距离通勤居住型站点	就业型站点
规模	出入口数	个	4.65	3.38	3.42	3.69	5.39
	线路数	条	1.19	1.07	1.00	1.06	1.28
	站台面积	㎡	4599	3619	3986	3425	4954
	站点层数	层	2.16	2.24	2.21	2.08	2.22

中国杭州的站点规模和国内外成熟轨道交通城市站点进行比较，规模的差距较大，中国杭州的站点以中小型为主，大型换乘站点少。随着城市轨道网络、线路、站点的完善，中国杭州现有部分站点将迎来"改扩建"的挑战。以中国上海地铁世纪大道站为例，改扩建难题不容忽视：一是站点结构改动大，车站设计容量不足将导致车站改扩建的范围较大，侧墙凿开、顶板改造的面积占原结构的比重大；二是站点安全受影响，大规模进行改扩建使原有的车站结构受力体系变复杂，工程容易直接影响原线路车站结构的稳定和正常使用，站点安全的可靠度受影响；三是施工难度大、成本高，改建过程中会破坏车站现有的防水体系，施工难度大，改建成本高。因此，城市轨道交通系统规划应在

设计初期，拟定大型换乘站的选址，在初建过程中应留有余地，以助于日后改扩建的顺利推进，如扩大站台面积、增加站点换乘线路数、增建站点层数。

站点出入口数是站点与周围城市环境的连接口，是站点的"咽喉"。杭州市站点出入口的设置模式主要有三种类型（图 4-1）。杭州站点出入口数的均值为 4.16 个，其中，道路交叉口出入站模式和道路两侧出入站模式在小型站点上比较常见，综合式出入站模式在大型站点、换乘站点和城市中心区站点上比较常见。出入口数大于 10 个的站点有庆春广场站（11 个）、人民广场站（13 个）、凤起路站（14 个）、龙翔桥站（15 个）、市民中心站（16 个）。

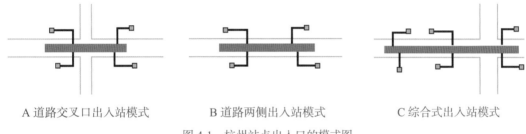

A 道路交叉口出入站模式　　　　B 道路两侧出入站模式　　　　C 综合式出入站模式

图 4-1　杭州站点出入口的模式图

杭州城市轨道交通站点 83.4% 为 2 层的小型站点，15.9% 的站点建有 3 层。3 层站点一般具有功能综合性强、规模大等特点，例如，在杭州城市轨道交通四期规划中的杭州西站站，其多层立体的规划设计如图 4-2 所示。仅地铁新风站为 4 层结构，这是因为新风站车站短，导致其设备层容量不足，因此，在站台和站厅之间增加一层设备夹层，主要放置通风设备、信号设备等。

图 4-2　杭州西站枢纽站房剖面图
（来源：《杭州市轨道交通 TOD 综合利用专项规划》草案）

4.1.2.3　用　地

从用地上来看，五大站点类型的用地均以居住用地与就业用地为主。其中，就业型站点的就业用地占比（37%）大于居住用地占比（23%），低活力职住均衡型站点的居住用地占比与就业用地占比大致相当，高活力职住均衡型站点与近距离通勤居住型站点的居住用地占比略高于就业用地占比，近距离通勤居住型站点的居住用地占比远高于就业用地占比。

高活力职住均衡型站点的公共服务用地在五大类型中最高，为11%；其次是就业型站点，为10%；近距离通勤居住型站点、远距离通勤居住型站点的公共服务用地略低，分别为7%和6%；低活力职住均衡型站点的公共服务用地的占比最低，仅为5%。商业用地与开敞空间用地的占比排序均为：就业型站点、高活力职住均衡型站点、近距离通勤居住型站点、低活力职住均衡型站点、远距离通勤居住型站点（表4-4）。

表4-4　用地因子结果表

类别	因子	单位	站点类型				
			高活力职住均衡型站点	低活力职住均衡型站点	远距离通勤居住型站点	近距离通勤居住型站点	就业型站点
用地	居住用地占比	%	34	17	31	33	23
	就业用地占比	%	25	18	16	22	37
	公共服务用地占比	%	11	5	6	7	10
	商业用地占比	%	11	7	6	8	21
	开敞空间用地占比	%	8	5	3	5	9

从杭州市不同类型站点的用地占比构成来看，不同类型的站点有不同的用地构成模式。图4-3分别为五种类型站点的用地构成占比雷达图。因此，可以得出站点用地布局与站点发展水平具有关联性，但无法得出各种类型用地占比的高低是如何影响站点发展水平的各个维度。

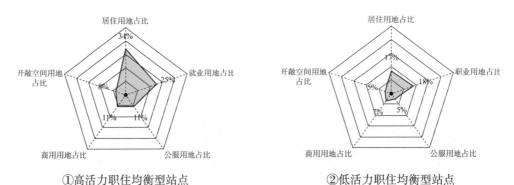

①高活力职住均衡型站点　　②低活力职住均衡型站点

图4-3　各类型站点用地占比图

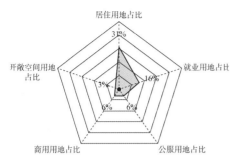

③远距离通勤居住型站点

④近距离通勤居住型站点

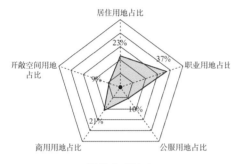

⑤就业型站点

图 4-3（续）　各类型站点用地占比图

从每个站点类型中选取一个站点为案例，绘制站点用地现状图，旨在更直观地展示各类型站点用地构成和布局的差异性，如图 4-4 至图 4-8。

（1）高活力职住均衡型站点——西湖文化广场站

西湖文化广场站为高活力职住均衡型的代表站点。从图 4-4 来看，西湖文化广场站站点周边 500 米范围内居住用地占比稍高于就业用地占比，但两者的比重差距不大。就业用地的主要构成部分为商业用地和公共服务用地。就业用地与居住用地的空间关系为"嵌入式"，即就业用地以点状、块状等形式紧密联系于居住用地的附近。这种"职住嵌合、占比相当"的用地模式，是西湖文化广场站客流职住较均衡的重要原因。同时，西湖文化广场站靠近大运河，还拥有开敞的空间用地（主要为城市绿地和河湖水面），高品质的开敞空间用地与城市服务用地紧密结合，并与商业用地相互沟通，形成"商业兴旺、服务便捷、景观优美、居住宜人"的高活力站点。

（2）低活力职住均衡型站点——青山湖科技城站

青山湖科技城站为低活力职住均衡型的代表站点。从图 4-5 来看，青山湖科技城站站点 500 米范围内已开发的用地类型主要为居住用地和商业商务用地。其中，商业商务用地集中于站点北侧，站点南侧还有大量的用地等待开发，站点周围的城市界面感还有待提升。青山湖科技城站的就业用地布局兼顾"集中、大体量、近站点"等优势，为附近区域提供大量的优质岗位，与周围新建的居住用地相协同，使站点职住较为均衡。但站点核心

区仍有大量的待开发用地，使得站点活力较为低下，有待进一步的开发优化。

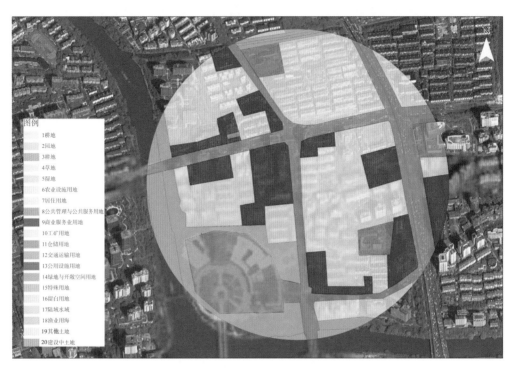

图 4-4　西湖文化广场站的用地现状图

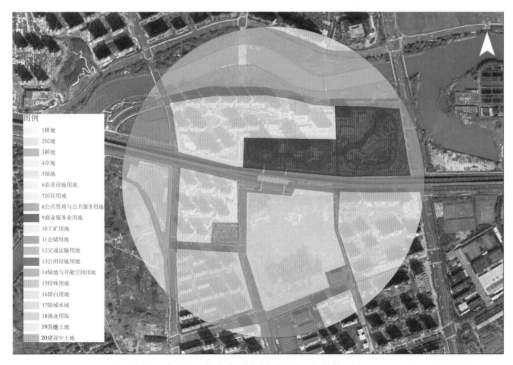

图 4-5　青山湖科技城站的用地现状图

（3）远距离通勤居住型站点——育才北路站

育才北路站为远距离通勤居住型的代表站点。从图 4-6 来看，育才北路站的用地构成较为复合、用地类型多，总体以居住用地为主，且育才北路站的周边有大量的住宅分布。站点 500 米范围内的公共服务用地主要为教育用地，商业商务用地规模小，难以提供满足居民需求的就业岗位。站点位于城市南侧边缘区，距离城市核心商务区的距离较远，符合远距离通勤居住型站点的特征。随着城市核心区的房价攀升，城市边缘区住宅逐渐成为当代求职者买住、租住的重要选择。这一类型的站点肩负周边城市居民的每日通勤，因此要以站点为核心，完善站点设施设置、周边城市配套，为周边居民提供更好的城市服务。

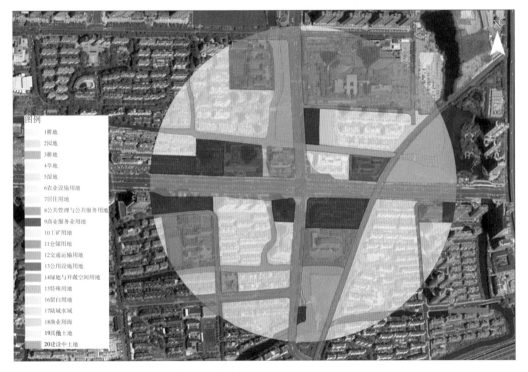

图 4-6　育才北路站的用地现状图

（4）近距离通勤居住型站点——五常站

五常站为近距离通勤居住型的代表站点。从图 4-7 来看，五常站站点 500 米范围内的主要用地为居住用地，站点周边有大量的住宅分布。五常站位于 5 号线，往西 2 站就到达未来科技城核心区，往东 1 站到达城西蒋村商务中心。五常站通过 5 号线联系两大商务中心，且距离商务中心的空间距离近，符合近距离通勤居住型站点的特征。站域内仍有大量的用地仍在开发建设中，站点北部有一综合开发的天空之城项目。该项目是集居住、商业、商务、教育于一体的 TOD 理念社区，待站点北部开发完成，五常站的功能将更全面复合。

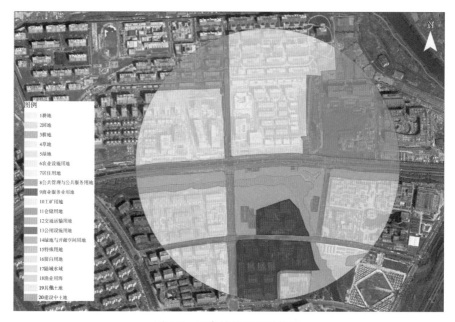

图 4-7　五常站的用地现状图

（5）就业型站点——龙翔桥站

龙翔桥站为就业型的代表站点。从图 4-8 来看，龙翔桥站站点 500 米范围内占比最大的用地类型为商业服务业用地，其次为公共服务设施用地和居住用地，其中，商业商务服务是龙翔桥站点的主导功能。龙翔桥站点具有小街区、密路网的特征，不同权属的地块的占地面积小，集中了大量的公司，可为居民提供大量高品质的就业岗位。

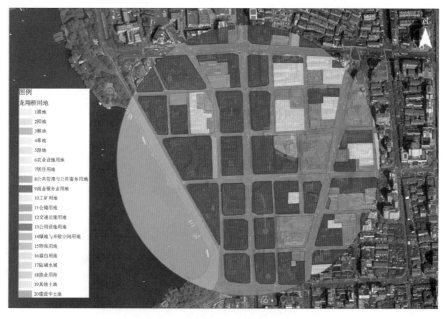

图 4-8　龙翔桥站的用地现状图

4.1.2.4 开发度

从开发度上来看，高活力职住均衡型站点的平均投入的运营时间最长，为 4.26 年；就业型站点和近距离通勤居住型站点也较长，分别为 4.0 年和 3.98 年；远距离通勤居住型站点的运营时间较短，仅为 2.37 年；低活力职住均衡型站点最短，平均时间为 1.97 年，不足 2 年。

在建成度方面，就业型站点与高活力职住均衡型站点的建成度均超过 50%，建设程度均较高，低活力职住均衡型站点、远距离通勤居住型站点、近距离通勤居住型站点的建设程度均较低，均不足 30%。在容积率方面，依旧是就业型站点与高活力职住均衡型站点最高，站点 500 米范围内的平均容积率达 10，近距离通勤居住型站点的容积率为 5.6。低活力职住均衡型站点与远距离通勤居住型站点的容积率较低，分别仅为 3.44 与 3.54（表 4-5）。

表 4-5　开发度因子结果表

类别	因子	单位	站点类型				
			高活力职住均衡型站点	低活力职住均衡型站点	远距离通勤居住型站点	近距离通勤居住型站点	就业型站点
开发度	投入运营时间	年	4.26	1.97	2.37	3.98	4.00
	建成度	%	51	21	24	30	53
	容积率	—	10.09	3.44	3.54	5.60	10.24

杭州市城市轨道交通建设循序渐进，2012 年开通 1 号线，2014 年开通 2 号线，2015 年开通 4 号线，2019 年开通 5 号线，2020 年开通 6 号线、7 号线和 16 号线。自开通时间开始算起，各线路途经站点的投入运营时间有所差异。但是同一条线路沿线站点的周边城市的建成度却不一定一致，如表 4-6 所示，每条线路上的站点建成度的差异都很大，除 16 号线，其余线路建设进度最快站点的建成度均超过 50%；除 4 号线，其余线路建设进度最慢站点的建成度均低于 5%。

表 4-6　杭州市站点建成度统计表

线路	建成度最高的站点		建成度最低的站点	
	站点名	建成度	站点名	建成度
1 号线	凤起路站	86.30%	港城大道站	0.76%
2 号线	中河北路	87.90%	良渚站	0.45%
4 号线	南星桥站	70.70%	彭埠站	24.70%
5 号线	万安桥站	88.90%	绿汀路站	1.00%
6 号线	伟业路站	58.60%	富阳客运中心站	0.95%
7 号线	建设三路站	51.70%	青六中路站	0.26%
16 号线	临安广场站	46.70%	南峰站	2.90%

4.1.2.5 混合度

从混合度上来看，5 种类型站点的用地混合度的差异较小，均在 0.75~0.69 范围内，其中，用地混合度最高的是就业型站点，用地混合度最低的是远距离通勤居住型站点。总体设施多样性指数最高的是高活力职住均衡型站点。总体设施多样性指数最低的是远距离通勤居住型站点。商业设施多样性指数最高的是高活力职住均衡型站点。商业设施多样性指数最低的是低活力职住均衡型站点。高活力职住均衡型站点、近距离通勤居住型站点与就业型站点的公共服务设施多样性指数较高，而低活力职住均衡型站点、远距离通勤居住型站点的公共服务设施多样性指数较低（表 4-7）。

总体上，高活力职住均衡型站点的混合度较高，尤其是设施的多样性均为最高。另外，远距离通勤居住型站点的混合度相对降低，设施配置相对单一。

表 4-7　混合度因子结果表

类别		因子	单位	站点类型				
				高活力职住均衡型站点	低活力职住均衡型站点	远距离通勤居住型站点	近距离通勤居住型站点	就业型站点
混合度	用地混合	用地混合度	—	0.72	0.70	0.69	0.70	0.75
	设施多样	总体设施多样性指数	—	0.82	0.74	0.72	0.78	0.79
		商业设施多样性指数	—	0.76	0.58	0.66	0.69	0.74
		公共服务设施多样性指数	—	0.66	0.58	0.55	0.65	0.66

4.1.2.6 可达性

从可达性上来看，5 种站点类型在步行可达性、骑行可达性、公交换乘指数上的差异均较大。低活力职住均衡型站点在 3 个可达性因子的表现上均最低，就业型站点则相反，在 3 个可达性因子的表现上均最高，同时拥有较高的步行、骑行、公交换乘可达性。其余三大类型站点，在这 3 个可达性因子上，均表现出"高活力职住均衡型站点 > 近距离通勤居住型站点 > 远距离通勤居住型站点"的特点（表 4-8）。

表 4-8　可达性因子结果表

类别	因子	单位	站点类型				
			高活力职住均衡型站点	低活力职住均衡型站点	远距离通勤居住型站点	近距离通勤居住型站点	就业型站点
可达性	步行可达性	公顷	1.26	0.94	0.96	1.19	1.38
	骑行可达性	公顷	9.85	6.62	7.27	8.40	9.86
	公交换乘指数	个	66.74	32.93	41.58	46.31	73.47

在实地调研的过程中发现，杭州市站点慢行换乘与公交换乘设施需要提质升级。多数站点周围缺少自行车、电动车停放点，非机动车的停放需求无法被满足，因此，出现非机动车"围困"站点的情况，乱停乱放的非机动车侵占了人行道、站前集散小广场，影响市容。

4.1.2.7　聚集性

从聚集性上来看，设施集聚的 3 个表征因子均呈现"就业型站点 > 高活力职住均衡型站点 > 近距离通勤居住型站点 > 低活力职住均衡型站点 > 远距离通勤居住型站点"这一趋势。在建筑集聚性与路网集聚性上，则有就业型站点与高活力职住均衡型站点的聚集性较高，低活力职住均衡型站点、远距离通勤居住型站点、近距离通勤居住型站点的聚集性较低的特点（表 4-9）。

表 4-9　聚集性因子结果表

类别		因子	单位	站点类型				
				高活力职住均衡型站点	低活力职住均衡型站点	远距离通勤居住型站点	近距离通勤居住型站点	就业型站点
聚集性	设施集聚	总体设施聚集指数	个	915.32	425.07	397.05	564.44	1097.92
		商业设施聚集指数	个	594.23	210.72	204.42	339.04	672.50
		公共服务设施聚集指数	个	230.90	76.34	69.95	111.13	274.89
	建筑集聚	建筑密度	—	0.19	0.10	0.14	0.13	0.20
	路网集聚	路网密度	千米/公顷	17.76	11.16	11.31	11.12	21.06

4.2 建成环境对轨道交通站点发展水平的影响分析

4.2.1 逐步线性回归模型的构建

4.2.1.1 逐步线性回归模型

在研究建成环境的各项因子是如何影响轨道交通站点客流的过程中，选择逐步线性回归模型这一方法。因为建成环境的自变量的个数较多，达 29 个，用普通的线性回归模型计算较为复杂，而逐步线性回归模型既保留了回归算法，又能快速得到较优的变量子集。

逐步线性回归模型的具体做法是将变量逐个引入，在模型挑选自变量的过程中，自变量将被引入、剔除，再被引入、再被剔除……直到不能剔除自变量，同时也无法再引入新的自变量为止。回归的第一步是找出与因变量相关最高的自变量；第二步是找出与因变量相关第二高的自变量，并根据这两个变量计算回归结果的数据；之后是重复上述过程直到所有达到统计显著性水平的自变量都进入回归方程，最后呈现出最佳的回归模型，运行流程详见图 4-9。

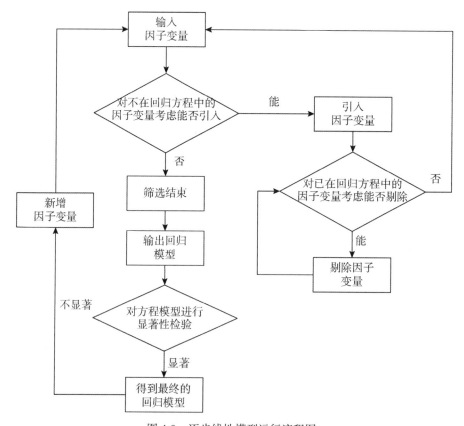

图 4-9　逐步线性模型运行流程图

4.2.1.2 模型应用

利用逐步线性回归模型，分别对站点发展水平的 7 个指标与建成环境的 29 个表征因子进行模型构建，包括：站点客流强度（V_1）—建成环境、客流连续度（V_2）—建成环境、高峰客流比例（W_1）—建成环境、早高峰客流出入比例（W_2）—建成环境、晚高峰客流出入比例（W_3）—建成环境、站点辐射强度（R_1）—建成环境、站点受辐射潜力（R_2）—建成环境。

4.2.1.3 模型检验

逐步线性回归模型结果的检验主要包括三个部分。一是各因变量间的多重共线性检验：方差膨胀系数（variance inflation factor，VIF）是衡量多元线性回归模型中多重共线性严重程度的一种度量。各因子的 VIF 值通常以 10 作为判断边界，当所有因子的 VIF 小于 10，则模型不存在多重共线性，模型通过检验。二是模型拟合度检验：模型的拟合度是用模型的 R^2 来表示的，一般认为 $R^2>0.3$，表示模型中自变量对因变量的解释率超过 30%，模型通过检验。三是模型显著性检验：显著性（significance，Sig）小于 0.05，则认为模型中的自变量可以显著影响因变量，该模型的存在非常有意义。

本次研究构建的 7 个模型的检验数据见表 4-10，各模型的 Sig 均小于 0.001，R^2 均大于 0.3，因此，认为本研究构建的 7 个模型均具有较好的研究意义。表 4-10 为各逐步线性回归模型的检验结果。

表 4-10　各逐步线性回归模型的检验结果

	模型	Sig	R^2	标准误差
站点活力（V）—建成环境	站点客流强度（V_1）—建成环境	0.000	0.667	0.551
	客流分布连续度（V_2）—建成环境	0.000	0.473	0.040
站点辐射能力（R）—建成环境	站点辐射强度（R_1）—建成环境	0.000	0.807	1.262
	站点受辐射潜力（R_2）—建成环境	0.000	0.813	1.374
站点职住平衡性（W）—建成环境	高峰客流比例（W_1）—建成环境	0.000	0.524	0.046
	早高峰客流出入比例（W_2）—建成环境	0.000	0.380	2.360
	晚高峰客流出入比例（W_3）—建成环境	0.000	0.494	1.012

4.2.2 建成环境各因子对站点发展水平的影响分析

4.2.2.1 站点活力的影响因素分析

（1）对客流强度的影响

对"客流强度（V_1）—建成环境"进行逐步线性回归，其模型 Sig 值趋近于 0，模型的拟合情况非常好。模型 R^2 值为 0.667，说明表 4-11 所示的 11 个因子可以解释站点客流强度（V_1）变化的 66.7%，即本研究找出了影响站点客流强度的因素的 66.7%，且各因子的 VIF 值均小于 10，各因子的 Sig 值均趋近于 0，该模型和各因子均通过检验。

表 4-11　模型"站点客流强度（V_1）—建成环境"的结果

建成环境因子	标准化系数	Sig	VIF
线路数	+0.49	0.000	3.2
投入运营时间	+0.42	0.000	1.5
商业设施多样性指数	+0.34	0.000	2.3
距城市组团中心的距离	+0.26	0.000	1.1
公交换乘指数	+0.22	0.000	1.5
开敞空间用地的占比	+0.14	0.007	1.2
用地混合度	−0.12	0.020	1.2
度中心性	−0.17	0.043	3.2
总体设施多样性指数	−0.18	0.012	2.2
就业用地的占比	−0.21	0.000	1.2
站点层数	−0.22	0.000	1.3

对回归系数进行标准化之后，11 个因子中有 6 个因子（线路数、投入运营时间、商业设施多样性指数、距城市组团中心的距离、公交换乘指数、开敞空间用地的占比）会对站点客流强度产生正向影响。线路数量多的站点一般是换乘站，客流强度较大；投运时间越长，站点开发相对成熟，周围居民更多地会选择地铁作为出行的交通工具；站点周围商业设施越多样化，越能吸引不同的人群，站点的人流集散作用越强；以上这 3 个因子显著影响站点客流强度。距城市组团中心越近、公交换乘越便捷、开敞空间越丰富，也会正向影响站点客流活力，但不是非常显著。站点客流强度（V_1）—商业设施多样性的回归变量图如图 4-10 所示，其显示火车东站站、彭埠站、青山湖站、葛巷站、杭州大会展中心站等站点在该回归中的数据异常，原因是火车东站站、彭埠站的客流量受火车东站站的影响大，青山湖站、葛巷站、杭州大会展中心站等站点仍处于开发阶段，商业设施罕见，不同于其他站点，其在回归图中 X 值与 Y 值都较低，偏离了数据群。博览中心站、南湖站、八百里站等站点周围已经被部分开发，但由于投用时间短或是站点距城区远等原因，其商业设施多样性较高，但站点客流强度仍不高。剔除以上类型的异常数据，能看出商业设施多样性指数对站点客流强度存在正向影响。

有 5 个因子（用地混合度、度中心性、总体设施多样性指数、就业用地占比、站点层数）会对站点客流强度产生负向影响，但影响程度均较小。从用地混合度和总体设施多样性来看，用地性质越简单、设施类别越单一的站点，其客流强度越高，功能混合型的站点更容易减少居民的出行量。站点度中心性的高低排序为：换乘站点 > 普通站点 > 首末站点。度中心性因子的负向影响主要体现在首末站点的客流强度高于普通站点，这是由于首末站点一般位于城市边缘地区，其服务的城市空间范围更广而造成的。

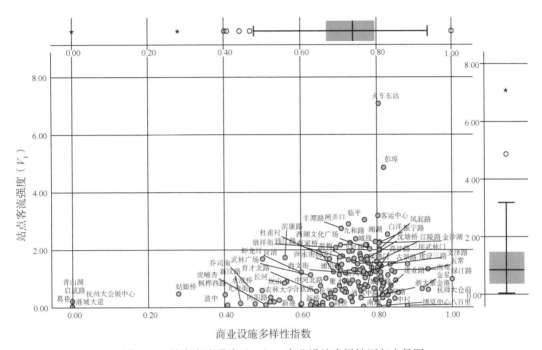

图 4-10　站点客流强度（V_1）—商业设施多样性回归变量图

其中，就业用地的占比对站点客流强度产生负向影响的这一结果需要通过观察两者的回归变量图（图 4-11）来辨析原因。排除火车东站站、彭埠站等距离数据群离散程度较大的站点，站点客流强度 V_1 随着站点就业用地占比的增大，有先增强后减弱的趋势。站点的就业用地占比小于 20% 时，站点 X 值相近，但 Y 值的离散程度大，因此，用模型"站点客流强度 V_1—建成环境"判断就业用地占比对站点客流强度产生的影响为负。其现实原因是城市轨道交通仍未成为杭州市通勤的主导交通工具，通勤客流虽然影响站点客流的高峰，但无法决定全时段综合客流强度的大小。

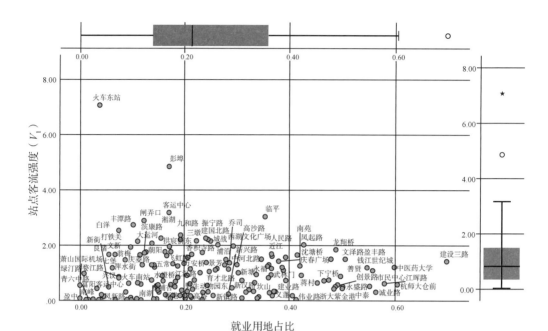

图 4-11　站点客流强度（V_1）—就业用地的占比回归变量图

（2）站点客流连续度

"客流连续度（V_2）—建成环境"逐步线性回归模型和各因子均通过检验。表 4-12 所示的 9 个因子可以解释站点客流连续度（V_2）变化的 47.3%。

9 个因子中，有 5 个因子（紧密中心性、商业设施多样性、公交换乘指数、步行可达性、中介中心性）对站点客流连续度产生正向影响，但除了紧密中心性，其余因子的影响程度均较小。如图 4-12 所示，站点的紧密中心性越强（即站点在网络中到达其他站点越容易，具有较好的网络中心性），其站点客流连续性越好。商业设施越多样化的站点，其客流连续度越好，因为多样化的商业设施为周围区域注入活力，站点能产生持续稳定的客流。公交换乘指数与步行可达性都是反映站点可达性的因子，从回归结果可以看出站点可达性越强，站点客流连续度越好。

表 4-12　模型"客流连续度（V_2）—建成环境"的结果表

建成环境因子	标准化系数	Sig	VIF
紧密中心性	+0.55	0.006	9.7
商业设施多样性	+0.24	0.012	1.3
公交换乘指数	+0.21	0.012	2.2
步行可达性	+0.20	0.002	1.3
中介中心性	+0.16	0.014	1.3

续表

建成环境因子	标准化系数	Sig	VIF
总体设施聚集指数	−0.09	0.001	2.3
公共服务用地占比	−0.22	0.001	1.4
就业用地占比	−0.44	0.000	1.4
距城市中心的距离	−0.65	0.000	8.9

　　有 4 个因子（总体设施聚集指数、公共服务用地占比、就业用地占比、距城市中心的距离）会对站点客流连续度产生负向影响，其中，站点距城市中心的距离与紧密中心性的影响较为显著。从图 4-13 可以看到，距离城市中心越近的站点，其站点的客流连续性越高。同时，高就业用地的占比也会显著减弱站点的客流连续性，这是因为就业型站点，一般成为市民通勤的主要目的地，通勤交通的日间波动容易导致客流分布的不均，影响客流连续性。公共服务用地的占比对客流连续度的影响为负，观察研究样本数据后发现，杭师大仓前站、文海南路站、文泽路站、下宁桥站、浙大紫荆港站、中医药大学站等公共服务用地的占比高于 35% 的站点（其公共服务用地主要为教育用地），而其余站点的公共服务用地的占比大多小于 20%，因此认为这是由于服务高校师生而造成站点客流连续度差。

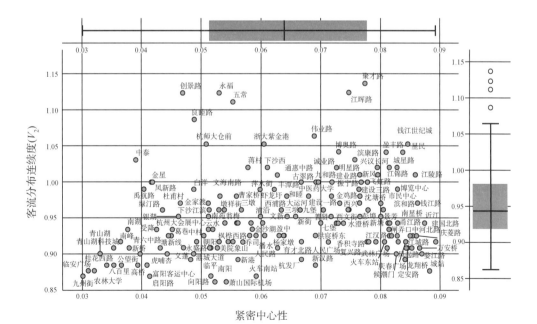

图 4-12　站点客流分布连续度（V_2）—紧密中心性回归变量图

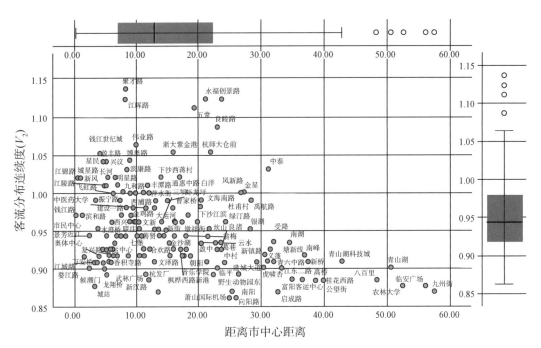

图 4-13　站点客流分布连续度（V_2）—距城市中心的距离回归变量图

4.2.2.2　站点辐射能力的影响因素分析

"站点辐射强度（R_1）—建成环境"和"站点受辐射潜力（R_2）—建成环境"逐步线性回归模型及各因子均通过检验。依据表 4-13 所示的 6 个因子可以解释站点辐射强度（R_1）变化的 80.7%，表 4-14 所示的 6 个因子可以解释站点受辐射潜力（R_2）变化的 81.3%。

距城市中心的距离越远的站点，其辐射能力和受辐射能力均越大，说明城市外围的站点比城市中心的站点具有更好的辐射水平。其主要原因是在市中心以老城区为主，而外围地区或者形成了城市次中心、大型的交通枢纽，或者形成了大型的居住区，使得高辐射站点和高受辐射站点多居于城市外围。具有较高建筑密度的站点的辐射强度较大，即建设密度较高的站点可以服务更广的空间范围。

表 4-13　模型"站点辐射强度（R_1）—建成环境"的结果

建成环境因子	标准化系数	Sig	VIF
距城市中心的距离	+0.50	0.000	9.4
路网密度	+0.12	0.010	1.6
建筑密度	+0.10	0.020	1.4
距城市组团中心的距离	−0.08	0.036	1.2
中介中心性	−0.13	0.002	1.4
紧密中心性	−0.41	0.001	11.1

表4-14　模型"站点受辐射潜力（R_2）—建成环境"的结果

建成环境因子	标准化系数	Sig	VIF
距城市中心的距离	+0.53	0.000	9.3
公交换乘指数	+0.17	0.001	2.1
路网密度	+0.13	0.003	1.6
中介中心性	−0.09	0.026	1.4
距城市组团中心的距离	−0.14	0.000	1.2
紧密中心性	−0.37	0.002	11.1

紧密中心性和中介中心性越小，站点受辐射潜力与辐射能力均越大，可以理解为网络中心性越小的站点，在轨道交通网络中受到的作用力越大，轨道交通网络会对网络边缘站点产生很好的引力作用。同时，距城市组团中心距离越小，站点辐射能力越大，站点受辐射潜力越小，这是由于城市组团中心在城市外围形成新的城市增长极，也具有服务周边站点的能力，但与中心区域的站点相比，其受辐射能力较弱。

如图4-14至图4-16所示，路网密度越大，站点辐射强度 R_1 与站点受辐射潜力 R_2 均越大，同时，具有较大的公交换乘指数的站点的受辐射潜力较大。以上3个回归变量图说明可达性越高的站点，越容易集散站点周围城市的居民，向轨道交通网络中输送客流，因此具有较好的站点辐射能力。

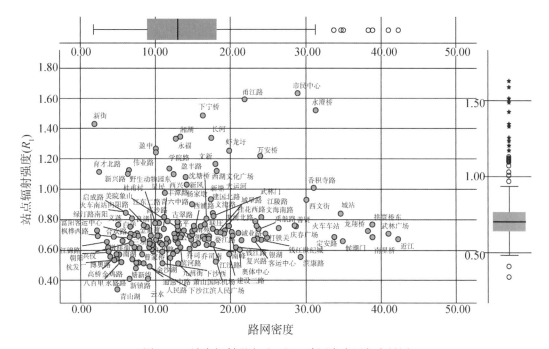

图4-14　站点辐射强度（R_1）—路网密度回归变量图

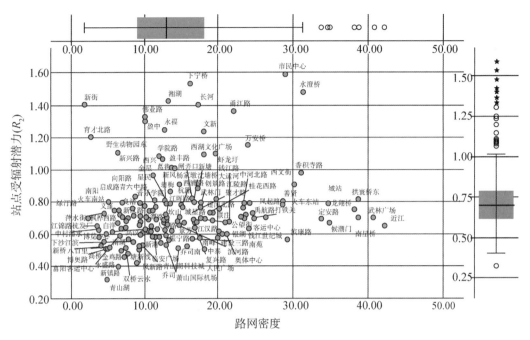

图 4-15　站点受辐射潜力（R_2）—路网密度回归变量图

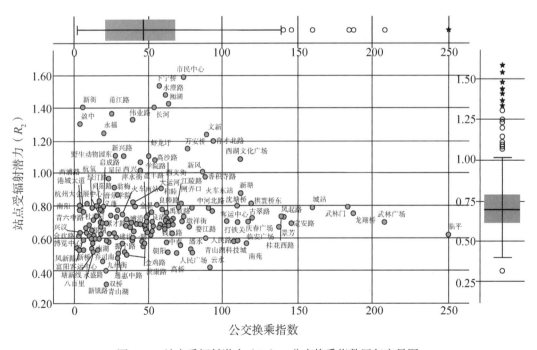

图 4-16　站点受辐射潜力（R_2）—公交换乘指数回归变量图

4.2.2.3　站点职住平衡性的影响因素分析

（1）站点高峰客流比的影响因素分析

"高峰客流比例（W_1）—建成环境"逐步线性回归模型和各因子均通过检验。表 4-15

所示的 7 个因子可以解释站点高峰客流比例（W_1）变化的 52.4%。

表 4-15　模型"高峰客流比例（W_1）—建成环境"的结果表

建成环境因子	标准化系数	Sig	VIF
商业设施聚集指数	+0.54	0.000	2.1
容积率	+0.23	0.025	3.3
商业用地占比	+0.20	0.003	1.4
商业设施多样性指数	+0.19	0.002	1.2
步行可达性	+0.18	0.003	1.2
紧密中心性	−0.62	0.000	9.3
距城市中心的距离	−0.96	0.000	8.6

对回归系数进行标准化之后，可以发现有 5 个因子（商业设施聚集指数、容积率、商业用地占比、商业设施多样性指数、步行可达性）会对站点高峰客流比例产生正向影响。商业设施聚集指数越大、容积率越大、商业用地占比越高、商业设施多样性指数越高、站点步行可达性越强，站点高峰客流比例越大，综合来看，商业开发的程度对站点高峰客流比例有较大的影响。

商业设施聚集指数对高峰客流比有明显的正向影响，但从图 4-17 来看，随着商业设施聚集指数增大，站点高峰客流比例有先上升后下降的趋势。其中，商业设施聚集指数小于 500 时，商业设施不仅是居民消费购物的发生地，同时也是可提供社会工作岗位的就业设施。因此，商业设施聚集指数越大，站点通勤的需求越大，站点高峰客流比越大。而当商业设施聚集指数大于 500 时，该站点的商业服务功能层级将被提高，例如龙翔桥站、武林广场站、凤起路站就是城市中心级的商业服务站点，而香积寺路站、临平站则是区域中心级的商业服务站点。当站点商业服务功能层级越高，站点平峰期的客流越连续越强，因而站点高峰客流比例越低。

商业用地占比与商业设施多样性指数对高峰客流比都有正向的影响，从图 4-18 和图 4-19 可以看出，剔除远离数据群的特殊值，商业用地占比越高或商业设施多样性指数越高，则站点高峰客流比例越大。商业开发度越高，商业功能越复合，站点客流高峰情况越显著。

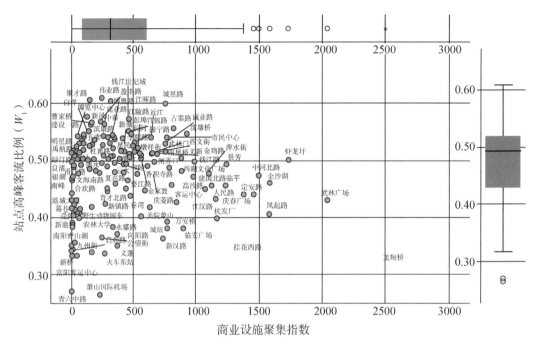

图 4-17 站点高峰客流比例（W_1）—商业设施聚集指数回归变量图

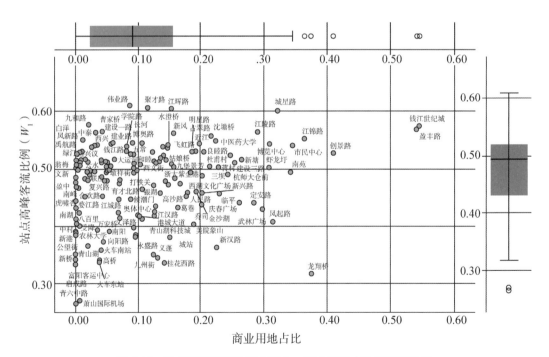

图 4-18 站点高峰客流比例（W_1）—商业用地占比回归变量图

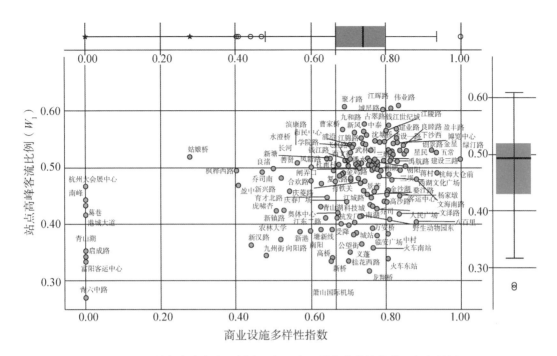

图4-19 站点高峰客流比例（W_1）—商业设施多样性指数回归变量图

有3个因子（商业设施聚集指数、紧密中心性、距城市中心的距离）会对站点高峰客流比例产生负向影响，且影响显著。离城市中心距离越小，站点高峰客流比例越小，城市中心区域的站点会比城市边缘区的站点具有更好的职住平衡性。站点紧密中心性越强，站点高峰客流比例越小，这说明站点布局越紧密，站点的职住平衡性越好。紧密中心性与"距城市中心的距离"的 VIF 值略大，可以认为是由于这两个因子对"高峰客流比"的影响机制相似造成的，因为轨道交通网络在设计时考虑到了现状城市的建成情况，网络与站点布置和城市结构与布局关系紧密，因此，靠近城市中心区的轨道网络与站点也会被设计得较为紧密。

（2）站点早晚高峰客流进出比例的影响因素分析

"早高峰客流进出比例（W_2）—建成环境"和"晚高峰客流进出比例（W_3）—建成环境"逐步线性回归模型和各因子均通过检验。表 4-16 所示的 7 个因子可以解释站点早高峰客流进出比例（W_2）变化的38%。表 4-17 所示的 8 个因子可以解释站点晚高峰客流进出比例（W_3）变化的49.4%。

表4-16 模型"早高峰客流进出比例（W_2）—建成环境"的结果

建成环境因子	标准化系数	sig	VIF
居住用地占比	+0.23	0.004	1.5
投入运营时间	+0.19	0.010	1.3

续表

建成环境因子	标准化系数	Sig	VIF
商业设施多样性指数	+0.17	0.016	1.2
绿地与开敞空间用地占比	−0.14	0.042	1.2
中介中心性	−0.18	0.010	1.1
就业用地的占比	−0.26	0.001	1.4
建成度	−0.43	0.000	2.0

表 4-17 模型"晚高峰客流进出比例（W_3）—建成环境"的结果

建成环境因子	标准化系数	Sig	VIF
容积率	+0.42	0.000	3.4
就业用地占比	+0.34	0.000	1.6
建成度	+0.24	0.038	4.1
出入口数	+0.18	0.008	1.4
距城市组团中心的距离	−0.12	0.040	1.0
投入运营时间	−0.19	0.006	1.3
居住用地占比	−0.33	0.000	1.5
总体设施聚集指数	−0.38	0.000	2.8

根据模型计算的结果，可以看出居住用地和就业用地的占比对早晚高峰客流进出比例的作用相反。居住用地占比对早高峰客流进出比例的影响为正，对晚高峰客流进出比例的影响为负，就业用地占比因子对 W_1、W_2 的影响刚好与居住用地占比因子相反。

如果站点投入运营时间越长，或站点建成度越高，那么站点早高峰客流进出比例越大，站点晚高峰客流进出比例越小，这是由于较早投入使用的 1 号线、2 号线、5 号线中，居住型站点的数量占比较大，同时这些较早投入使用的站点的建成度也越高。

商业设施多样性指数对早高峰客流进出比例的影响为正，绿地与开敞空间用地占比与中介中心性对早高峰客流进出比例的影响为负，但不是非常显著。

对于容积率越高的站点，其晚高峰客流进出比例越高，且影响显著，这是由于容积率高的站点中就业型站点的占比要明显高于居住型站点的占比。此外，站点出入口数对晚高峰客流进出比例的影响为正；距城市组团中心的距离、总体设施聚集指数对晚高峰客流进出比例的影响为负，且都不是十分显著。

4.3 影响因素的综合分析

外源性因子对站点发展水平的影响力强于内源性因子。站点规模是影响站点发展水平的内源性因子，其影响力不如用地布局、站点开发等外源性因子大。站点规模对站点发展水平的影响主要表现在与客流强度呈正相关，但对站点职住平衡性和站点辐射能力的影响不显著，所有表征站点规模的因子在模型中均被拒绝。线路数越多，站点层数越多时，客流量越大，这与换乘站点具有较高水平的客流这一现实情况相吻合。同时，这一结果也表明，除换乘站点之外的普通站点的自身规模很难影响到站点的发展水平。影响站点发展水平的因素更多的是外源性因素，而非内源性因素。因此，在站点发展过程中，城市管理者与城市轨道交通开发建设者应该更为注重站点周边城市区域的建设与开发，要尽量避免站点的超前建设，推动站点建设与站点周边城市建设同步进行。

区位是影响站点活力和站点辐射能力的最突出的外源性因素。人们一般认为地理区位越好，就拥有越高的城市价值，理论上，越靠近城市中心区的站点会具有更高的活力和辐射能力。但本研究表明，在城市轨道交通网络中，地理中心的绝对优势会被削弱，具体体现在，"距离城市中心的距离"与 V_2、R_1、R_3 的相关性均为正，且大于 0.5，关系十分显著。离城市中心越远的站点有越强的客流连续性、越大的辐射强度和越大的受辐射潜力，城市轨道交通利用交通流促进城市边缘区的人口往城市各地流动，进而促进城市边缘区的发展；离城市组团中心越近的站点，其客流强度越强，这说明在城市组团这一尺度上，城市轨道交通有利于人口往城市组团中心集聚。但与此同时，网络区位对站点发展水平的影响不同于地理区位，不仅网络中心性对站点客流强度的影响不显著，其中 2 个因子被模型拒绝，剩余 1 个因子的相关性不高（−0.17），而且网络中心性越低的站点的站点辐射强度和受辐射潜力反而更高，均有 2/3 的因子被纳入模型，且影响均为负值。这启示我们可以通过优化城市轨道交通布局来提升站点网络区位以弥补某些站点在地理区位上的不足，这也表明城市轨道交通的不断完善和发展确实会在一定的程度上重塑现有城市空间的结构，减弱地理中心区位的绝对优势。

用地布局是影响站点活力和站点职住平衡性的关键性的外源因素。当一个轨道交通站点周围集聚了大量的就业或居住用地，那么它会产生强烈的客流高峰效应和站点职住的不平衡，体现为"就业用地占比"与 V_2 的相关性为 −0.42；"居住用地占比"与 W_2 的相关性为 0.23，与 W_3 的相关性为 −0.33。站点周围大量集聚就业或居住用地，虽然可以加强城市轨道站点的集散力，但却忽视了站点的其他功能性，如引导力和价值力。一个高发展水平的站点不应仅服务于城市居民通勤，而更应该助力人口引导和土地价值的提升。可以通过增加站点周围等公共服务用地、商业用地、开敞空间用地等来引导人口流向城市重点发展地区与重点提升地区，在全面加强站点功能性后，站点周围的土地价值亦能得到相应的提升。

站点公交换乘能力，对站点活力和站点受辐射潜力均产生正向影响。在影响站点客流活力的各项因子中，只有公交换乘指数能同时对站点客流强度和站点客流连续性都产生正向影响，均为 +0.22。增加站点周围的公交线方向数和公交线路数，能有效增强站点的客流强度和客流连续性，同时也会增强站点受辐射能力，即站点能服务更广阔的城市空间。因此，增强城市轨道交通站点周围的公交换乘能力，是增强站点活力和站点受辐射潜力的强有力的手段。

设施功能的混合度对站点发展水平的影响高于用地混合度。从研究结果来看，用地混合度对站点发展水平的影响有限，7 个模型中有 6 个被拒绝，反而是设施多样性会对站点发展水平的各维度产生较大的影响，有 4 个模型接受了该因子。尤其是商业设施多样性与站点客流强度为显著的正相关关系，相关性为 +0.34。这启示城市管理者可以通过调整商业设施的多样性来优化建成度较高、用地开发较为成熟的站点。

总体设施集聚性正向影响站点客流连续性，进而正向促进站点活力。总体设施和商业设施的集聚性越强，站点职住平衡性越强。建筑密度和路网密度越高，站点辐射水平越强。因此，站点周围城市空间的集聚发展是未来城市轨道交通站点周围规划和建设的一个重要指向。

居住型站点的建成度大多高，就业型站点的开发强度大多高，良好且持久的运营的站点的站点活力普遍较高。比较杭州市的 167 个地铁站的运行情况，可以发现杭州市的居住型站点的平均建成度较就业型站点高，这是由政府的土地开发政策所决定的，新建站点周围的居住用地出让与建设速度均较商业商务型用地快；同时，杭州的就业型站点的平均开发强度较居住型站点高很多。为了更好地优化站点职住平衡性，可以提高居住型站点周围商业商务用地的开发强度，或者加快就业型站点周围剩余空地的开发，增加就业型站点周围的居住用地占比，用以平衡站点附近的职住需求。同时，城市轨道交通的运营方要坚持长效化的良好运营，让地铁出行"便捷、高效、绿色、安全"的优势深入人心，促进城市居民选择城市轨道交通作为日常出行的工具。

表 4-18 为各模型结果的汇总。

表 4-18　各模型结果的汇总

影响因子			模型												
			V_1 站点客流强度		V_2 客流分布连续度		R_1 站点辐射强度		R_2 站点受辐射潜力		W_1 站点高峰客流比例		W_2 早高峰客流进出比例		W_3 晚高峰客流进出比例	
			显著性	系数	显著性	系数	显著性	系数	显著性	系数	显著性	系数	显著性	系数	显著性	系数
区位	地理区位	距城市中心的距离	R	—	S	+0.73	S	+0.50	S	+0.53	S	−0.96	R	—	R	—
		距城市组团中心的距离	S	+0.26	R	—	S	−0.08	S	−0.14	R	—	R	—	S	−0.12
	网络区位	度中心性	S	−0.17	R	—	R	—	R	—	R	—	R	—	R	—
		紧密中心性	R	—	S	+0.55	S	−0.41	S	−0.37	S	−0.62	R	—	R	—
		中介中心性	R	—	S	−0.17	S	−0.13	S	−0.09	R	—	S	−0.18	R	—
规模		出入口数	R	—	R	—	R	—	R	—	R	—	R	—	S	+0.18
		线路数	S	+0.49	R	—	R	—	R	—	R	—	R	—	R	—
		站台面积	R	—	R	—	R	—	R	—	R	—	R	—	R	—
		站点层数	S	−0.22	R	—	R	—	R	—	R	—	R	—	R	—
用地		居住用地占比	R	—	R	—	R	—	R	—	R	—	S	+0.23	S	−0.33
		就业用地占比	S	−0.21	S	−0.42	R	—	R	—	R	—	R	—	R	—
		公共服务用地占比	R	—	S	+0.21	R	—	R	—	R	—	R	—	R	—
		商业用地占比	R	—	R	—	R	—	R	—	S	+0.20	S	−0.26	S	+0.34
		开敞空间用地占比	S	+0.14	R	—	R	—	R	—	R	—	R	—	S	−0.14
开发度		投入运营时间	S	+0.42	R	—	R	—	R	—	R	—	S	+0.19	S	−0.19
		建成度	R	—	R	—	R	—	R	—	R	—	S	−0.43	S	+0.24
		容积率	R	—	R	—	R	—	R	—	S	+0.23	R	—	S	+0.42
混合度	用地混合	用地混合度	S	−0.12	R	—	R	—	R	—	R	—	R	—	R	—
	设施多样	总体设施多样性指数	S	−0.18	R	—	R	—	R	—	R	—	R	—	R	—
		商业设施多样性指数	S	+0.34	S	−0.23	R	—	R	—	S	+0.19	S	+0.17	R	—
		公共服务设施多样性指数	R	—	R	—	R	—	R	—	R	—	R	—	R	—
可达性		步行可达性	R	—	S	−0.21	R	—	R	—	S	+0.18	R	—	R	—
		骑行可达性	R	—	R	—	R	—	R	—	R	—	R	—	R	—
		公交换乘指数	S	+0.22	S	+0.22	R	—		+0.17	R	—	R	—	R	—

续表

影响因子			模型													
			V1 站点客流强度		V2 客流分布连续度		R1 站点辐射强度		R2 站点受辐射潜力		W1 站点高峰客流比例		W2 早高峰客流进出比例		W3 晚高峰客流进出比例	
			显著性	系数	显著性	系数	显著性	系数	显著性	系数	显著性	系数	显著性	系数	显著性	系数
聚集性	设施集聚	总体设施聚集指数	R	—	S	+0.29	R	—	S	−0.12	R	—	R	—	S	−0.38
		商业设施聚集指数	R	—	R	—	R	—	R	—	S	+0.54	R	—	R	—
		公共服务设施聚集指数	R	—	R	—	R	—	R	—	R	—	R	—	R	—
	建筑集聚	建筑密度	R	—	R	—	S	+0.10	R	—	R	—	R	—	R	—
	路网集聚	路网密度	R	—	R	—	S	+0.12	S	+0.13	R	—	R	—	R	—

注：显著性中，"S"=Support 支持；"R"=Reject 拒绝。

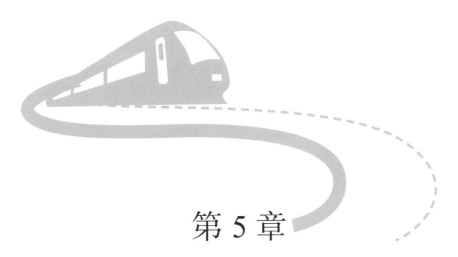

第5章
基于 TOD 效能的居住型站点
发展评价的研究

轨道交通站点具有特殊辐射的作用，可以集散人流，带动周边地区的建设和开发，促进周边经济的快速发展，实现站点地区由单一功能建设向多层次、多功能综合化的转变，进而形成站点开发与人流之间的良性循环关系以及连锁提升效应，使得站点真正成为城市发展的重要节点。然而，由于许多站点往往缺乏整体规划和建设统筹、部分轨道建设过于超前等，许多城市未能充分重视轨道交通站点与站域空间的建设和开发，导致站点客流不足、站域开发滞后、站域空间环境较差等问题，从而降低了站点地区的城市空间的环境质量，降低轨道站点的使用效率，对站域的整体开发带来不利的影响。因此，必须高度重视站域空间的建设，进一步开发轨道交通站点及站域空间的潜力，充分发挥其门户和辐射带动作用，使其成为城市的重要核心区域，推动周边地块的快速发展。

居住型站点是最为普遍的轨道交通站点的类型，其周边功能多数较为单一，客流呈现"钟摆式"的特征，交通平峰时期的客流较少，设施使用效率低下。该类站点经常仅作为交通的门户，无法使人流停留并产生更多的选择性活动和社交性活动，站点和站域未得到充分的关注与利用，周边空间资源利用效率低下，空间质量不高，站点及其站域的资源优势未得到充分的发挥。因此，该类站点需要得到重视与关注，以提升空间利用的效率，推动城市集约的发展。在该类站点的开发建设的过程中，各城市开始关注 TOD 模式。该模式不仅有利于形成更好的城市发展格局，也有利于通过站点与站域的开发为居民提供方便的商业、医疗与教育等公共设施，创造宜居环境并提高总体的空间质量与生活品质。同时，通过 TOD 建设，增加居住型站点周边区域的人流量，提高站点地区的城市活力。实际上，许多城市也已经在实施 TOD 模式的相关措施。

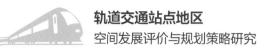

轨道交通站点具有较高的经济价值、开发价值以及一定的辐射带动作用，而作为居民日常通勤重要节点的居住型站点，其建设的完善程度和发挥的作用极大地影响着区域发展以及居民的日常生活。本章通过居住型站点 TOD 效能评价体系的构建，以杭州市为案例，分析杭州市居住型轨道交通站点开发建设的现状以及现存的问题，对各站点的 TOD 效能进行评价，探讨影响居住型站点 TOD 效能的原因，明确站点发展的优势与劣势，提出居住型站点进一步提升 TOD 效能的优化策略，推动居住型站点有序、高效的发展，促进城市空间的高质量的发展。

5.1 居住型站点 TOD 效能评价体系的构建

5.1.1 评价体系指标的确定

5.1.1.1 评价目标

基于居住型站点的国内外的研究现状，结合 TOD 理论、"节点—场所—联系"模型以及居住型站点的特征，提出以下五大目标准则。

以公共交通为核心，梯度化强度开发：TOD 是公共交通导向的开发模式，在 TOD 的开发和建设中，应将公共交通站点作为核心向外建设和发展。本研究的公共交通的核心为居住型站点，需围绕居住型站点进行开发与建设，通过居住型站点推动周边地区的发展。同时，依据邻里型 TOD 的理想模型，进行梯度化强度的开发。距离站点 200 米以内提倡进行高强度开发，最大程度地提高土地利用效率和空间使用效率，但距离站点 200 米以外地区的开发强度应适当降低，以营造宜居舒适的居住环境。

用地混合，密集紧凑：其是影响 TOD 发展的重要因素，体现了 TOD 理论中的多样性、密度。用地的混合利用有利于保证居民轻松便捷地到达多种日常所需的设施所在地，缩短步行时间，营造有活力、便捷安全的宜居环境，使公共空间保持长时间的活跃。密集紧凑的开发建设避免了资源的低效浪费，有利于形成高居住密度、高就业密度和高建筑密度，以此形成更多的人流量和交通量，增强地区的可服务性，支撑高品质公共交通的发展。

公交优先，适宜步行：体现了可持续发展的原则，也符合 TOD 防止城市无序蔓延的初衷。公交优先是希望可以通过大容量、便于使用的公共交通系统，使人们转变出行方式，减少对小汽车的使用和依赖，同时也进一步深化了公共交通在出行层面的影响程度。适宜步行是通过塑造以人为本、连通性良好的步行环境，增强慢行交通的吸引力，从而使人们愿意通过步行到达其他的区域，以此激发街道活力，促进商业经济等发展。

利于换乘，便捷可达：体现了 TOD 理论中的换乘性、可达性。便捷高效的换乘设计有利于通过与轨道交通站点接驳的公交系统，扩大轨道交通站点对周边区域的影响力，也进一步提高了人们选择公共交通的意愿。便捷可达意味着建设密集的街道网络，缩小街区的尺寸，提高路网的密度。这既有利于提高人们对于轨道交通站点的使用效率，也有利于创造更多可供人们交往的街道空间，进一步提升地区活力。

居住适宜，设施齐全：其是影响 TOD 留住人的重要因素。以居住用地为主的居住型站点的居住环境的质量以及适宜程度，影响着站点周边居住人群的规模。居住在站点附近的人群是最可能和经常使用轨道交通的人，也是影响站点周边活力和轨道交通使用率的关键。站点周边完备的设施有利于增加人群在站点附近的停留时间，同时，也是吸引外部人群到达站点的重要因素。

基于上述多样化的目标，建立综合化的居住型站点 TOD 效能评价体系，从而更加全面具体地量化居住型站点的 TOD 效能。

5.1.1.2 评价体系模型及指标的筛选

基于"节点—场所—联系"模型的"节点"、"场所"、"联系"3 个维度，对应形成站点交通服务水平（T）、站域开发水平（D）、站点与站域联系水平（O）。其中，站点交通服务水平与"节点"价值对应，反映站点客运强度和在交通网络中的连通性；站域开发水平与"场所"价值对应，体现站点周边地区建设的完备程度和对外的吸引力；站点与站域联系水平与"联系"价值对应，体现站点与站域之间的相互作用与导向联系，包括站点与周边地区的连通程度、到各类公共服务设施的可达性以及站点地区的可步行性。

3 个评价维度中，站点交通服务水平（T），即"节点"价值，表征交通属性，反映了站点枢纽的客运能力和在交通网络中的连通性；站域开发水平（D），即"场所"价值，表征发展开发属性，反映了站域建设的发展程度，包括设施、用地、人口；站点与站域联系水平（O），即"联系"价值，表征导向性，反映了站点与周边地区的连通程度、到各类公共服务设施的可达性以及站点地区的可步行性。

对居住型站点 TOD 效能评价维度进行分析并筛选评价指标，各维度水平以及指标的选择如下。

（1）站点交通服务水平（T）的评价层面

站点交通服务水平评价是围绕公共交通，即轨道交通站点的交通服务水平进行评价，与"节点—场所—联系"模型中的"节点"价值对应，反映 TOD 的交通属性。"节点—场所—联系"模型中的节点是指节点自身和交通网络中的节点，故站点交通服务水平也主要从这 2 个维度进行评价：一是将轨道交通作为交通工具，为站点本身的特征；二是轨道交通站点作为轨道交通网络中的一个节点，在轨道交通网络中的特征。通过这2 个维度，反映轨道交通站点的交通能力，以测度轨道交通站点交通服务能力对 TOD 效能的影响。

1）客运强度（T1）：表示轨道交通本身的客运能力，即通过轨道交通站点聚散客流

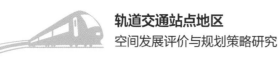

的能力。轨道交通站点带来的人流是 TOD 发展的基础。轨道交通站点的客运强度越高，人流量越大，则轨道交通站点和站域内出现的人流量交集与活动量越大，更利于支撑高品质公共交通发展和丰富交往空间，推动 TOD 的建设与发展。客运强度通过日发车班次（T11）、日客流量（T12）、出入口数量（T13）3 个三级指标进行量化。

2）连通性（T2）：表示轨道交通站点在轨道交通网络中的通达程度和重要性。轨道交通站点位于轨道交通网络中的位置影响了居民经过站点到其他站点地区的便利程度以及对公共交通的使用意愿。轨道交通站点的连通性越高，站点在轨道交通网络中的可达性及重要程度越高，来往其他区域越便捷，居民以轨道交通为出行方式的意愿也越强烈，进一步强化了 TOD 的建设与发展。连通性通过可达站点数（T21）、轨道线路数（T22）、度中心性（T23）3 个三级指标进行量化。

（2）站域开发水平（D）的评价层面

站域开发水平评价主要表征的是 TOD 站域范围内的开发与建设，与"节点—场所—联系"模型中的"场所"价值对应，反映 TOD 的发展属性。"节点—场所—联系"模型中的场所常用土地利用来表征，而本研究将从站域内土地利用、人口和设施进行评价，更加全面和完善地反映站域的发展情况。同时，站域开发水平体现了 TOD 建设目标中的梯度化强度综合开发、居住适宜、设施齐全以及用地混合等方面。

1）土地利用（D1）：表示站域范围内的土地利用情况，反映了站域综合开发的强度、用地混合程度以及用地布局的密集紧凑程度。土地的不同性质和功能的用地布局，对周边区域的发展和人们到达 TOD 区域的意愿产生着至关重要的影响，是影响 TOD 效能的关键因素。土地利用通过土地开发强度（D11）、土地开发集中度（D12）、用地建设成熟度（D13）、土地利用多样性（D14）、功能混合度（D15）5 个三级指标进行量化。

2）人口（D2）：表示站域范围内现有的人口状况，在一定的程度上反映了 TOD 的开发和建设情况。居住型轨道交通站域内的人口状况在一定的程度上反映了居住的适宜程度以及早晚的通勤量。同时，站域内居住人群构成了使用设施和公共交通的主要人群，从而影响 TOD 效能以及开发潜力。人口通过人口数量（D21）、居住人口密度（D22）2 个三级指标进行量化。

3）设施（D3）：表示站域范围内各项设施的布局状况和完备程度。设施包括商业、医疗、教育等方面。站域范围内的设施状况影响到居民生活的便捷程度以及站域对于人群的吸引力。同时，设施状况也在一定的程度上反映了经济发展的水平，设施越完备、数量越多的地区，一般的经济发展水平也较高。设施通过公共服务 POI 密度（D31）、公共服务集中度（D32）、经营性服务设施建筑面积（D33）、公益性服务设施建筑面积（D34）、行政性服务设施建筑面积（D35）5 个三级指标进行量化。

（3）站点与站域联系水平（O）的评价层面

站点与站域联系水平评价主要表征的是轨道交通站点与站域之间的联系程度，与

"节点—场所—联系"模型中的"联系"价值对应，反映 TOD 的导向性，体现了站点与站域之间以人类活动为核心的相互联系，包括道路、换乘、步行等。站点与站域联系水平体现了公交优先、适宜步行和利于换乘、便捷可达的 TOD 建设发展目标。

1）站域可达性（O1）：是指区域内的道路和换乘情况，包括往返站点和站域，甚至更大范围内的可达性和便捷性。站域可达性是 TOD 辐射带动能力的体现，也是站域内使用各种交通方式便捷程度的体现，并影响着人们对公共交通的使用意愿。站域可达性通过公交站点数（O11）、公交方向数（O12）、停车场个数（O13）、交叉口密度（O14）、绕行系数（O15）5 个三级指标进行量化。

2）设施步行可达性（O2）：表示从轨道交通站点到达各类设施的便捷程度。人们对设施的使用意愿受到设施步行可达性的影响，只有在设施配置完备且方便可达的情况下，才能真正吸引人们去使用，从而提高设施使用效率，增强区域活力。设施步行可达性通过到居住地的距离（O21）、到商业商务设施的距离（O22）、到医疗卫生设施的距离（O23）、到文化教育设施的距离（O24）、到公交站点的距离（O25）、到开敞空间的距离（O26）6 个三级指标进行量化。

3）慢行交通友好性（O3）：表示站域内步行的友好程度。TOD 理念要求具有良好的步行系统，为行人创造舒适的步行环境。站域中良好的步行环境可以降低居民对小汽车的消费，进而提高公共交通利用率，同时还可以增强公共空间的吸引力，改善区域环境质量并让居民产生对城市更大的认同感。慢行交通友好性通过慢行交通线路长度（O31）、街区尺寸（O32）2 个三级指标进行量化。

基于 TOD 理论、"节点—场所—联系"模型以及上述因素的分析，选取 31 个三级指标，从站点交通服务水平、站域开发水平、站点与站域联系水平三大维度出发，构建三级指标体系，形成居住型站点 TOD 效能的评价体系，对居住型站点 TOD 效能现状进行评价，如表 5-1。

表 5-1 居住型站点 TOD 效能的评价体系

指标	一级指标	二级指标	三级指标
TOD 效能评价	站点交通服务水平（节点）评价（T）	客运强度（T1）	日发车班次（T11）
			日客流量（T12）
			出入口数量（T13）
		连通性（T2）	可达站点数（T21）
			轨道线路数（T22）
			度中心性（T23）
	站域开发水平（场所）评价（D）	土地利用（D1）	土地开发强度（D11）
			土地开发集中度（D12）
			用地建设成熟度（D13）
			土地利用多样性（D14）
			功能混合度（D15）
		人口（D2）	人口数量（D21）
			居住人口密度（D22）
		设施（D3）	公共服务 POI 密度（D31）
			公共服务集中度（D32）
			经营性服务设施建筑面积（D33）
			公益性服务设施建筑面积（D34）
			行政性服务设施建筑面积（D35）
	站点与站域联系水平(联系)评价（O）	站域可达性（O1）	公交站点数（O11）
			公交方向数（O12）
			停车场个数（O13）
			交叉口密度（O14）
			绕行系数（O15）
		设施步行可达性（O2）	到居住地的距离（O21）
			到商业商务设施的距离（O22）
			到医疗卫生设施的距离（O23）
			到文化教育设施的距离（O24）
			到公交站点的距离（O25）
			到开敞空间的距离（O26）
		慢行交通友好性（O3）	慢行交通线路长度（O31）
			街区尺寸（O32）

5.1.2 评价体系指标的解读及计算方法

5.1.2.1 站点交通服务水平

从站点本身和轨道交通网络出发，其反映站点交通的服务水平和服务质量，体现"节点—场所—联系"模型中的"节点"价值。站点交通服务水平主要从客运强度和连通性 2 个维度进行测度。

（1）客运强度

客运强度表示轨道交通站点本身客运能力的强弱，反映轨道交通站点承接客流量以及集散水平，以日发车班次、日客流量、出入口数量 3 个指标衡量客运强度。

1）日发车班次是指一天经过轨道交通站点的总发车班次。其代表了站点与客流接触的次数，日发车班次越多，人们候车的时间越短，站点可接触到的客流量也越大。

2）日客流量是指一天进出轨道交通站点的客流总量。轨道交通日客流量直观反映站点的总客运量，轨道交通日客流量越多，表示轨道交通站点的集散能力越强，站点活力越高，交通能力也越强。

3）出入口数量是指站点进行客流集散的出入口数量。出入口越多，说明站点越易向外集散客流，且使用轨道交通站点的便捷程度以及与站域的结合度越高，人们可选择的出入口较多，便于人们选择最邻近的出入口。

（2）连通性

连通性表示轨道交通站点在轨道交通网络中，与其他站点的联系以及所处的交通区位，反映了轨道交通站点在轨道交通网络中的可达性和重要性。以可达站点数、轨道线路数、度中心性 3 个指标衡量连通性。

1）可达站点数是指在 20 分钟内，通过轨道站点网络可到达的站点总数。可达站点数越多，表明通过该站点到达其他站点区域越便捷，反映了站点在轨道站点网络中的辐射能力。

2）轨道线路数是指经过轨道交通站点的线路数量。不同的线路一般来自不同的方向，故通过轨道交通站点的线路数量越多，表明通过站点去往城市不同方向的区域越便利，同时线路越多，也表明轨道交通站点的交通能力越强。

3）度中心性表示站点在轨道交通网络中的重要程度，以及该轨道交通站点在轨道交通网络中的地位。度中心性越高，该轨道交通站点在轨道交通网络中越重要。

表 5-2 为站点交通服务水平（节点）指标解读。

表 5-2　站点交通服务水平（节点）指标解读

一级指标	二级指标	三级指标	三级指标定义	指标公式
站点交通服务水平	客运强度	日发车班次	轨道交通站点每日始发或者途经的总发车班次	
		日客流量	一天进出轨道交通站点的总客流量	
		出入口数量	轨道交通站点拥有的出入口数量	
	连通性	可达站点数	从轨道交通站点出发，在20分钟内不同方向能够到达的轨道交通站点的总数	
		轨道线路数	通过该轨道站点的轨道线路的数量	
		度中心性	在轨道交通网络中的重要程度	$DC_i = \dfrac{k_i}{N-1}$ 其中：k_i 表示现有的与节点相连的边的数量；$N-1$ 表示节点与其他节点都相连的边的数量

5.1.2.2　站域开发水平

居住型站点周边具有不同功能和类型的用地与设施，这些是 TOD 建设与发展的基础，也代表着站域的开发程度和发展水平。站域开发水平体现了"节点—场所—联系"模型中的"场所"价值，从土地利用、人口和公共服务设施 3 个维度对其进行评价（表 5-3）。

（1）土地利用

土地利用反映了轨道交通站域的用地开发和建设情况，直接影响着轨道交通站点和周边空间的协同程度以及人们对于轨道交通工具的利用率，并在一定的程度上决定了 TOD 效能。以土地开发强度、土地开发集中度、用地建设成熟度、土地利用多样性、土地功能混合度 5 个指标评价土地利用。

1）土地开发强度反映站域是否最大限度地利用土地资源。站域开发强度表现为以站点圈层式为中心呈梯度递减的趋势，通常用容积率来表示土地开发强度。高强度开发可以提高土地和空间利用效率并拉动区域发展，但过高的开发强度同样会对站域空间环境质量产生负面的影响，造成交通拥堵、环境压抑等，所以应将开发强度限制在适宜的范围之内，以达到土地开发强度和站域空间环境质量之间的均衡。

2）土地开发集中度表示站域土地开发的集中程度，用 300 米范围内的建筑面积占站域 500 米范围内的总建筑面积来度量。根据 TOD 理想模型，轨道交通站点附近的土地经济价值与建筑密度、土地利用效率呈正相关的关系，故越靠近轨道交通站点，开发集中程度越高。因此，利用土地集中度这一指标，可以对居住型站点的建设集中度以及 TOD 核心地区的建设完备性和开发潜力进行量化评估。

3）用地建设成熟度是指站域已建设用地占全部用地的比重，反映了站域空间开发的建设程度。当用地建设成熟度较低时，表明该地区未来具有较高的开发潜力；当用地建设成熟度较高时，表明地区的大部分用地已进行开发与建设，未来则需侧重于城市空间质量的提升。

4）土地利用多样性是指轨道交通站点周边土地利用功能类型的丰富程度。开发建设多样化用地和功能是创造 TOD 区域的重要前提，通过为居民提供多样化的设施、就业和购物等机会来降低居民对小汽车出行的依赖，从而有效减少居民出行次数和距离。鉴于研究对象是居住型站点，且不同类型的土地对 TOD 效能的影响存在差异，因此剔除了非建设土地。参考《浙江省国土空间规划分区分类指南》，选择居住用地、公共管理与公共服务用地、商业服务业用地、工矿用地、仓储用地、交通运输用地、公用设施用地、绿地与开敞空间用地等建设用地。指标采用吉布斯·马丁多样化指数（GM）。

5）土地功能混合度是指不同功能、不同性质的用地的混合程度，是在土地功能多样的基础上，确保各功能分布较为分散混合。为了有效减少居民的出行距离，需要采用分散混合不同功能和性质的用地，以提高居民到达各类用地的可达性，并缩小到达各类设施的距离，从而促进用地的紧凑布局。土地功能混合度采用混合熵指数（H）表征。

（2）人口

人口体现了轨道交通站点周边各类设施的使用频率和街道的活力，是 TOD 形成和发展的活力源泉，是站域开发水平的重要体现，以居住人口数量和居住人口密度 2 个指标衡量人口。

1）居住人口数量反映站域内居住人口的数量。较高的人口数量为公共交通高质量发展提供了保障与支持。居住人口的数量越多，表明居住在站域的人口数越多，站点居住功能越突出。

2）居住人口密度则反映了轨道交通站点周边人口分布的紧密程度，一定的程度上反映了人们的居住质量。居住人口密度应该保持在一个合理的范围之内。

（3）公共服务设施

公共服务设施的完备程度和多样性影响着站域对于人群的吸引力，是站域高质量发展的必备要素。从设施数量和面积两个角度出发，以公共服务设施 POI 数量、公共服务集中度、经营性服务设施建筑面积、公益性服务设施建筑面积、行政性服务设施建筑面积 5 个指标进行衡量。

1）公共服务设施 POI 数量反映了站域内的设施数量。TOD 内人群对设施的多样化需求，会促进设施的完善，使得人们进行经济活动的频率也会越频繁，经济发展水平得到提高。

2）公共服务集中度表示站域内设施的集中程度，体现 TOD 理念中梯度化开发强度的特征。设施集中度越高，则表明距离站点越近，开发强度越高，空间利用率越高。

3）设施面积包括经营性服务设施建筑面积、公益性服务设施建筑面积、行政性服务设施建筑面积。经营性服务设施是以经营利润作为投资建设的根本目标，主要包括商业设施、金融设施等。公益性服务设施是为居住片区居民提供相关的社会福利，主要包括教育设施、医疗卫生、文化教育等。行政性服务设施更加趋于综合功能，主要包括社区设施、行政管理、市政公用等。各类服务设施的建筑面积反映了站域中各类设施的建设情况以及各类设施配置的完备程度。

表 5-3 站域开发水平（场所）的指标解读

一级指标	二级指标	三级指标	三级指标的定义	指标公式
站域开发水平	土地利用	土地开发强度	站域（轨道站点 500 米范围内，下同）土地的容积率，即地上总建筑面积与用地面积的比值	$FAR = \dfrac{Q}{S}$ 其中，FAR 为容积率，Q 为轨道站点 500 米范围内的建筑面积之和，S 为轨道站点 500 米范围内的总用地面积
		土地开发集中度	轨道站点 300 米范围内的建筑面积占站域 500 米范围内总建筑面积的比例	
		用地建设成熟度	站域内已建设用地占全部用地的比例	
		土地利用多样性	站域土地利用结构的多样化	$GM = 1 - \dfrac{\sum\limits_{i=1}^{n} X_i^2}{\left(\sum\limits_{i=1}^{n} X_i\right)^2}$ 其中，X_i 为第 i 种土地利用类型的面积；n 表示研究区土地利用类型数
		土地功能混合度	站域土地利用类型的复杂程度	$H = -\sum\limits_{i=1}^{m} p_i \ln p_i$ 其中，p_i 是第 i 类型土地利用结构所占全部土地利用类型面积的比例；m 为土地利用结构类型的数目
	人口	居住人口数量	站域居住人口的数量	
		居住人口密度	站域住宅区人口的密度（毛）	住宅区人口的密度（毛）= 住宅区总人口 / 住宅区总用地面积
	公共服务设施	公共服务设施 POI 数量	站域公共服务 POI 数量	
		公共服务集中度	站点 300 米范围内的 POI 数量占站域全部 POI 数量的比例	
		经营性服务设施建筑面积	站域经营性服务设施的建筑面积	
		公益性服务设施建筑面积	站域公益性服务设施的建筑面积	
		行政性服务设施建筑面积	站域其他服务设施的建筑面积	

5.1.2.3　站点与站域联系水平

站点与站域联系水平是轨道交通站点与站域间人流活动的反映，通过以人流活动为核心联系节点和场所，体现了"节点—场所—联系"模型中的"联系"价值。人流活动包括居民离开居住小区后通过轨道交通站点出行，人们离开轨道交通站点后在站点周边区域（场所）利用医疗、教育、零售等各类设施等。而人流活动反映在站点与周边地区的连通程度、到各类公共服务设施的可达性以及站点地区的可步行性。因此，本研究从站域可达性、设施步行可达性、慢行交通友好性来评价站点与站域联系水平（表 5-4）。

（1）站域可达性

站域可达性表征人们从轨道交通站点到达站域的便捷程度。可达性越高，人们越倾向于通过轨道交通站点到达周边区域，站点和站域联系也越紧密。可达性主要体现在道路网络、公共交通换乘、接驳服务水平等方面。以公交站点数、公交方向数、停车场个数、交叉口密度、绕行系数 5 个指标评价站域可达性。

1）公交站点数和方向数表示通过轨道交通换乘公交系统的便捷程度及可达性。站域内的公交站点数和方向数越多，表明通过换乘公交系统越方便到达其他区域，进而提高居民使用公共交通系统的意愿。

2）停车场个数反映了站点内进行私家车停车的方便程度，在一定的程度上影响人们换乘轨道交通等公共交通的意愿。

3）交叉口密度表明站域内的路网密度。交叉口密度越小，站域路网密度越小，越便于人们转向，在站域内采取步行、自行车等出行也越便利。

4）绕行系数反映人们从站点出发，到达站域的便捷程度。绕行系数越接近 1，表明站点与站域的往返越方便，人们越容易选择轨道交通出行。

（2）设施步行可达性

设施步行可达性是指人们从站点到达特定设施或场所的平均距离。步行到达各类设施的距离越短，越有利于设施使用效率的提升、街区活力的强化。以到居住地的距离、到商业商务设施的距离、到医疗卫生设施的距离、到文化教育设施的距离、到公交站点的距离、到开敞空间的距离 6 个指标评价设施步行可达性。

（3）慢行交通友好性

慢行交通友好性反映步行友好的程度。站点与站域通过慢行交通进行联系的可能性与其良好的步行条件密切相关，慢行交通越友好，人们步行出行的可能性越高。以慢行交通线路长度、街区尺寸 2 个指标进行评价。

1）慢行交通线路长度表明人们可以舒适安全步行的长度。如果慢行交通线路长度不足，外出步行缺乏安全保障和舒适性，则人们选择步行出行的意愿会降低，街道活力减弱，公共交通出行的吸引力下降。

2）街区尺寸体现了各功能区块和道路的接触长度。"小街区，密路网"有利于人们选择步行的方式到达各个区域。

表 5-4　站点与站域联系水平（联系）的指标解读

一级指标	二级指标	三级指标	三级指标定义	指标公式
站点与站域联系水平	站域可达性	公交站点数	站域（站点 500 米影响范围内，下同）公交站的数量	
		公交方向数	站域公交站的方向数量	
		停车场个数	站域停车场的数量	
		交叉口密度	站域道路网络联的结程度	$$J = \frac{\sum_{i=1}^{n} m_i}{N} = \frac{2M}{N}$$ 式中，J 为道路网连结度；N 为道路网总节点数；m_i 为第 i 节点邻接的边数；M 为网络总边数（路段数）
		绕行系数	站域实际出行起讫点路径的距离与欧拉距离（即直线距离）的比值的平均	$$P = \frac{\sum_{i=1}^{n} \frac{E_i}{L_i}}{n}$$ 其中，P 为绕行系数，E 为欧拉距离；L 为实际出行起讫点路径距离；n 为所取的线路条数
	设施步行可达性	到居住地的距离	站点到居住区的平均距离	
		到商业商务设施的距离	站点到商业商务设施的平均距离	
		到医疗卫生设施的距离	站点到医疗卫生设施的平均距离	
		到文化教育设施的距离	站点到文化教育设施的平均距离	
		到公交站点的距离	站点到公交站点的平均距离	
		到开敞空间的距离	站点到开敞空间的平均距离	
	慢行交通友好性	慢行交通线路长度	站域人行道铺装的长度与非机动车道的长度	
		街区尺寸	站域平均街区尺寸	

5.1.3　数据处理与权重确定

5.1.3.1　数据标准化的处理

TOD 效能评价体系中的各类数据主要通过向有关部门申请或者开源平台获取，数据的来源见表 5-5。

表 5-5　居住型站点 TOD 效能评价体系的数据来源

数据内容	数据形式	数据来源
轨道交通出入口的数量、日发车班次、可达站点数、轨道线路数、度中心性	GIS 矢量文件	高德地图 https：//www.amap.com/
轨道交通日客流量	统计数据	杭州地铁
土地利用数据	GIS 矢量文件	杭州市规划和自然资源局信息中心
人口数量	统计数据	杭州市规划和自然资源局信息中心
居住人口密度		
公共服务 POI 数据	GIS 矢量文件	高德开发平台 https：//lbs.amap.com/
服务设施建筑面积数据	GIS 矢量文件	天地图 http：//lbs.tianditu.gov.cn/data/dataapi.html
公交数据	GIS 矢量文件	高德地图 https：//www.amap.com/
停车场个数		
道路数据	GIS 矢量文件	Open Street Map https：//www.openstreetmap.org/
到设施点的距离数据	GIS 矢量文件	高德开发平台 https：//lbs.amap.com/ Open Street Map https：//www.openstreetmap.org/

由于不同的数据来源通常会导致评价指标往往具有不同的量纲和量纲单位，这样的情况会影响到数据分析的结果。故为了让这些数据可以直接用于综合评价，需要采用标准化方法来消除差异。通过数据的标准化将原始各指标数据按比例缩放，去除数据的单位限制，将其转化为无量纲的纯数值，便于不同单位或量级的指标能够进行比较和加权。本研究基于 TOD 效能评价体系的 31 个指标数据，将数据统一映射到 [0，1] 区间上，即归一化方法，形成无量纲的指标值。

首先在各自的论域上确定数值的最大值 $u_{\max}$ 和最小值 $u_{\min}$，然后采取三种归一化的方法：正向化、逆向化、区间化。

（1）对于越大越优的指标，采取正向化方法，设对应指标集为 U_1。对于任意 $u_i \in U_1$，归一化公式为：$r_i = \dfrac{u_i - u_{\min}}{u_{\max} - u_{\min}}$。

（2）对于越小越优的指标，采取逆向化方法，设对应指标集为 U_2。对于任意 $u_i \in U_2$，归一化公式为：$r_i = \dfrac{u_{\max} - u_i}{u_{\max} - u_{\min}}$。

（3）对于某一固定值为最优时，采用区间化方法，设对应指标集为 U_3，最优值为 u_g。

对于任意 $u_i \in U_3$，归一化公式为：当 $u_i \in [u_{\min}, u_g]$ 时，$r_i = \dfrac{u_i - u_{\min}}{u_g - u_{\min}}$；当 $u_i \in [u_g, u_{max}]$ 时，$r_i = \dfrac{u_i - u_{\max}}{u_g - u_{\max}}$。

根据上述三种归一化方法，对于本研究中的 TOD 效能评价体系的 31 项指标，采取的方法见表 5-6。其中，居住人口密度参考《城市居住区规划设计标准》（GB50180—2018）中十分钟生活圈的居住密度 254.6 人 / 公顷为最优值，采取区间化方法；到居住地的距离则参考邻里型 TOD 模型，距离站点 200~500 米范围内的居住区均被认为最优，若到居住地的距离在 0~200 米范围内，则越大越优，采取正向化方法。

表 5-6　居住型站点 TOD 效能评价体系指标的归一化方法

指标名称	归一化方法	指标名称	归一化方法
出入口数量	正向化	公益性服务设施建筑面积	正向化
日发车班次	正向化	行政性服务设施建筑面积	正向化
日客流量	正向化	公交站点数	正向化
可达站点数	正向化	公交方向数	正向化
轨道线路数	正向化	停车场个数	正向化
度中心性	正向化	交叉口密度	正向化
土地开发强度	正向化	绕行系数	逆向化
土地开发集中度	正向化	到居住地的距离	正向化
用地建设成熟度	正向化	到商业商务设施的距离	逆向化
土地利用多样性	正向化	到医疗卫生设施的距离	逆向化
土地功能混合度	正向化	到文化教育设施的距离	逆向化
人口数量	正向化	到公交站点的距离	逆向化
居住人口密度	区间化	到开敞空间的距离	逆向化
公共服务 POI 密度	正向化	慢行交通线路长度	正向化
公共服务集中度	正向化	街区尺寸	逆向化
经营性服务设施建筑面积	正向化		

5.1.3.2　权重方法的选取

居住型站点 TOD 效能评价是一个复杂的多指标综合评价，而在多指标综合评价中，合理解决指标权重系数是一个关键问题。常见的指标权重系数的确定方法，一般分为主观赋权法、客观赋权法、主客观集成赋权法。主观赋权法包括德尔菲法、层次分析法、比较加权法等；客观赋权法包括均方差法、主成分分析法、熵值法等；主客观集成赋权法包括线性加权单目标最优化法、组合赋权法等。

在评价方法的选取过程中，主观赋权法可以根据决策者的意图来确定权重，但客观性相对较差，主观性相对较强；客观赋权法有着客观的优势，但不能反映出参与决策者对不同指标的重视程度，并且会有一定的权重和与实际指标相反的程度；主客观集成赋权法将主观赋权法和客观赋权法结合起来，力求将主观随机性控制在一定的范围内，实现主客观赋权中的中正。而判断一组权数的合理与否并不能根据其是否采用主观赋权、客观赋权还是主客观集成，而应该看其是否准确反映了评权对象的真实的重要性程度。同时，结合 TOD 效能评价体系指标较为庞大的体系递阶层次结构、指标数据众多等特点，经过文献查阅和调查、分析、总结，最终选取将模糊法与层次分析法的优势结合起来形成的模糊层次分析法作为权重的确定方法，认为其能够科学反映各指标在指标体系中的重要程度；并结合专家问卷调查方法，向 21 位城市规划、交通等多领域专家发放调查问卷，获得专家对于指标相对重要性的判断。

5.1.3.3　模糊层次分析法的原理与应用

层次分析法（AHP）是由美国著名运筹学家，匹兹堡大学 Thomas L. Saaty 于 20 世纪 70 年代初创立，将与决策有关的元素分解成目标、准则、方案等层次，在此基础之上进行定性和定量分析的决策方法。其特点是将人的主观判断过程数学化、思维化，以便使决策依据易于被人接受，因此，更能适合复杂的社会科学领域的情况。其基本思想是在对多目标评价问题的性质和总目标进行深入分析后，将其逐层分解为一个包含各项影响因素的层次结构模型，利用较少的定量信息，然后对任意元素相对于上一层某元素的重要性进行两两比较，最后得出底层影响因素对于总目标的作用。

但是，通过实践与分析，层次分析法存在一些不足之处，其中，最大的问题是当某一层次评价指标很多（如 4 个以上）时，其思维一致性很难保证且一致性检验非常复杂和困难。在这种情况下，Thomas L. Saaty 教授将模糊法与层次分析法的优势结合起来后形成模糊层次分析法（FAHP）。其将能很好地解决这一问题。模糊层次分析法改进了传统层次分析法存在的问题，提高了决策的可靠性。模糊层次分析法的基本思想和步骤与 AHP 的步骤基本一致，但仍有以下两方面的不同点：①建立的判断矩阵不同。在 AHP 中是通过元素的两两比较来建立判断一致矩阵，而在 FAHP 中通过元素的两两比较来建立模糊一致判断矩阵。②求矩阵中各元素的相对重要性的权重的方法不同。

采用专家打分法来构造模糊一致判断矩阵。运用专家打分法，由 21 名专家根据其多年的实践经验对各个指标的重要程度进行两两比较，综合处理后得到各层指标的模糊一致判断矩阵。

模糊层次分析法的评价步骤如下。

（1）建立多级（多层次）递阶结构模型。

对需要解决问题的特征及系统目标进行分析，将问题分解为不同的基本组成要素，构建多级（多层次）递阶结构模型，通常多级（多层次）递阶结构模型可分为：目标层、准则层和指标层。

目标层：是指需要解决的问题的总目标或者决策的目的。

准则层：包括为实现目标所涉及的中间环节，它可以由若干层次组成，包括所需要考虑的准则、子准则，可分为准则层、指标层等。

指标层：这一层次包括了为实现目标可供选择的各种措施、决策方案等，因此也称为方案层。

（2）对同一层次（等级）的要素以上一级的要素为准则进行两两比较，并根据表5-7中所示的数量标度用专家打分法给出，综合处理后得到模糊一致判断矩阵。

$S = (u_{ij})_{n*n}$，n 个评价指标。

表 5-7　模糊层次分析法的数量标度

标度	说明
0.9/0.1	一元素比另一元素极其重要，或极其不重要
0.8/0.2	一元素比另一元素非常重要，或非常不重要
0.7/0.3	一元素比另一元素较为重要，或较为不重要
0.6/0.4	一元素比另一元素稍微重要，或稍微不重要
0.5	两元素相比较，同等重要

得到判断矩阵：

$$s = \begin{bmatrix} u_{11} & u_{12} & \cdots & u_{1n} \\ u_{21} & u_{22} & \cdots & u_{2n} \\ \vdots & \vdots & & \vdots \\ u_{n1} & u_{n2} & \cdots & u_{nn} \end{bmatrix}$$

若按上表进行标度，而且满足 $u_{ji} = 1 - u_{ij}$，则为模糊一致判断矩阵，即不用再去检验矩阵的一致性。

（3）通过一定的计算，确定各要素的相对重要度，即权重。

根据模糊一致判断矩阵，可求得各层元素的权重值 w_i。

$$w_i = \frac{1}{n} - \frac{1}{2a} + \frac{1}{na} \times \sum_{k=1}^{n} r_{ki}$$

其中，n 为集合 S 的阶数，$\alpha = (a-1)/2$。

（4）通过综合重要度的计算，得到最底层指标相对于最高层即总目标的指标权重。

5.1.3.4　权重的计算与分析

通过收集21位专家的调查问卷，获取专家对于各项指标重要性的判断，再利用模糊层次分析法进行计算，得出各指标权重。具体见表5-8。

表 5-8　居住型站点 TOD 效能评价体系的各指标权重

指标	一级指标	权重	二级指标	权重	三级指标	权重	最终权重
TOD 效能评价	站点交通服务水平评价	0.339	客运强度	0.486	出入口数量	0.314	0.052
					日发车班次	0.340	0.056
					日客流量	0.346	0.057
			连通性	0.514	可达站点数	0.351	0.061
					轨道线路数	0.320	0.056
					度中心性	0.329	0.057
	站域开发水平评价	0.320	土地利用	0.334	土地开发强度	0.197	0.021
					土地开发集中度	0.192	0.021
					用地建设成熟度	0.201	0.021
					土地利用多样性	0.205	0.022
					土地功能混合度	0.205	0.022
			人口	0.327	人口数量	0.490	0.051
					居住人口密度	0.510	0.053
			公共服务设施	0.338	公共服务 POI 密度	0.208	0.022
					公共服务集中度	0.208	0.022
					经营性服务设施建筑面积	0.210	0.023
					公益性服务设施建筑面积	0.193	0.021
					行政性服务设施建筑面积	0.181	0.020
	站点与站域联系水平评价	0.341	站域可达性	0.344	公交站点数	0.211	0.025
					公交方向数	0.197	0.023
					停车场个数	0.195	0.023
					交叉口密度	0.195	0.023
					绕行系数	0.203	0.024
			设施步行可达性	0.340	到居住地的距离	0.172	0.020
					到商业商务设施的距离	0.175	0.020
					到医疗卫生设施的距离	0.165	0.019
					到文化教育设施的距离	0.159	0.018
					到公交站点的距离	0.174	0.020
					到开敞空间的距离	0.154	0.018
			慢行交通友好性	0.316	慢行交通线路长度	0.494	0.053
					街区尺寸	0.506	0.055

（1）一级指标

一级指标权重中，3个指标的权重基本相等，说明三者在TOD效能建设中均具有重要的地位。相对来说，站点与站域联系水平更为重要，对TOD效能的影响最大，其次是站点交通服务水平与站域开发水平。

（2）二级指标

站点交通服务水平中，连通性的权重略高于客运强度，在站点交通服务水平中连通性的影响更大。站域开发水平中，土地利用、人口、公共服务设施的权重基本相同，对于站域开发水平的影响相差不大。站点与站域联系水平中，站域可达性和设施步行可达性的权重较大，对于站点与站域联系强弱的影响较大，慢行交通友好性相对较弱。

（3）三级指标

在站点交通服务水平层面，客运强度中日客流量的权重较大，对于客运强度的影响较大，出入口数量的权重较小；连通性中可达站点数的权重最大，对于连通性的影响最大。

在站域开发水平层面，土地利用中的土地开发强度、土地开发集中度等5项指标权重相差不大，土地利用多样性和土地功能混合度的权重相对较大；人口中居住人口密度的权重较大，体现了对于居住型站点中的居住密度的关注；公共服务设施中经营性服务设施建筑面积的权重值最高，能够较好地反映TOD的设施建设效能，其次是公共服务POI密度以及公共服务集中度。

在站点与站域联系水平层面，站域可达性中的公交站点数、绕行系数相对的权重较高；设施步行可达性中的到达商业商务设施的距离、到公交站点的距离的权重较高，较好地反映了TOD理念中的公交优先以及商业商务设施的重要性；慢行交通友好性中的街区尺寸的权重较高。

三级指标的最终权重值，以客运强度的3个指标、连通性的2个指标、人口的2个指标和慢行交通友好性的2个指标相对较大，均在0.05以上，其他三级指标的最终权重值均在0.020左右。

基于专家调查法和模糊层次分析法所得出的权重，与TOD理念、原则以及评价目标基本吻合，能够较好地反映居住型站点TOD效能评价体系中不同评价指标的重要性和影响程度。

5.2 杭州市居住型站点TOD效能的评价

5.2.1 测定对象

5.2.1.1 测定范围

在《杭州市建设交通强国示范城市行动计划（2020—2025年)》中，明确提出了杭州要落实 TOD 发展理念，加强规划保障衔接，加强轨道沿线用地规划控制及站点周边用地的开发。因此，作为人们通勤重要节点的居住型站点 TOD 开发与建设也就尤为重要。为了更好地研究杭州居住型站点现状 TOD 效能和开发建设的情况，选择杭州建成时间较久、开发相对成熟的地铁 1 号线、2 号线、4 号线的居住型站点（图 5-1）为研究对象，研究范围为地铁站域 500 米的范围。

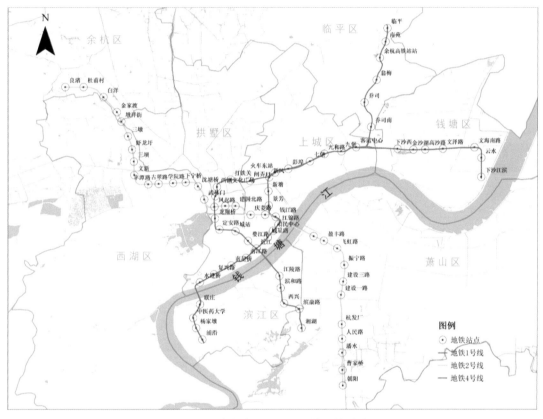

图 5-1　杭州市 1、2、4 号线地铁站点

5.2.1.2　筛选方法

根据土地利用三调数据和客流数据，在地铁 1 号线、2 号线、4 号线中对居住型站点进行筛选。筛选准则为：

（1）根据杭州市地铁 1 号线、2 号线、4 号线站点周边 500 米范围内的用地现状，筛选出站域内居住用地占所有建设用地的比重超过 40% 的站点。

（2）根据杭州地铁进出闸机记录的日客流数据，其客流呈现明显的早晚高峰钟摆型特征，早高峰进站的客流量高于出站的客流量，晚高峰进站的客流量低于出站的客流量的站点。

图 5-2 为居住型站点客流特征示意图。图 5-3 为被筛选的居住型站点分布图。根据上述准则，筛选出 41 个居住型站点，如表 5-9。

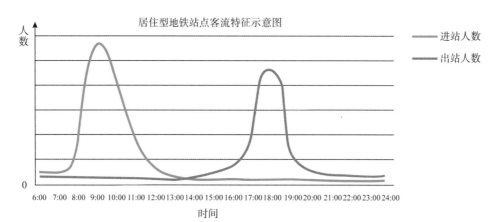

图 5-2　居住型站点客流特征示意图

表 5-9　被筛选的居住型站点一览表

序号	站点	所属线路	开通年份	序号	站点	所属线路	开通年份
1	白洋站	2 号线	2017	22	彭埠站	1 号线	2012
2	滨和路站	1 号线	2012	23	浦沿站	4 号线	2018
3	滨康路站	1 号线	2012	24	七堡站	1 号线	2012
4	曹家桥站	2 号线	2014	25	乔司站	1 号线	2012
5	朝阳站	2 号线	2014	26	乔司南站	1 号线	2012
6	打铁关站	1 号线	2012	27	庆菱路站	2 号线	2017
7	杜甫村站	2 号线	2017	28	人民路站	2 号线	2014
8	墩祥街站	2 号线	2017	29	三坝站	2 号线	2017
9	飞虹路站	2 号线	2014	30	三墩站	2 号线	2017
10	丰潭路站	2 号线	2017	31	文新站	2 号线	2017
11	复兴路站	4 号线	2018	32	翁梅站	1 号线	2012
12	高沙路站	1 号线	2015	33	婆江路站	1 号线	2012
13	杭发厂站	2 号线	2014	34	西兴站	1 号线	2012
14	建国北路站	2 号线	2017	35	下沙江滨站	1 号线	2015
15	金家渡站	2 号线	2017	36	湘湖站	1 号线	2012
16	金沙湖站	1 号线	2015	37	新风站	1 号线	2012
17	联庄站	4 号线	2018	38	杨家墩站	4 号线	2018
18	良渚站	2 号线	2017	39	云水站	1 号线	2015
19	临平站	1 号线	2012	40	闸弄口站	1 号线	2012
20	南苑站	1 号线	2012	41	振宁路站	2 号线	2014
21	潘水站	2 号线	2014				

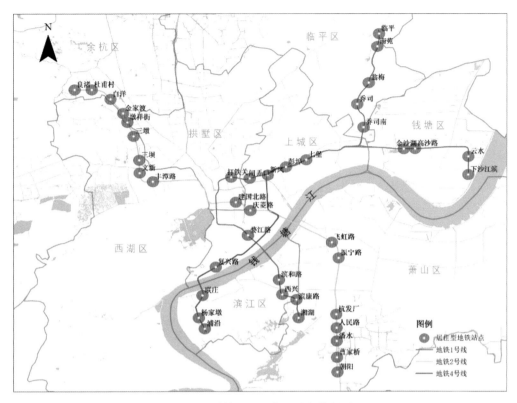

图 5-3　被筛选的居住型站点分布图

5.2.2　站点交通服务水平的评价

5.2.2.1　客运强度

（1）日发车班次

不同线路的日发车班次（图 5-4）存在差异，日发车班次较多的有彭埠站、打铁关站、滨康站、建国北路站、三坝站，均为两条及以上线路的换乘站。对于 1 号线往临平和下沙方向的分支线路，日发车班次小于 300 列，相对偏少，说明从这两个方向来往城市中心的便捷度偏低，候车时间较长，对客流强度有一定的影响；1 号线客运中心站—湘湖站的日发车班次 400~1000 列左右，相对较多，表明城市中心来往于滨江地区较为便捷，与钱塘江南岸的联系程度较高。2 号线和 4 号线的日发车班次相差不大，其中，部分站点如三墩站、滨康路站等，由于存在多条地铁线路，日发车班次较多，达到 500 列以上。

（2）日客流量

日客流量（图 5-5）相对较多的有彭埠站、建国北路站、临平站、闸弄口站等，多为居住人口较多的站点，或者主要的换乘站。在空间上，城市中心区和行政分区中心的站点日客流量较大，较多站点的人数达到 25000 人以上；在不同线路的方向上，日客流量存在差距，往朝阳方向的 4 号线以及 2 号线的客流量较少，大部分在 6000~25000 人左右。

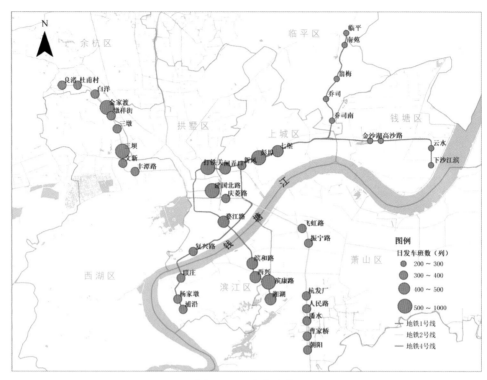

图 5-4　日发车班次

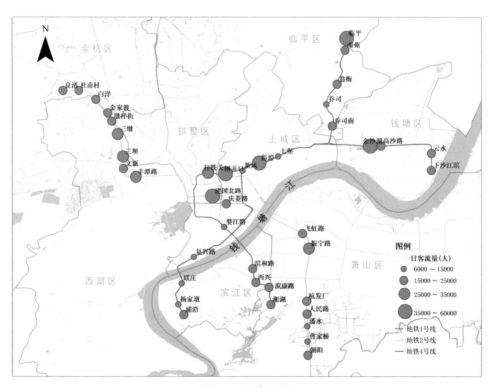

图 5-5　日客流量

（3）出入口数量

杭州居住型站点出入口数量（图 5-6）在 2~11 个之间，大部分站点的出入口数量在 4~6 个。其中，出入口数量 2~4 个的站点较多分布在客流量相对较少的钱塘江以南地区；出入口数量达到 9 个以上的站点多为行政分区的中心或多条轨道交通网络的交点，如临平站、三坝站、翁梅站、建国北路站等。

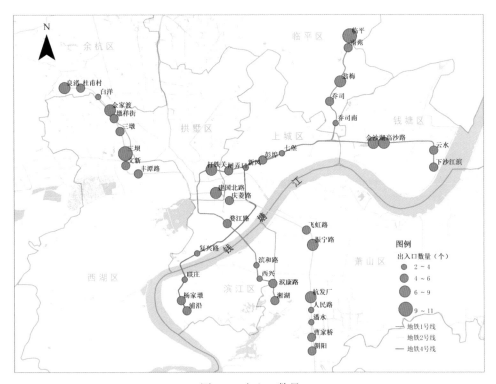

图 5-6　出入口数量

（4）小结

根据日发车班次、日客流量、出入口数量综合而得的客运强度（表 5-10）中，得分最高的站点为彭埠站，为 0.791；得分最低的为乔司站，为 0.070；平均得分为 0.299。平均数更加靠近低分值，说明大部分居住型站点的客运强度的得分较低，客运强度不高，很大程度上是受到潮汐客流的影响。

表 5-10　客运强度的排名

站点	客运强度的排名	客运强度	站点	客运强度的排名	客运强度
彭埠站	1	0.791	滨和路站	22	0.248
三坝站	2	0.740	文新站	23	0.246
打铁关站	3	0.671	飞虹路站	24	0.243

续表

站点	客运强度排名	客运强度	站点	客运强度排名	客运强度
建国北路站	4	0.648	浦沿站	25	0.230
临平站	5	0.533	白洋站	26	0.223
滨康路站	6	0.521	人民路站	27	0.208
金家渡站	7	0.503	西兴站	28	0.205
闸弄口站	8	0.438	朝阳站	29	0.204
振宁路站	9	0.368	七堡站	30	0.198
金沙湖站	10	0.368	下沙江滨站	31	0.198
丰潭路站	11	0.312	曹家桥站	32	0.182
三墩站	12	0.311	南苑站	33	0.172
良渚站	13	0.307	云水站	34	0.167
杭发厂站	14	0.295	潘水	35	0.152
翁梅站	15	0.293	杨家墩站	36	0.149
湘湖站	16	0.293	联庄站	37	0.147
婺江路站	17	0.267	新风站	38	0.130
高沙路站	18	0.263	乔司南站	39	0.102
墩祥街站	19	0.255	复兴路站	40	0.079
杜甫村站	20	0.254	乔司站	41	0.070
庆菱路站	21	0.253			

部分地铁站点的日客流量与发车班数存在不匹配的现象，最为突出的是往临平和下沙方向的 1 号线，其部分站点的客流量较高，达到 25000 人以上，如临平站、金沙湖站，但是发车班数低于 300 列/天，因此，容易导致站点内出现拥堵以及单位运输量较大的情况，进而降低地铁交通出行的舒适性，影响客运强度。

日客流量和出入口数量具有一定的正向相关性，相关性系数为 0.46，客流量大的站点包括换乘站点，拥有的出入口数量也较多，如临平站、三坝站等。

在空间上，客运强度得分前 10 名的站点集中于城市中心或行政分区的中心（图 5-7），排名 11~20 名的站点较多集中于城西地区，说明城西地区和城市中心的居住型站点的客流量和集散能力较好，人流往来频繁；客运强度得分在 21~30 名的站点大部分位于钱塘江南侧；客运强度得分后 11 名的站点，主要位于 1 号线靠近滨江区和临平、2 号线靠近萧山区、4 号线靠近钱塘区的线路末端，在客流强度上有待提升。

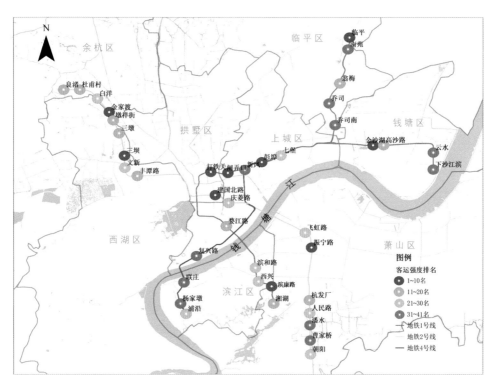

图 5-7　客运强度排名的分布图

5.2.2.2　连通性

（1）可达站点数（图 5-8）

地铁可达站点数由轨道交通网络中站点所处的位置和站点之间的地理距离所决定，靠近城市中心地区的居住型站点的可达站点数相对较高，20 分钟内可以到达 15~17 个站点，如庆菱路站、新凤站、文新站、三坝站、丰潭路站等。线路末端地区的站点的可达站点数较少，20 分钟内只能达到 7~9 个站点。

（2）轨道条数（图 5-9）

本次筛选出的居住型站点，大部分属于非换乘站，仅有一条轨道线路通过，共 35 个。只有 6 个站点为 2 条地铁线路通过，属于换乘站，包括三坝站、打铁关站、彭埠站、建国北路站、金家渡站和滨康路站。

（3）度中心性（图 5-10）

度中心性反映了居住型站点在轨道交通网络中的重要程度。换乘站点如三坝站、建国北路站、打铁关站、滨康路站等的度中心性较高，度中心性为 4，在网络中承担的作用更大；少数线路末端的站点，如良渚站、浦沿站等，度中心性较低，度中心性只有 1；其他站点的度中心性相同，均为 2。

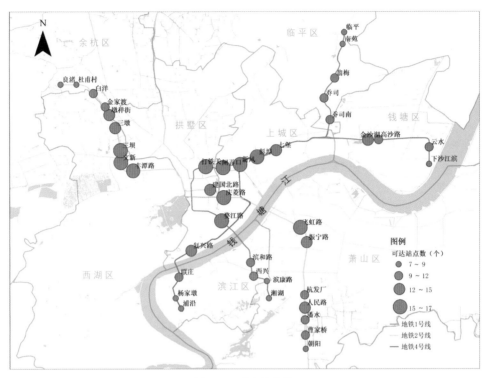

图 5-8 可达站点数

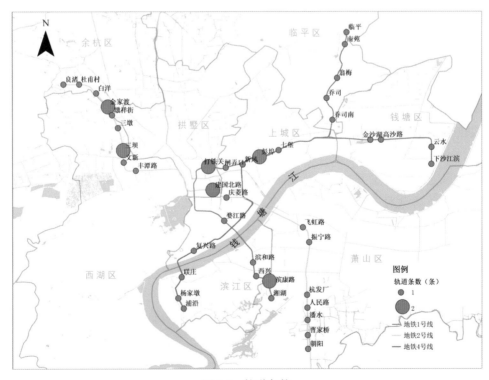

图 5-9 轨道条数

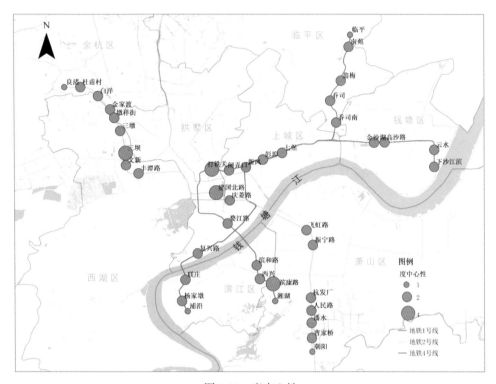

图 5-10　度中心性

（4）小结（图 5-11）

根据可达站点数、轨道条数、度中心性综合而得的连通性（图 5-11、表 5-11）中，得分最高的是三坝站，为 0.965 分；得分最低的是浦沿站，为 0 分，主要是由于浦沿站在连通性中 3 项三级指标均为 41 个居住型站点中的最低值。所有站点的平均得分为 0.319，连通性的平均得分相对偏低，并且连通性大于 0.5 的站点仅有 6 个，有三坝站、打铁关站、建国北路站、彭埠站等，其余居住型站点的连通性均偏低且相差不大。

站点连通性主要受到站点在轨道网络区位和通过站点轨道条数的影响，体现了强烈的中心性，故连通性得分前 10 名基本集中于城市的中心区，同时，城西地区的居住型站点也具有较好的连通性；连通性得分后 11 名主要分布在各地铁线路的末端，说明轨道网络仍有待优化，应加强整体轨道交通网络的建设，完善轨道交通网络，降低轨道交通网络的单中心性倾向，提升末端站点的连通性。

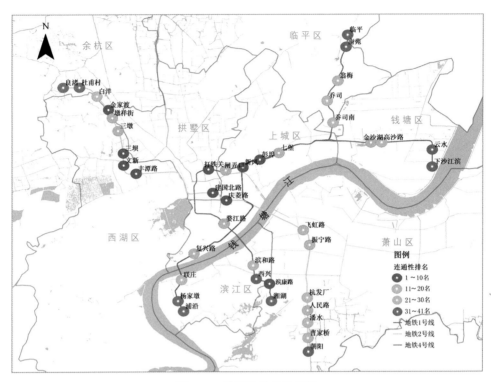

图 5-11 连通性排名分布图

表 5-11 连通性排名

站点	连通性排名	连通性	站点	连通性排名	连通性
三坝站	1	0.965	高沙路站	22	0.250
打铁关站	2	0.930	乔司南站	23	0.215
建国北路站	3	0.895	滨和路站	24	0.215
彭埠站	4	0.711	白洋站	25	0.215
滨康路站	5	0.684	潘水站	26	0.215
金家渡站	6	0.570	联庄站	27	0.215
文新站	7	0.460	乔司站	28	0.180
丰潭路站	8	0.425	翁梅站	29	0.180
庆菱路站	9	0.425	西兴站	30	0.180
新风站	10	0.425	曹家桥站	31	0.180
闸弄口站	11	0.390	云水站	32	0.145
婺江路站	12	0.390	杜甫村站	33	0.145
飞虹路站	13	0.390	南苑站	34	0.145

站点	连通性排名	连通性	站点	连通性排名	连通性
振宁路站	14	0.355	杨家墩站	35	0.110
三墩站	15	0.355	下沙江滨站	36	0.035
七堡站	16	0.355	朝阳站	37	0.000
墩祥街站	17	0.320	临平站	38	0.000
复兴路站	18	0.320	良渚站	39	0.000
金沙湖站	19	0.285	湘湖站	40	0.000
人民路站	20	0.285	浦沿站	41	0.250
杭发厂站	21	0.250			

5.2.2.3 站点交通服务水平

根据客运强度、连通性综合而得的站点交通服务水平中，各站点交通服务水平的差距较大，站点交通服务水平得分最高的站点是三坝站，为 0.856；其次为打铁关站、建国北路站、彭埠站等；最低的是浦沿站，为 0.112；另外有朝阳站、湘湖站、乔司站，见表5-12。居住型站点的站点交通服务水平整体偏低，平均得分为 0.309，标准差为 0.191，说明较多的居住型站点的站点交通服务水平靠近最低值，且两极分化的现象较为严重。

表 5-12　站点交通服务水平的排名及各指标分值

站点	一级指标：站点交通服务水平		二级指标（权重）	
	排名	分值	客运强度（0.486）	连通性（0.514）
三坝站	1	0.856	0.740	0.965
打铁关站	2	0.804	0.671	0.930
建国北路站	3	0.775	0.648	0.895
彭埠站	4	0.750	0.791	0.711
滨康路站	5	0.605	0.521	0.684
金家渡站	6	0.538	0.503	0.570
闸弄口站	7	0.414	0.438	0.390
丰潭路站	8	0.370	0.312	0.425
振宁路站	9	0.362	0.368	0.355
文新站	10	0.356	0.246	0.460

续表

站点	一级指标：站点交通服务水平		二级指标（权重）	
	排名	分值	客运强度（0.486）	连通性（0.514）
庆菱路站	11	0.342	0.253	0.425
三墩站	12	0.334	0.311	0.355
婺江路站	13	0.331	0.267	0.390
金沙湖站	14	0.325	0.368	0.285
飞虹路站	15	0.319	0.243	0.390
墩祥街站	16	0.288	0.255	0.320
新风站	17	0.282	0.130	0.425
七堡站	18	0.279	0.198	0.355
杭发厂站	19	0.272	0.295	0.250
临平站	20	0.259	0.533	0.000
高沙路站	21	0.256	0.263	0.250
人民路站	22	0.248	0.208	0.285
翁梅站	23	0.235	0.293	0.180
滨和路站	24	0.231	0.248	0.215
白洋站	25	0.219	0.223	0.215
复兴路站	26	0.203	0.079	0.320
杜甫村站	27	0.198	0.254	0.145
西兴站	28	0.192	0.205	0.180
潘水站	29	0.184	0.152	0.215
联庄站	30	0.182	0.147	0.215
曹家桥站	31	0.181	0.182	0.180
乔司南站	32	0.178	0.102	0.250
云水站	33	0.174	0.167	0.180
南苑站	34	0.158	0.172	0.145
下沙江滨站	35	0.152	0.198	0.110
良渚站	36	0.149	0.307	0.000
杨家墩站	37	0.147	0.149	0.145

站点	一级指标：站点交通服务水平		二级指标（权重）	
	排名	分值	客运强度（0.486）	连通性（0.514）
乔司站	38	0.144	0.070	0.215
湘湖站	39	0.142	0.293	0.000
朝阳站	40	0.117	0.204	0.035
浦沿站	41	0.112	0.230	0.000
平均值		0.309	0.298	0.319

　　客运强度和连通性存在一定的一致性，大部分居住型站点的客运强度和连通性较为均衡。一般城市中心站点或者换乘站点的站点交通服务水平相对较高，具有较好的客流强度和连通性。而轨道站点线路末端站点的站点交通服务水平得分偏低，连通性较差，客运强度不高。另外，也存在部分 2 个二级指标错位的站点，例如临平站，虽然位于杭州轨道线路 1 号线的末端，连通性较差，但是由于临平站连通了临平区和杭州主城区，承担了大量临平方向的客流，具有较高的客运强度，客运强度的排名较前。

　　在空间上，站点交通服务水平呈现从中心向边缘逐渐降低的态势，具有明显的中心性特征（图 5-12）。居住型站点的站点交通服务水平得分排名前 20 的居住型站点基本集中于城市的中心区或者行政分区的核心地带，得分排名后 11 名的站点均位于轨道线路的末端。

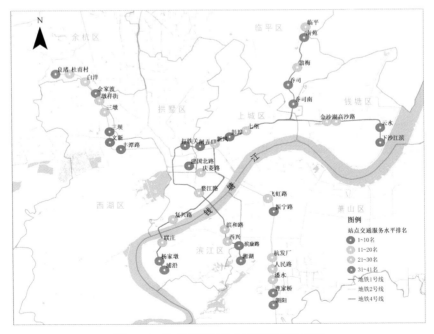

图 5-12　站点交通服务水平排名的分布图

5.2.3 站域开发水平的评价

5.2.3.1 土地利用

（1）土地开发强度（图 5-13）

城市中心地带的居住型站点的开发强度要高于边缘地区，符合对于城市开发强度分布的一般性认知，如建国北路站、庆菱路站、丰潭路站等，开发强度在 2.0 以上。少部分地铁线路末端站点的开发强度相对较弱，开发强度在 0.7 以下，如良渚站、湘湖站等。同时，存在少数位于行政分区中心的站点，其开发强度也较高，开发强度在 1.65 以上，如人民路站等。

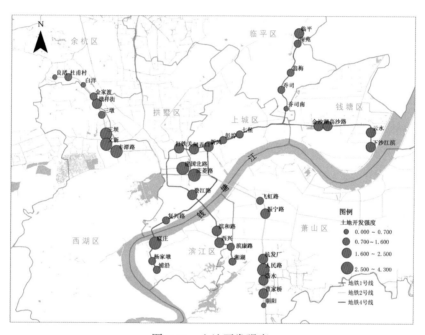

图 5-13　土地开发强度

（2）土地利用集中度（图 5-14）

在土地利用集中度方面，集中度较高的站点基本位于地铁线路的末端，包括浦沿站、下沙江滨站、临平站、杨家墩站、白洋站等，说明线路末端居住型站点建设基本围绕站点进行，大部分建设集中于站域直接辐射区 300 米之内，这既符合 TOD 围绕站点进行集中开发的要求，也符合线路末端居住型站点建设时间较晚，规划建设充分考虑地铁价值的特点。城市中心地区的土地开发相对均匀，故城市中心地区的居住型地铁站点的土地利用集中度相对末端站点偏低。小部分站点，如良渚站、乔司南站、西兴路站等的集中程度较低，主要由于站域内许多用地未被开发建设，土地利用效率较低。

（3）土地建设成熟度（图 5-15）

土地建设成熟度上，城市中心区及其周边的站点多表现较好，如七堡站、三坝站、滨河路站、文新站等，均在 0.93 以上；2 号线和 4 号线的末端、1 号线靠近良渚方向的土地建设成熟度较低，包括白洋站、良渚站、朝阳站等，这些站点未被建设的用地较多，开发相对落后。

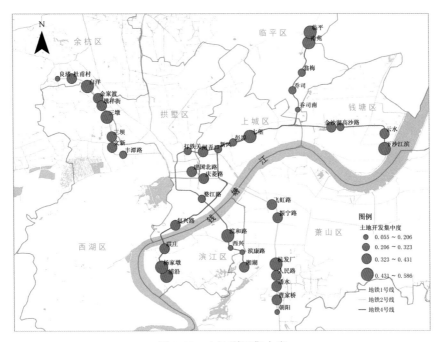

图 5-14　土地利用集中度

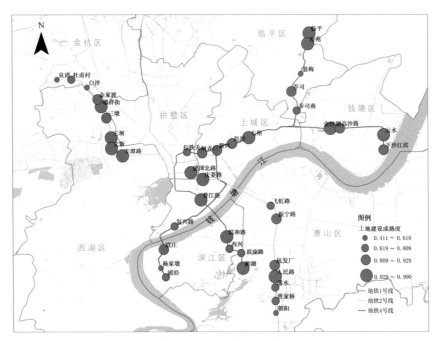

图 5-15　土地建设成熟度

（4）土地利用多样性（图 5-16）

居住型站点的土地利用多样性呈现"末端高，中心低"的态势，这与地铁站点建设时序和区位有关。位于城市中心的站点建设时序一般是先土地开发后进行地铁建设，故在土地开发中未考虑到地铁建设带来的价值。并且，中心地带的居住型站点，如庆菱站等，周边一般是密度较高的居住区，各类设施和用地配置面积也相对较少且大多以底商形式存在，用地类型也相对单一，所以土地利用多样性较低。外围的地铁站点如金沙湖站、浦沿站等，地铁建设与用地开发的建设时间接近，建设充分考虑地铁站点的因素，并且城市边缘地价相对较低，也降低了配置各类用地的成本，使得土地利用多样性较高，土地利用多样性均在 0.606 以上。

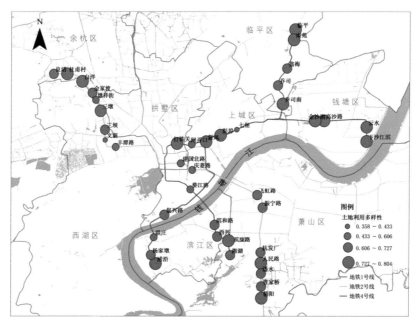

图 5-16　土地利用多样性

（5）土地功能混合度（图 5-17）

在土地功能混合度方面，大部分站点的土地功能混合度在 1.271 以上，城市中心站点的土地功能混合度低于地铁线路末端的站点。城市中心存在如建国北路站、婺江路站等土地功能混合度较低的站点，混合度在 1.271 以下。其原因是城市中心的建成时间早，居住型站点周边多为老式住宅区，区块较大，导致其功能混合度偏低；线路末端的站点由于建成时间较晚，用地规划周全，土地功能混合度较高，均在 1.608 以上，如良渚站、翁梅站、杜甫村站等。

（6）小结

根据土地开发强度、土地利用集中度、土地建设成熟度、土地利用多样性、土地功能混合度综合而得的土地利用中，得分最高的是人民路站，为 0.802；其次为下沙江滨站、临平站等；得分最低的是七堡站，为 0.396；平均得分为 0.622，见表 5-13，各居住型站点的土地开发存在较大的差距。

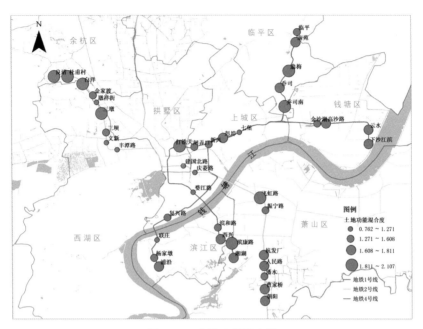

图 5-17　土地功能混合度

表 5-13　土地利用指标的排名

名称	土地利用排名	土地利用	名称	土地利用排名	土地利用
人民路站	1	0.802	复兴路站	22	0.618
下沙江滨站	2	0.775	金家渡站	23	0.616
临平站	3	0.752	乔司站	24	0.612
三坝站	4	0.740	湘湖站	25	0.610
三墩站	5	0.738	联庄站	26	0.609
南苑站	6	0.727	白洋站	27	0.596
杭发厂站	7	0.723	潘水站	28	0.595
云水站	8	0.713	滨康路站	29	0.587
金沙湖站	9	0.696	西兴站	30	0.587
高沙路站	10	0.689	飞虹路站	31	0.586
浦沿站	11	0.683	丰潭路站	32	0.582
滨和路站	12	0.682	墩祥街站	33	0.562
建国北路站	13	0.680	翁梅站	34	0.533
彭埠站	14	0.679	婺江路站	35	0.508

续表

名称	土地利用排名	土地利用	名称	土地利用排名	土地利用
曹家桥站	15	0.663	文新站	36	0.495
振宁路站	16	0.660	乔司南站	37	0.468
庆菱路站	17	0.660	朝阳站	38	0.448
打铁关站	18	0.659	杨家墩站	39	0.439
新风站	19	0.658	良渚站	40	0.430
杜甫村站	20	0.631	七堡站	41	0.396
闸弄口站	21	0.623			

从空间分布上来看，城市中心的土地利用得分略低于地铁线路末端的地区（图5-18），表明后建设地区在土地利用层面相对完善，城市中心的土地利用有待加强和更新。土地利用得分前10名的居住型站点，较多分布在1号线靠近临平区、钱塘区的方向，少量分布在2号线的线路两端。土地利用得分后21名的地铁站点较多分布在城西地区及部分线路的末端。

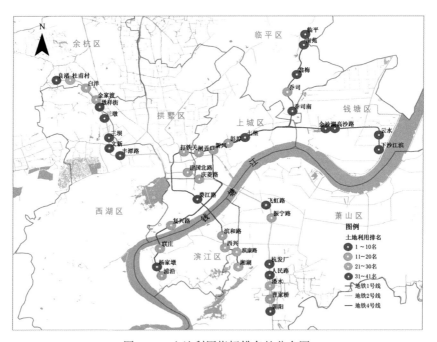

图5-18　土地利用指标排名的分布图

居住型站点的土地利用存在与客运强度相矛盾的情况。1号线靠近临平区、钱塘区方向的南苑站、云水站、下沙江滨站的土地利用强度明显优于客运强度，两者极不均衡。4号线往滨江方向以及2号线往萧山方向也存在较多的站点的周边土地的开发状况较好，但客流强度不高，如浦沿站、人民路站等，表明空间利用效率不高，站点吸引力有待加强；在城西地区即2号线往余杭方向，虽然大部分站点的客流强度较大，但土地开发程度和利用效率较低，未充分发挥人流对地区开发的带动作用，具有较高的开发潜力，如丰潭路站、良渚站等。

居住型站点在土地利用和客流强度上存在不匹配的现象，需针对居住型站点的特征，加强土地利用或客流强度，充分发挥人流对地区的带动作用以及完备的土地利用对人流的吸引力，提升空间利用的效率。

5.2.3.2 人 口

（1）居住人口数量（图5-19）

居住型站点周边的居住人口呈现"中心高，末端低"的态势，城市中心地带的站点人数一般在8000人以上，最高的有庆菱路站、建国北路站、丰潭路站等；地铁线路末端的站点人数均在8000人以下，其中，良渚站、杜甫村站的人口数最少。中心地区站点除部分站点由于靠近大型交通枢纽，居住人口数相对较低外，其他均高于地铁线路末端的站点，呈现明显的单中心性。这种单中心性的人口特征使得中心城区人口的压力较大，容易产生较多的长距离通勤，导致交通拥堵等城市问题，不利于城市的可持续发展。

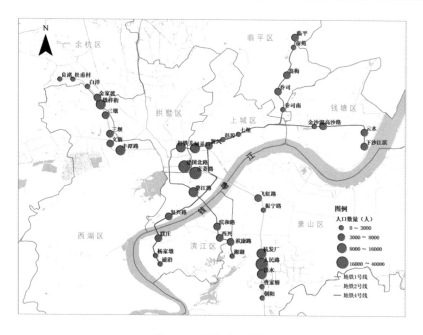

图5-19 居住人口数量

（2）居住人口密度（图5-20）

居住人口密度的规律性不明显，七堡站的居住人口密度最高，为1.277；地铁线路末端的站点的居住人口密度均在0.208以下，相对偏低。居住人口密度应当处于合适的区间，并不是呈完全正相关或负相关，根据《城市居住区规划设计标准》（GB50180—2018）中居住街坊的居住人口为1000~3000人，面积为2~4公顷，计算得到居住人口密度的合适区间为 0.025~0.15 人 / 平方米。故靠近城市中心的站点，如打铁关站、闸弄口站等的人口密度均偏高，超出合适的区间；而 2 号线往余杭区方向和 4 号线往滨江区方向的人口居住密度偏低，有待于提升其站域内的居住人口密度，增加站域常住人口的数量。

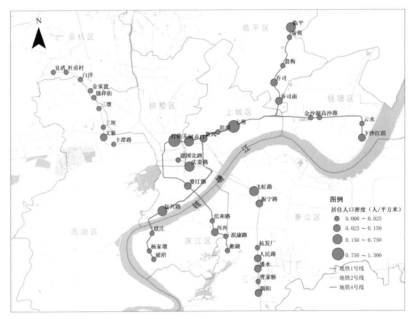

图 5-20　居住人口密度

（3）小结

根据居住人口数量、居住人口密度综合而得的人口指标（表 5-14）中，得分最高的是庆菱路站，为 0.968，其次为闸弄口站、建国北路站等；得分最低的是七堡站，为 0.005，其次为南苑站、良渚站等；平均得分为 0.356。除小部分站点人口的得分较高，大部分站点的人口得分均相对偏低，站域的居住功能和吸引力仍有待加强。

表 5-14　人口指标的排名

名称	排名	居住人口密度	名称	排名	居住人口密度
庆菱路站	1	0.968	翁梅站	22	0.298
闸弄口站	2	0.659	杭发厂站	23	0.292
建国北路站	3	0.657	杜甫村站	24	0.282
人民路站	4	0.598	彭埠站	25	0.273
文新站	5	0.594	三墩站	26	0.273
潘水站	6	0.590	墩祥街站	27	0.270
临平站	7	0.577	金家渡站	28	0.257
乔司站	8	0.568	白洋站	29	0.245

续表

名称	人口排名	居住人口密度	名称	排名	居住人口密度
飞虹路站	9	0.548	滨和路站	30	0.236
西兴站	10	0.520	滨康路站	31	0.229
朝阳站	11	0.500	金沙湖站	32	0.191
婺江路站	12	0.493	杨家墩站	33	0.184
振宁路站	13	0.490	联庄站	34	0.181
新风站	14	0.427	浦沿站	35	0.179
复兴路站	15	0.420	三坝站	36	0.157
乔司南站	16	0.405	曹家桥站	37	0.141
打铁关站	17	0.379	湘湖站	38	0.096
丰潭路站	18	0.369	良渚站	39	0.065
下沙江滨站	19	0.353	南苑站	40	0.018
高沙路站	20	0.311	七堡站	41	0.005
云水站	21	0.307			

人口得分前 20 名的站点大部分分布于城市中心区（图 5-21），少部分靠近临平区和萧山区中心；人口得分后 11 名的主要位于轨道线路的末端，说明地铁线路末端地区的居住功能有待增强，需充分开发站域内的用地，提升站域内的居住密度，给站域带来更多的活力和人流量。

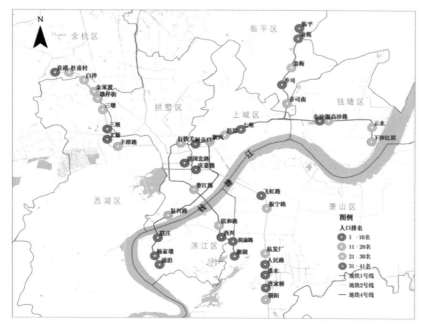

图 5-21　人口指标排名的分布图

5.2.3.3 公共服务设施

（1）公共服务 POI 数量（图 5-22）

大部分居住型站点的公共服务 POI 数量的差异较大，在 250 个以上，甚至，少部分公共服务 POI 数量相对较多的站点达到 1300 个以上，包括建国北路站、金沙湖站、临平站、杭发厂站等。1 号线靠近湘湖方向，2 号线末端有较多的站点，公共服务 POI 数量较少，平均有 250 个以下，如良渚站、朝阳站、湘湖站等，其公共服务水平有待提升。

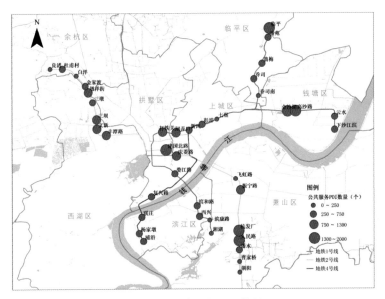

图 5-22　公共服务 POI 数量

（2）公共服务集中度（图 5-23）

公共服务集中度呈现"末端高，中心低"的态势，如湘湖站、杭发厂站、良渚站，这些站点附近的公共服务设施虽然较少，但相对集中。在 2 号线的城西地区，该指标均在 0.512 以上，公共服务设施多集中在站点 300 米范围之内。这一特点主要受到开发时序的影响，地铁站点建设与土地的开发时间接近，建设时充分考虑到站点价值，围绕站点展开公共服务设施的建设。而在地铁建设晚于土地开发的站点，周边多无未建设的土地，设施无法靠近站点的配置，城市更新尚未启动，故城市中心地区的站点公共服务集中度较低。

（3）设施建筑面积

设施主要分为经营性、公益性和行政性三种。设施建筑面积更能代表设施的发展规模。

经营性服务设施主要位于城市中心区或行政分区的中心，包括建国北路站、临平站等，均在 25 公顷以上；靠近 1 号线湘湖方向、2 号线和 4 号线线路末端的站点的经营性服务设施建筑面积相对较小，均在 10 公顷以下，经营性服务设施不足，如良渚站、朝阳站等。

公益性服务设施建筑面积（图 5-24）的站点都较少，一般均在 2.4 公顷以下，甚至完全缺乏该类设施。只有少数的站点，如云水站，面积在 18 公顷以上，相对较高，其次为杨家墩站、闸弄口站等。

行政性服务设施建筑面积（图 5-25）较高的主要位于城市中心和行政分区中心的站点，如人民路站，为萧山区行政中心附近；其次为建国北路、打铁关站等，面积在 1.6 公顷以上；在 1 号线东北站点、2 号线西北站点等，该面积相对较少，均在 0.24 公顷以下，甚至无该类设施。

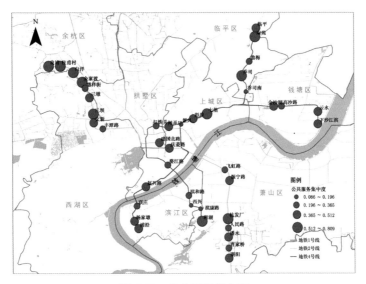

图 5-23　公共服务集中度

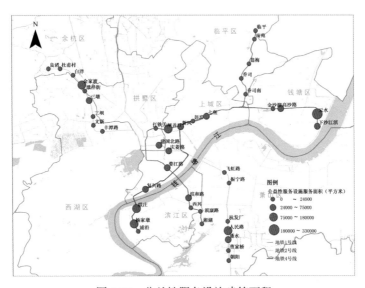

图 5-24　公益性服务设施建筑面积

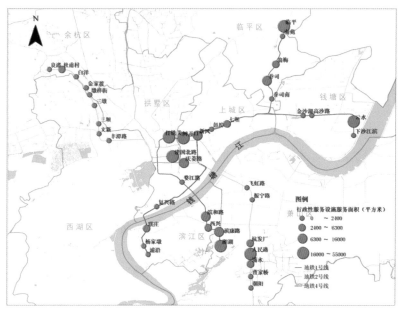

图 5-25　行政性服务设施建筑面积

（4）小结

根据公共服务设施 POI 数量、公共服务集中度、经营性服务设施建筑面积、公益性服务设施建筑面积、行政性服务设施建筑面积综合而得的设施（表 5-15）中，得分最高的是人民路站，为 0.680；得分最低的是乔司南站，为 0.025；平均得分为 0.356。公共服务设施 POI 数量和经营性服务设施建筑面积之间存在较强的正向相关性，相关性系数为 0.74，表明经营性服务设施在公共服务设施中的占比较大，公益性和行政性服务设施需要增加和完善。

表 5-15　设施指标的排名

名称	设施排名	得分	名称	设施排名	得分
人民路站	1	0.680	下沙江滨站	22	0.245
建国北路站	2	0.605	七堡站	23	0.233
临平站	3	0.587	复兴路站	24	0.229
三坝站	4	0.520	浦沿站	25	0.209
云水站	5	0.488	婺江路站	26	0.207
闸弄口站	6	0.466	滨和路站	27	0.197
金沙湖站	7	0.460	三墩站	28	0.191
高沙路站	8	0.406	墩祥街站	29	0.186
杭发厂站	9	0.399	潘水站	30	0.182

续表

名称	设施排名	设施	名称	设施排名	设施
庆菱路站	10	0.367	白洋站	31	0.174
南苑站	11	0.351	丰潭路站	32	0.166
金家渡站	12	0.338	新风站	33	0.153
打铁关站	13	0.333	良渚站	34	0.148
乔司站	14	0.323	翁梅站	35	0.147
振宁路站	15	0.308	飞虹路站	36	0.126
杜甫村站	16	0.293	曹家桥站	37	0.115
湘湖站	17	0.282	朝阳站	38	0.110
联庄站	18	0.279	西兴站	39	0.105
杨家墩站	19	0.277	滨康路站	40	0.100
彭埠站	20	0.267	乔司南站	41	0.025
文新站	21	0.247			

设施指标得分前 10 名的站点大部分分布于城市中心区以及开通时间最长的 1 号线上（图 5-26 ），如建国北路站、临平站、闸弄口站等；少量位于 2 号线，如人民路站、杭发厂站等。受到开通时间和站点区位的影响，设施得分后 11 名的站点主要位于 1 号线、2 号线末端，说明地铁线路末端的站点设施仍有待完善，需加强站域内的设施建设与配置。

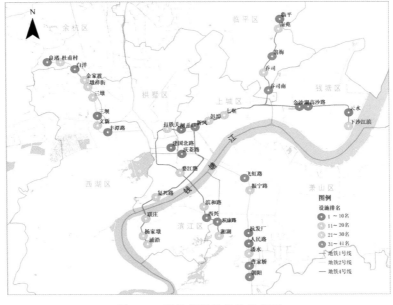

图 5-26　设施指标排名的分布图

5.2.3.4 站域开发水平

根据土地利用、人口、公共服务设施综合而得的站域开发水平（表5-16）中，得分较好的主要为城市中心区站点以及城市外围区的少数站点（多为城市次中心的所在地，如萧山、临平），得分最高的站点是人民路站，为0.694分；其次为庆菱路站、建国北路站和临平站等；得分最低的站点是七堡站，为0.213分；平均得分为0.420，标准差为0.108。这说明站域开发水平整体偏低，并存在一定的两极分化的现象。多数站点的得分低于平均得分，说明大部分站点的服务设施建设较为滞后。这些站点多由于开发较晚，建设不成熟，导致站域开发水平偏低，如良渚站、七堡站、滨康路站等。

表5-16 站域开发水平的的排名及各指标分值

站点	一级指标：站域开发水平		二级指标（权重）		
	排名	分值	土地利用（0.334）	人口（0.327）	设施（0.338）
人民路站	1	0.694	0.802	0.598	0.680
庆菱路站	2	0.661	0.660	0.968	0.367
建国北路站	3	0.647	0.680	0.657	0.605
临平站	4	0.639	0.752	0.577	0.587
闸弄口站	5	0.582	0.623	0.659	0.466
云水站	6	0.504	0.713	0.307	0.488
乔司站	7	0.500	0.612	0.568	0.323
振宁路站	8	0.485	0.660	0.490	0.308
三坝站	9	0.475	0.740	0.157	0.520
杭发厂站	10	0.472	0.723	0.292	0.399
高沙路站	11	0.470	0.689	0.311	0.406
下沙江滨站	12	0.457	0.775	0.353	0.245
打铁关站	13	0.457	0.659	0.379	0.333
潘水站	14	0.453	0.595	0.590	0.182
金沙湖站	15	0.451	0.696	0.191	0.460
文新站	16	0.443	0.495	0.594	0.247
复兴路站	17	0.422	0.618	0.420	0.229
飞虹路站	18	0.418	0.586	0.548	0.126
新风站	19	0.412	0.658	0.427	0.153

续表

站点	一级指标：站域开发水平		二级指标（权重）		
	排名	分值	土地利用（0.334）	人口（0.327）	设施（0.338）
彭埠站	20	0.407	0.679	0.273	0.267
金家渡站	21	0.404	0.616	0.257	0.338
杜甫村站	22	0.402	0.631	0.282	0.293
西兴站	23	0.402	0.587	0.520	0.105
婺江路站	24	0.401	0.508	0.493	0.207
三墩站	25	0.400	0.738	0.273	0.191
滨和路站	26	0.372	0.682	0.236	0.197
丰潭路站	27	0.371	0.582	0.369	0.166
南苑站	28	0.368	0.727	0.018	0.351
浦沿站	29	0.358	0.683	0.179	0.209
联庄站	30	0.357	0.609	0.181	0.279
朝阳站	31	0.351	0.448	0.500	0.110
墩祥街站	32	0.339	0.562	0.270	0.186
白洋站	33	0.338	0.596	0.245	0.174
湘湖站	34	0.331	0.610	0.096	0.282
翁梅站	35	0.325	0.533	0.298	0.147
曹家桥站	36	0.307	0.663	0.141	0.115
滨康路站	37	0.305	0.587	0.229	0.100
杨家墩站	38	0.301	0.439	0.184	0.277
乔司南站	39	0.297	0.468	0.405	0.025
良渚站	40	0.215	0.430	0.065	0.148
七堡站	41	0.213	0.396	0.005	0.233
平均值		0.420	0.622	0.356	0.281

居住型站点的土地利用、人口、公开服务设施的得分值存在较多的不均衡的现象，如往萧山区方向的 2 号线。存在设施较为齐全，但是人口较少或者土地利用状况较差的情况，例如云水站、湘湖站等，容易导致设施利用得不充分；存在土地利用状况较好，

但是人口较少或者设施不够完善的状况，例如南苑站、三墩站等，房地产开发超前而人口和城市功能还未到位；人口较多，但是土地利用和设施没有与其相匹配的状况，如潘水站、文新站、朝阳站等，城市功能较为单一，容易形成居住型的单一片区。

整体上，城市中心区的站域开发水平较高（图5-27），城西地区以及钱塘江南岸2、4号线的末端站点偏低。排名前20的居住型站点较多分布在1号线以及靠近城市中心，站域开发水平相对较高；排名后21的居住型站点则多分布于2号线、4号线末端，站域开发水平相对较低。

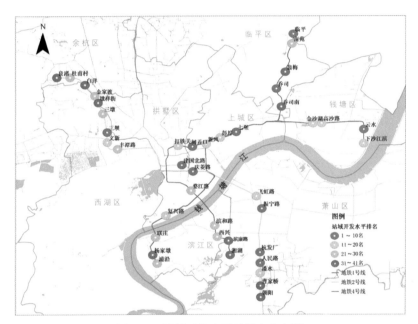

图 5-27　站域开发水平的排名分布图

5.2.4　站点与站域联系水平的评价

5.2.4.1　站域可达性

（1）公共交通

其主要从公交线路数和公交方向数2个维度进行评价。由于城市内部公交线路相对边缘更加密集，公交线路数和公交方向数均呈现城市中心高于地铁线路末端站点的态势，中心地区更为便捷，较好的有高沙路站、人民路站等；较差的有曹家桥站和良渚站，公交线路和方向数均最少等。

（2）停车场（图5-28）

其总体上呈现明显的"中心高，末端低"的态势，城市中心站点的停车场数量均在25个以上，如建国北路站、打铁关站和庆菱路站等；轨道交通网络边缘站点的停车场个数一般在9个以下，相对较少，如曹家桥站、杨家墩站等。

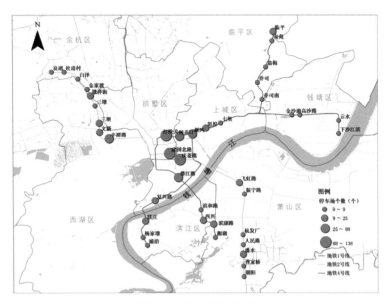

图 5-28　停车场的数量

（3）交叉口密度（图 5-29）

位于城市中心区和行政分区中心地区的站点的交叉口密度相对较高，可以达到 15.561 个 / 平方千米以上，道路系统相对比较完善与便捷，如临平站、人民路站、建国北路站等；地铁 2、4 号线末端站点的密度较低，均在 6.369 个 / 平方千米以下，周边的道路建设仍有待加强，如七堡站、湘湖站等。通过增加交叉口密度，一方面提升到达站点的便捷性，促进人们使用公共交通系统；另一方面便于乘客从站点到达站域的其他区域，提升可达性。

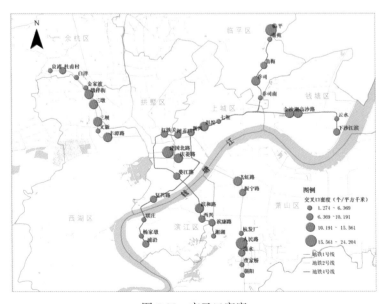

图 5-29　交叉口密度

（4）绕行系数（图 5-30）

绕行系数越低，说明道路网络越通达，到达周边地区越便捷。绕行系数的规律性不明显，大部分站点的绕行系数均在 1.4 以下，通达性较好，如杭发厂站、湘湖站等；但部分站点由于受到地形的影响，绕行系数较高，如七堡站、复兴路站等。

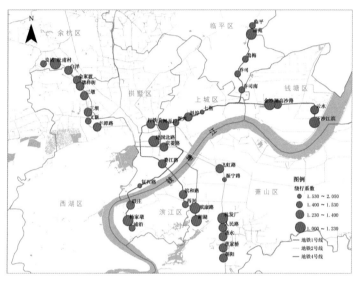

图 5-30　绕行系数

（5）小结

根据公交站点数、公交方向数、停车场个数、交叉口密度、绕行系数 5 个指标综合而得的站域可达性中，居住型站点的站域可达性整体较好，得分最高的是建国北路站，为 0.788，其次为人民路站和庆菱路站；得分最低的是七堡站站，为 0.084，其次有良渚站和乔司南站等；整体平均得分为 0.436，见表 5-17。

表 5-17　站域可达性的排名

名称	站域可达性排名	得分	名称	站域可达性排名	得分
建国北路站	1	0.788	白洋站	22	0.386
人民路站	2	0.726	翁梅站	23	0.379
庆菱路站	3	0.692	杜甫村站	24	0.375
打铁关站	4	0.670	云水站	25	0.352
三墩站	5	0.642	杭发厂站	26	0.344
临平站	6	0.630	金家渡站	27	0.341
高沙路站	7	0.624	文新站	28	0.338
墩祥街站	8	0.609	杨家墩站	29	0.330
新风站	9	0.606	下沙江滨站	30	0.329

续表

名称	站域可达性排名	得分	名称	站域可达性排名	得分
滨和路站	10	0.600	飞虹路站	31	0.329
彭埠站	11	0.596	湘湖站	32	0.326
闸弄口站	12	0.581	浦沿站	33	0.312
丰潭路站	13	0.568	复兴路站	34	0.310
西兴站	14	0.541	乔司站	35	0.309
婺江路站	15	0.537	振宁路站	36	0.245
三坝站	16	0.482	朝阳站	37	0.232
南苑站	17	0.480	曹家桥站	38	0.175
潘水站	18	0.464	乔司南站	39	0.160
滨康路站	19	0.447	良渚站	40	0.140
金沙湖站	20	0.415	七堡站	41	0.084
联庄站	21	0.390			

站域可达性得分前 10 名的站点大部分分布于城市中心或者行政分区的中心地区（图 5-31），没有强烈的中心化趋向，说明在站点与站域联系层面相对较为均衡；站域可达性得分后 21 名的站点主要位于地铁线路末端或者开发不完全的地区，2 号线靠近朝阳方向的站点分布较多，说明这些居住型站点的 TOD 效能未得到完全发挥，需加强站点与站域之间的联系，提升站域的便捷性和可达性。

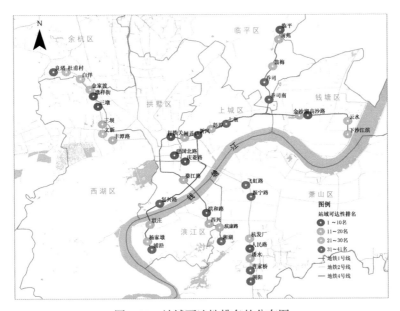

图 5-31　站域可达性排名的分布图

5.2.4.2 设施步行可达性

（1）步行到设施的距离（图 5-32～图 5-37）

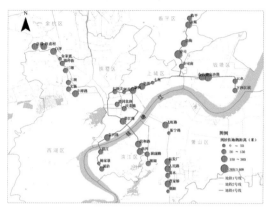

图 5-32 步行到居住地的距离

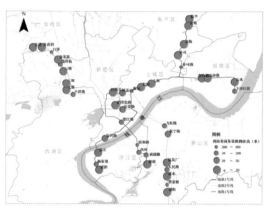

图 5-33 步行到商业商务设施的距离

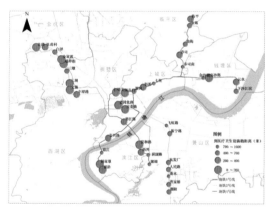

图 5-34 步行到医疗卫生设施的距离

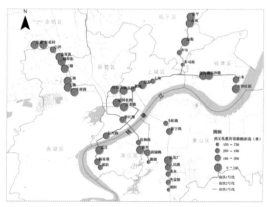

图 5-35 步行到文化教育设施的距离

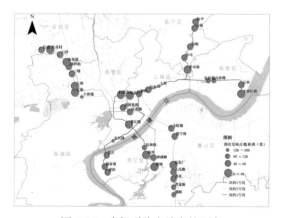

图 5-36 步行到公交站点的距离

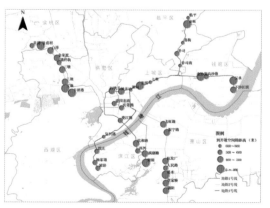

图 5-37 步行到开敞空间的距离

步行到各项设施的距离主要分为到居住地的距离、到商业商务设施的距离、到医疗卫生设施的距离、到文化教育设施的距离、到公交站点的距离、到开敞空间的距离 6 个维度。

从站点步行到居住地的距离，大部分站点基本在 50~400 米，如，邻里型 TOD 理想模型中到居住地的合适距离为 200~400 米。少量站点如七堡站、杨家墩站等，直接临近站点，与邻里型 TOD 不相符合，靠近站点的高经济价值地区未得到充分利用。

从站点步行到商业商务设施的距离，基本上所有的站点均在 200 米范围之内，较为便捷，只有白洋站、乔司南站、曹家桥站、滨和路站、新风站；由于开发不完全，缺乏商业商务设施，靠近大型交通枢纽等原因，站点距离商业商务设施较远。

在从站点步行到医疗卫生设施的距离方面，整体上，城西地区较城东地区的距离更短，说明城西地区的医疗服务设施更加便捷完善。其中，往朝阳方向的 2 号线距离医疗卫生设施较远，均在 400 米以上，医疗卫生设施的布局有待优化。

从站点步行到文化教育设施的距离，大部分站点在 200 米以内，较为便捷；但湘湖站、朝阳站、乔司南站到文化教育设施的距离超过 450 米，距离相对较远，有待于加强设施配置与布局。

从站点步行到公交站点的距离基本上均在 80 米以内，但少量的站点，如丰潭站、七堡站、复兴路站，由于地形等限制，公交站点设施较远。

从站点步行到开敞空间的距离，地铁线路末端地区相对更近，越容易接触到开敞空间，而城市中心地区的大部分站点距离开敞空间在 600 米以上，主要是受高地价等因素的影响，开敞空间相对较少。其中，1 号线从乔司南站到临平站一段，除南苑站外，到开敞空间的距离相对较远，均在 500 米以上，开敞空间的设置有待于加强。

（2）小结

根据从到居住地的距离、到商业商务设施的距离、到医疗卫生设施的距离、到文化教育设施的距离、到公交站点的距离、到开敞空间的距离综合而得的设施步行可达性（表 5-18）中，得分最高的是杜甫村站，为 0.866，其次有文新站和高沙路站等；得分最低的是乔司南站，为 0.342，其次为七堡站和朝阳站；整体平均得分为 0.686。

表 5-18　设施步行可达性的排名

名称	设施步行可达性排名	得分	名称	设施步行可达性排名	得分
杜甫村站	1	0.866	下沙江滨站	22	0.697
文新站	2	0.857	闸弄口站	23	0.694
高沙路站	3	0.832	人民路站	24	0.691
杭发厂站	4	0.815	白洋站	25	0.676
彭埠站	5	0.812	良渚站	26	0.667

续表

名称	设施步行可达性排名	设施步行可达性	名称	设施步行可达性排名	设施步行可达性
打铁关站	6	0.811	联庄站	27	0.666
云水站	7	0.796	丰潭路站	28	0.650
三坝站	8	0.787	潘水站	29	0.638
南苑站	9	0.782	滨康路站	30	0.638
乔司站	10	0.775	杨家墩站	31	0.620
金家渡站	11	0.774	振宁路站	32	0.614
墩祥街站	12	0.758	复兴路站	33	0.613
建国北路站	13	0.757	飞虹路站	34	0.589
庆菱路站	14	0.755	湘湖站	35	0.586
三墩站	15	0.751	滨和路站	36	0.584
翁梅站	16	0.738	曹家桥站	37	0.557
西兴站	17	0.735	新风站	38	0.533
浦沿站	18	0.725	朝阳站	39	0.473
金沙湖站	19	0.714	七堡站	40	0.362
临平站	20	0.704	乔司南站	41	0.342
婺江路站	21	0.698			

整体上，设施步行可达性得分前20名的站点大部分分布在钱塘江以北的地区（图5-38），如，说明钱塘江以北地区的居住型站点的设施步行可达性较高，从站点步行到达站域各项设施更加便捷，道路网络更为完善，设施相对齐全且临近站点；设施得分后21名的站点除少数未开发完全的站点，如良渚站、白洋站等，大部分站点均位于钱塘江以南的地区，说明钱塘江以南地区的居住型站点与站域的联系程度有待提高，主要是由于开发不完善，开发时间较短，设施不齐全。

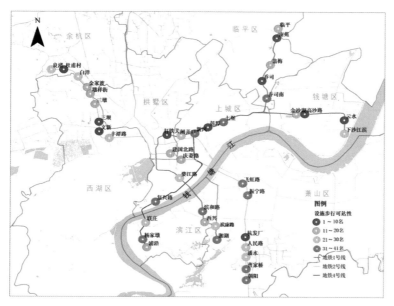

图 5-38　设施步行可达性的排名分布图

5.2.4.3　慢行交通友好性

（1）慢行交通线路长度（图 5-39）

由于开发成熟度、道路系统等多方面原因的影响，位于城市中心区和行政分区核心地带的站点的慢行交通线路相对较长，均在 4000 米以上，包括临平站、人民路站等。靠近地铁线路末端、慢行线路长度在 3000 米以下的站点的慢行交通有待完善与发展，应完善慢行线路的设置，提供更好的慢行体验感。

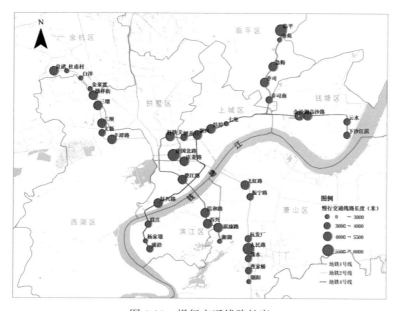

图 5-39　慢行交通线路长度

（2）街区尺寸（图5-40）

街区尺寸越小，说明道路网络越密集，可选择的道路越多。在《城市交通规划设计规范》中，规定大城市支路路网密度在3~4千米/千米²，则街区尺寸在120~180米之间；在《城市居住区规划设计标准》中，居住区街坊用地面积为2~4公顷，因此，街区尺寸在200米左右。各地铁站点的街区尺寸上的规律性不明显，影响街区尺寸的因素众多，如建成时间、建设理念等。目前，杭州居住型站点的街区尺寸在200~300米之间的有19个站点，250米以下的有12个，较好的有文新站、复兴路站等。其他站点的街区尺寸均过大，有待于增加支路，缩小街区尺寸。

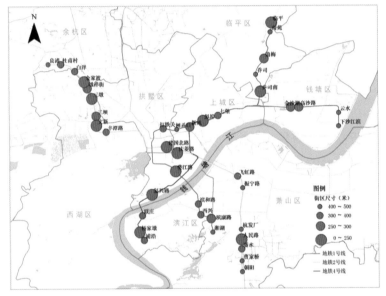

图5-40　街区尺寸

（3）小结

根据慢行交通线路长度、街区尺寸综合而得的慢行交通友好性（表5-19）中，整体得分较好，得分最高的是人民路站，为0.998；得分最低的是良渚站，为0.185；平均得分为0.611。街区尺寸减小，慢行交通线路长度则会增加，进而推动慢行交通友好性的提高。

表5-19　慢行交通友好性的排名

名称	慢行交通友好性排名	得分	名称	慢行交通友好性排名	得分
人民路站	1	0.998	乔司南站	22	0.623
临平站	2	0.909	西兴站	23	0.623
建国北路站	3	0.830	杨家墩站	24	0.576
高沙路站	4	0.777	乔司站	25	0.572

名称	慢行交通友好性排名	得分	名称	慢行交通友好性排名	得分
三墩站	5	0.767	联庄站	26	0.549
彭埠站	6	0.747	金家渡站	27	0.544
新风站	7	0.734	云水站	28	0.529
婆江路站	8	0.721	振宁路站	29	0.520
庆菱路站	9	0.712	潘水站	30	0.516
滨和路站	10	0.701	下沙江滨站	31	0.505
复兴路站	11	0.701	白洋站	32	0.502
三坝站	12	0.696	杭发厂站	33	0.489
打铁关站	13	0.695	杜甫村站	34	0.483
翁梅站	14	0.687	曹家桥站	35	0.472
滨康路站	15	0.669	闸弄口站	36	0.466
墩祥街站	16	0.663	南苑站	37	0.452
丰潭路站	17	0.650	七堡站	38	0.438
金沙湖站	18	0.644	湘湖站	39	0.435
文新站	19	0.637	朝阳站	40	0.374
飞虹路站	20	0.631	良渚站	41	0.185
浦沿站	21	0.630			

慢行交通友好性得分前 10 名的站点大部分分布于城市中心区或者行政分区的核心地区，属于开发成熟的地区；慢行交通友好性得分后 11 名的站点除了少数由于道路设置导致得分较低外，其他均靠近地铁线路末端的新开发地区，慢行交通友好性较低，慢行系统有待提升。

5.2.4.4 站点与站域联系水平

根据站域可达性、设施步行可达性、慢行交通友好性综合而得的站点与站域联系水平的评价中，得分最高的是人民路站，为 0.800，其次为建国北路站和临平站；得分最低的是七堡站，为 0.290，其次为良渚站和朝阳站；整体平均得分为 0.576，标准差为 0.120，见表 5-20。整体来看，居住型站点的站点与站域联系水平整体较好，较多的站点处于中间水平。

表 5-20　站点与站域联系水平的排名及各指标分值

站点	一级指标：站点与站域联系水平		二级指标（权重）		
	排名	分值	站域可达性（0.344）	设施步行可达性（0.340）	慢行交通友好性（0.316）
人民路站	1	0.800	0.726	0.691	0.998
建国北路站	2	0.791	0.788	0.757	0.830
临平站	3	0.743	0.630	0.704	0.909
高沙路站	4	0.743	0.624	0.832	0.777
打铁关站	5	0.726	0.670	0.811	0.695
庆菱路站	6	0.720	0.692	0.755	0.712
三墩站	7	0.718	0.642	0.751	0.767
彭埠站	8	0.717	0.596	0.812	0.747
墩祥街站	9	0.677	0.609	0.758	0.663
三坝站	10	0.653	0.482	0.787	0.696
婺江路站	11	0.650	0.537	0.698	0.721
西兴站	12	0.633	0.541	0.735	0.623
滨和路站	13	0.627	0.600	0.586	0.701
新风站	14	0.622	0.568	0.650	0.650
丰潭路站	15	0.622	0.606	0.533	0.734
文新站	16	0.609	0.338	0.857	0.637
翁梅站	17	0.598	0.379	0.738	0.687
金沙湖站	18	0.589	0.415	0.714	0.644
闸弄口站	19	0.583	0.581	0.694	0.466
滨康路站	20	0.582	0.447	0.638	0.669
杜甫村站	21	0.576	0.375	0.866	0.483
南苑站	22	0.574	0.480	0.782	0.452
云水站	23	0.559	0.352	0.796	0.529
浦沿站	24	0.553	0.312	0.725	0.630
金家渡站	25	0.552	0.341	0.774	0.544
乔司站	26	0.551	0.309	0.775	0.572

站点	一级指标：站点与站域联系水平		二级指标（权重）		
	排名	分值	站域可达性（0.344）	设施步行可达性（0.340）	慢行交通友好性（0.316）
杭发厂站	27	0.550	0.344	0.815	0.489
潘水站	28	0.540	0.464	0.638	0.516
复兴路站	29	0.537	0.310	0.613	0.701
联庄站	30	0.534	0.390	0.667	0.549
白洋站	31	0.521	0.386	0.676	0.502
飞虹路站	32	0.513	0.329	0.589	0.631
下沙江滨站	33	0.510	0.329	0.697	0.505
杨家墩站	34	0.507	0.330	0.620	0.576
振宁路站	35	0.457	0.245	0.614	0.520
湘湖站	36	0.448	0.326	0.584	0.435
曹家桥站	37	0.399	0.175	0.557	0.472
乔司南站	38	0.368	0.160	0.342	0.623
朝阳站	39	0.359	0.232	0.473	0.374
良渚站	40	0.333	0.140	0.666	0.185
七堡站	41	0.290	0.084	0.362	0.438
平均值		0.576	0.436	0.686	0.611

大部分居住型站点在站点与站域联系水平中较为均衡，但指标间仍存在不均衡的现象，包括存在站域可达性较好，但设施步行可达性或者慢行交通友好性较差的状况，例如新风站、闸弄口站等，慢行交通需要大力加强；设施步行可达性较好，但站域可达性或者慢行交通友好性较差的状况，一般靠近城市外围，如杜甫村站、南苑站、云水站等；慢行交通友好性较好，但站域可达性或者设施步行可达性较差的有婺江路站、复兴路站等。

居住型站点的站点与站域联系水平的空间分布状况与站域开发水平相似，排名前 20 名的居住型站点多分布在城市中心和城西地区部分（图 5-41）。这些地区站点与站域之间的联系较好，便于站点与站域之间通勤，主要是由于这些地区开发完善，客流量大，不断促进道路、步行设施等的发展。排名后 21 名的居住型站点多分布于地铁线路的末端，有待于开发建设，建设时间较短，客流设施不足。

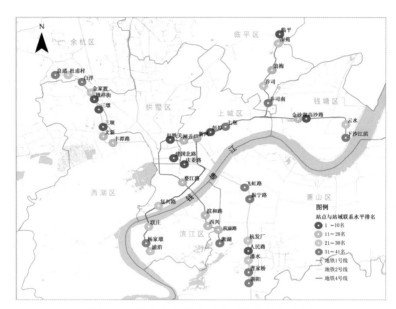

图 5-41　站点与站域联系水平的排名分布图

同时，基于站点与站域联系水平和站域开发水平空间上表现的相似性，进行相关性分析，可见站点与站域联系水平和站域开发水平的相关性为 0.68，相关性较强，即站点与站域联系水平和站域开发水平之间存在正向相关性，可以相互促进提升，站点与站域之间的联系水平提高，那么站域开发水平也是随之提高，反之亦然。这说明提升站域可达性，增强设施步行可达性，促进慢行交通发展，都有利于站域内设施的开发与利用；反之，站域内开发水平提升，土地利用效率提升，人口增多，设施更加完善，有利于加强站点与站域之间的相互联系程度的提升。

5.2.5　TOD 效能的综合评价

5.2.5.1　站点评价结果的分析

在分值上，根据表 5-21 显示，建国北路站的得分最高，为 0.739，其次为打铁关站和三坝站，得分排名前 10 的基本位于城市中心。然而，各地铁站点的整体 TOD 建设不均衡，城市边缘或者线路末端的站点除城市次中心的临平站之外，TOD 建设明显不足。TOD 效能得分较低的多为这些线路的末端站，如良渚站，得分仅为 0.233，其次有七堡站、朝阳站、乔司站、曹家桥站与湘湖站等。TOD 效能的平均分为 0.435，标准差为 0.113，即 TOD 效能平均分靠近最低值，较多的居住型站点 TOD 效能值处于平均水平，彼此接近且较低。

表 5-21　居住型站点 TOD 效能的排名及各指标分值

站点	TOD 效能		一级指标（权重）		
	排名	得分	站点交通服务水平得分（0.339）	站域开发水平得分（0.320）	站点与站域联系水平得分（0.341）
建国北路站	1	0.739	0.775	0.647	0.791
打铁关站	2	0.666	0.804	0.457	0.726
三坝站	3	0.664	0.856	0.475	0.653
彭埠站	4	0.629	0.750	0.407	0.717
人民路站	5	0.578	0.248	0.694	0.800
庆菱路站	6	0.572	0.342	0.661	0.720
临平站	7	0.545	0.259	0.639	0.743
闸弄口站	8	0.525	0.414	0.582	0.583
滨康路站	9	0.501	0.605	0.305	0.582
金家渡站	10	0.500	0.538	0.404	0.552
高沙路站	11	0.490	0.256	0.470	0.743
三墩站	12	0.486	0.334	0.400	0.718
文新站	13	0.470	0.356	0.443	0.609
婺江路站	14	0.462	0.331	0.401	0.650
丰潭路站	15	0.456	0.370	0.371	0.622
金沙湖站	16	0.455	0.325	0.451	0.589
新风站	17	0.439	0.282	0.412	0.622
墩祥街站	18	0.437	0.288	0.339	0.677
振宁路站	19	0.433	0.362	0.485	0.457
杭发厂站	20	0.430	0.272	0.472	0.550
飞虹路站	21	0.416	0.319	0.418	0.513
滨和路站	22	0.411	0.231	0.372	0.627
云水站	23	0.410	0.174	0.504	0.559
西兴站	24	0.409	0.192	0.402	0.633
乔司站	25	0.396	0.144	0.500	0.551
杜甫村站	26	0.392	0.198	0.402	0.576

续表

站点	TOD 效能		一级指标（权重）		
	排名	得分	站点交通服务水平得分（0.339）	站域开发水平得分（0.320）	站点与站域联系水平得分（0.341）
潘水站	27	0.391	0.184	0.453	0.540
翁梅站	28	0.387	0.235	0.325	0.598
复兴路站	29	0.386	0.203	0.422	0.537
下沙江滨站	30	0.371	0.152	0.457	0.510
南苑站	31	0.366	0.158	0.368	0.574
白洋站	32	0.360	0.219	0.338	0.521
联庄站	33	0.358	0.182	0.357	0.534
浦沿站	34	0.341	0.112	0.358	0.553
杨家墩站	35	0.318	0.147	0.301	0.507
湘湖站	36	0.307	0.142	0.331	0.448
曹家桥站	37	0.295	0.181	0.307	0.399
乔司南站	38	0.281	0.178	0.297	0.368
朝阳站	39	0.274	0.117	0.351	0.359
七堡站	40	0.261	0.279	0.213	0.290
良渚站	41	0.233	0.149	0.215	0.333
平均值		0.435	0.309	0.420	0.576

在空间上，靠近城市中心部分的居住型站点的 TOD 效能较高（图 5-42），TOD 效能逐渐向地铁线路末端降低，存在较强的中心性倾向。开发时间越早，开发越完全的地区的居住型站点 TOD 效能的得分越高，但也存在部分个例，如临平站、人民路站等，这些靠近行政分区中心的居住型站点的 TOD 效能也较高。

居住型站点中 TOD 效能得分和 3 个一级指标得分排名前 50% 的站点得分之和占各维度总得分的绝大部分，说明站点之间存在一定的差距，表现出两极分化的现象。

其中，站点交通服务水平排名前 10% 的站点得分占所有站点的站点交通服务水平之和的 25%，而其他维度均为 15% 左右，说明站点交通服务水平较高的居住型站点的站域开发水平和站点与站域联系水平相对较低，未能充分利用其站点服务水平的优势，有待进一步提升；也表明排名前 10% 得分较高的站点一般均具有较好的站点交通服务水平，为居住型站点的发展提供良好的基础，见表 5-22。

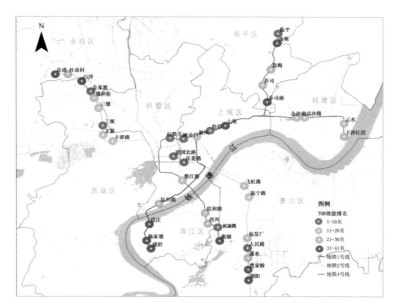

图 5-42　居住型站点 TOD 效能的排名分布图

表 5-22　居住型站点 TOD 效能评价体系的各维度细分（按排名占总得分之比）

指标	0%~10%	10%~20%	20%~30%	30%~40%	40%~50%	50%~60%	60%~70%	70%~80%	80%~90%	90%~100%
站点交通服务水平	25.15%	15.22%	11.00%	9.98%	14.46%	6.72%	2.97%	5.64%	4.79%	4.07%
站域开发水平	15.35%	12.03%	10.89%	10.49%	11.99%	9.33%	8.54%	8.05%	7.37%	5.96%
站点与站域联系水平	13.02%	12.19%	11.06%	10.49%	12.39%	9.47%	9.21%	8.79%	7.66%	5.72%
TOD效能	15.12%	12.45%	11.08%	10.33%	12.08%	9.11%	8.72%	8.16%	7.07%	5.88%

站域开发水平和站点与站域联系水平在各分段占比的变化趋势基本一致，与前文两者存在较强的正相关性相符合，可以通过提升站域开发水平，带动站点与站域联系水平的发展，反之亦然。TOD 效能占比和站域开发水平及站点与站域联系水平相似，说明提升 TOD 效能的关键还是在于站域开发水平和站点与站域联系水平的提升。

5.2.5.2　站点的分类与比较

基于 TOD 效能评价结果和"节点—场所—联系"模型，利用两步聚类算法对站点进行分类（图 5-43）。两步聚类算法是指第一步对所有的记录进行距离考察，构建 CF 分类特征树，同一个树节点内的记录相似度高，相似度差的记录则会生成新的节点。在分类树的基础上，使用凝聚法对节点进行分类，每一个聚类结果使用 BIC 或者 AIC 进行判断，得出最终的聚类结果，将每个水平分为高（H）、中（M）、低（L）三级。经过归纳与分析，所有的站点可分为平衡型、失衡型与待开发型三种类型，其中，失衡型又可细分为站域开发滞后型和站点发展滞后型，见表 5-23。

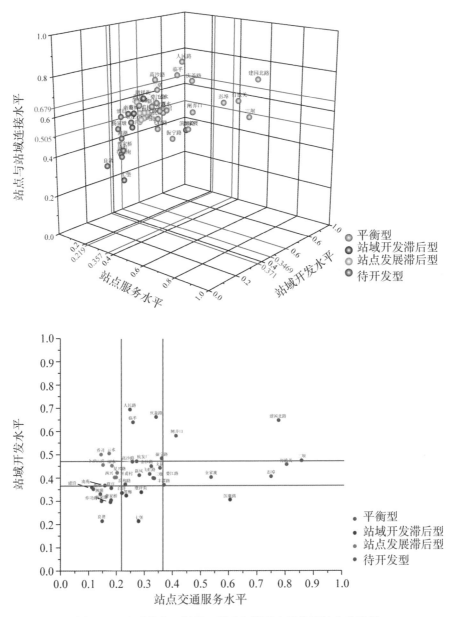

图 5-43　在"节点—场所—联系"模型中居住型站点分类图

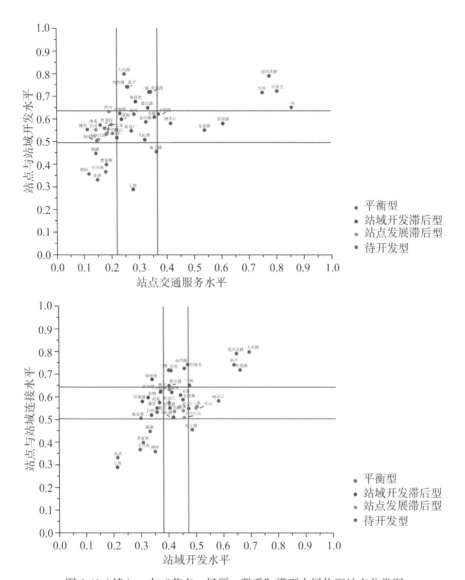

图 5-43（续） 在"节点—场所—联系"模型中居住型站点分类图

表 5-23 居住型站点的分类

类型		站点交通服务水平	站域开发水平	站点与站域联系水平	TOD 效能
平衡型		0.440	0.463	0.636	0.523
失衡型	失衡型	0.239	0.388	0.548	0.404
	站域开发滞后型	0.325	0.304	0.534	0.389
	站点发展滞后型	0.178	0.449	0.558	0.394
待开发型		0.152	0.321	0.453	0.308
平均值		0.309	0.420	0.576	0.435

（1）平衡型

平衡型站点是指站点交通服务水平（T）、站域开发水平（D）、站点与站域联系水平（O）相互较匹配，达到相对平衡状态的站点。

平衡型站点主要包括打铁关站、彭埠站、人民路站、临平站、高沙路站、庆菱路站等。其 TOD 效能的平均得分为 0.523，总体属于 TOD 效能较好的站点，其中，交通服务水平（T）的平均得分为 0.440，站域开发水平（D）的平均得分为 0.463，站点与站域联系水平（O）的平均得分为 0.636。具体见表 5-24。

表 5-24　平衡型居住型站点的分值

站点	站点交通服务水平得分（0.339）	站域开发水平得分（0.320）	站点与站域联系水平得分（0.341）	TOD 效能得分
建国北路站	0.775（H）	0.647（H）	0.791（H）	0.739
三坝站	0.856（H）	0.475（H）	0.653（H）	0.664
打铁关站	0.804（H）	0.457（M）	0.726（H）	0.666
彭埠站	0.750（H）	0.407（M）	0.717（H）	0.629
文新站	0.356（H）	0.443（M）	0.609（M）	0.470
丰潭路站	0.370（H）	0.371（M）	0.622（M）	0.456
金家渡站	0.538（H）	0.404（M）	0.552（M）	0.500
闸弄口站	0.414（H）	0.582（H）	0.583（M）	0.525
振宁路站	0.362（H）	0.485（H）	0.457（M）	0.433
人民路站	0.248（M）	0.694（H）	0.800（H）	0.578
临平站	0.259（M）	0.639（H）	0.743（H）	0.545
高沙路站	0.256（M）	0.470（H）	0.743（H）	0.490
庆菱路站	0.342（M）	0.661（H）	0.720（H）	0.572
杭发厂站	0.272（M）	0.472（H）	0.550（H）	0.430
三墩站	0.334（M）	0.400（M）	0.718（H）	0.486
婺江路站	0.331（M）	0.401（M）	0.650（H）	0.462
滨和路站	0.231（M）	0.372（M）	0.627（M）	0.411
新风站	0.282（M）	0.412（M）	0.622（M）	0.439
金沙湖站	0.325（M）	0.451（M）	0.589（M）	0.455
飞虹路站	0.319（M）	0.418（M）	0.513（M）	0.416

空间上，这些站点（图 5-44）主要位于城市中心区或者行政分区的中心地带，即开发相对成熟的地区，其站点 TOD 效能仍有较大的提升空间，需从站点交通服务水平（T）、站域开发水平（D）、站点与站域联系水平（O）3 个维度出发进行提升，达到更好的平衡状态。

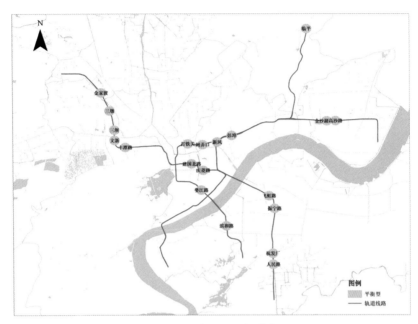

图 5-44　平衡型的空间分布图

（2）失衡型

失衡型站点是指 3 个维度存在不匹配和失衡现象的站点。该类型站点的 TOD 效能的平均得分为 0.404，其中，站点交通服务水平（T）的平均得分为 0.239，站域开发水平（O）的平均得分为 0.388，站点与站域联系水平（D）的平均得分为 0.548，均低于平衡型站点甚至所有站点的平均值。该类型的站点共有 12 个，其站点与站域联系水平大多数相对较好，且差异较小，而在站点交通服务水平、站域开发水平这两方面站点间有较大的差别，故将失衡型再细分为站域开发滞后型、站点发展滞后型两个次类型。

1）站域开发滞后型（图 5-45、表 5-25）

站域开发滞后型站点是指站点交通服务水平（T）和站点与站域联系水平（O）较好，但站域开发水平（D）相对落后的站点。

该类型主要包括滨康路站、墩祥街站等 5 个站点，其 TOD 效能的平均得分为 0.389，其中，站点交通服务水平（T）的平均得分为 0.325，站域开发水平（D）的平均得分为 0.304，站点与站域联系水平（O）的平均得分为 0.534。站域开发水平的得分仅为平均值的 72%，显著低下，站域开发水平有较大的潜力和空间。同时，该类站点的交通服务水平除滨康路站外也较低，需要大力改善。

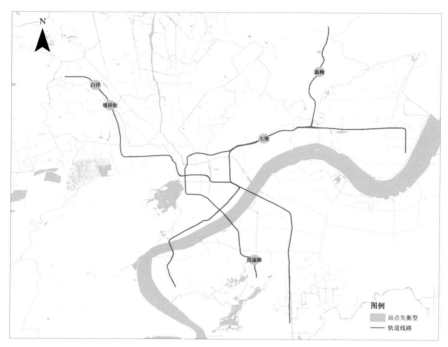

图 5-45　站域开发滞后型的空间分布图

表 5-25　站域开发滞后型居住型站点的分值

站点	站点交通服务水平得分（0.339）	站域开发水平得分（0.320）	站点与站域联系水平得分 0.341	TOD 效能得分
滨康路站	0.605（H）	0.305（L）	0.582（M）	0.501
墩祥街站	0.288（M）	0.339（L）	0.677（H）	0.437
翁梅站	0.235（M）	0.325（L）	0.598（M）	0.387
白洋站	0.219（M）	0.338（L）	0.521（M）	0.360
七堡站	0.279（M）	0.213（L）	0.290（L）	0.261

2）站点发展滞后型（表 5-26、图 5-46）

站点发展滞后型站点是指站域开发水平（D）与站点与站域联系水平（O）较好，但站点交通服务水平（T）相对落后的站点，包括云水站、乔司站等，其 TOD 效能的平均得分为 0.394，其中，站点交通服务水平（T）的平均得分为 0.178，站域开发水平（D）的平均得分为 0.449，站点与站域联系水平（O）的平均得分为 0.558。站点的交通发展水平只有所有站点的平均分值的 58%，显著低下，而另外 2 个指标基本与平均值相当，站点交通服务水平的不足直接影响该区块的 TOD 效能的发挥。

表 5-26　站点发展滞后型居住型站点的分值

站点	站点交通服务水平得分（0.339）	站域开发水平得分（0.320）	站点与站域联系水平得分（0.341）	TOD 效能得分
云水站	0.174（L）	0.504（H）	0.559（M）	0.410
乔司站	0.144（L）	0.500（H）	0.551（M）	0.396
西兴站	0.192（L）	0.402（M）	0.633（M）	0.409
杜甫村站	0.198（L）	0.402（M）	0.576（M）	0.392
潘水站	0.184（L）	0.453（M）	0.540（M）	0.391
复兴路站	0.203（L）	0.422（M）	0.537（M）	0.386
下沙江滨站	0.152（L）	0.457（M）	0.510（M）	0.371

该类站点的站点交通服务水平的落后，一方面是受到站点在轨道交通网络中区位客观因素的影响；另一方面，也受到站点与站域联系水平以及站域开发水平的影响，对于客流的吸引力较弱。在空间上，这些站点基本靠近线路末端。

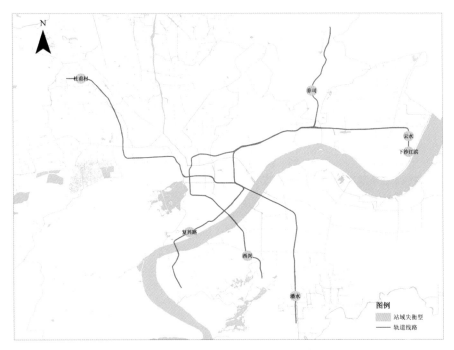

图 5-46　站点发展滞后型的空间分布图

（3）待开发型（图 5-47、表 5-27）

待开发型站点是指站点交通服务水平（T）、站域开发水平（D）、站点与站域联系水平（O）均处于低水平等级的站点。其包括良渚站、南苑站、浦沿站等 9 个站点，其 TOD 效能的平均得分为 0.308，其中，站点交通服务水平（T）的平均得分为 0.152，站域开发水平（D）的平均得分为 0.321，站点与站域联系水平（O）的平均得分为 0.453，均为所有平均水平的 80% 以下，尤其是交通服务水平只有平均水平的 49%。该类站点具有较大的提升空间，有待加强开发与建设。在空间上，待开发型站点均位于线路末端，远离城市中心区。

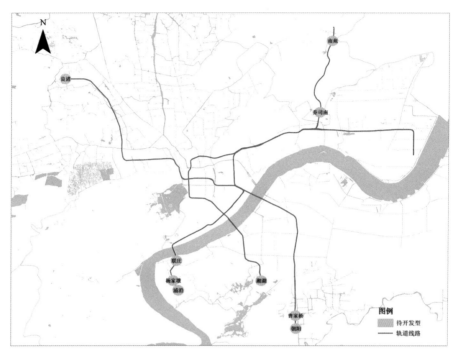

图 5-47　待开发型的空间分布图

表 5-27　待开发型居住型站点的分值

站点	站点交通服务水平得分（0.339）	站域开发水平得分（0.320）	站点与站域联系水平得分（0.341）	TOD 效能得分
南苑站	0.158（L）	0.368（L）	0.574（M）	0.366
浦沿站	0.112（L）	0.358（L）	0.553（M）	0.341
联庄站	0.182（L）	0.357（L）	0.534（M）	0.358
杨家墩站	0.147（L）	0.301（L）	0.507（M）	0.318
湘湖站	0.142（L）	0.331（L）	0.448（L）	0.307
曹家桥站	0.181（L）	0.307（L）	0.399（L）	0.295
乔司南站	0.178（L）	0.297（L）	0.368（L）	0.281
朝阳站	0.117（L）	0.351（L）	0.359（L）	0.274
良渚站	0.149（L）	0.215（L）	0.333（L）	0.233

5.3 总 结

基于居住型站点 TOD 效能评价体系，筛选出了杭州的居住型站点，对杭州居住型站点进行 TOD 效能评价，并对各级指标所反映的杭州居住型站点的现状情况进行了分析。

（1）在 TOD 效能上，居住型站点的得分普遍不高，平均分值仅为 0.435，并且多数站点的得分低于该平均值，最低分仅有 0.233，分值小于 0.3 的也有 5 个站点，这些站点的开发与建设亟待强化。

（2）在空间分布上，居住型站点的 TOD 效能存在一定的中心性倾向，TOD 效能从城市中心逐渐向外围降低，在城市边缘或者线路末端（城市次中心处站点除外）的 TOD 建设明显不足。

（3）在站点交通服务水平上，两极分化的状况严重，其二级指标客运强度和连通性具有较好的一致性，并且较多具有较高的站点交通服务水平的居住型站点未充分发挥站点服务水平的优势，站域开发滞后，有待于建设与提升。

（4）站域开发水平和站点与站域联系水平下各二级指标之间均存在不均衡的现象，需根据各站点的本身情况，进行针对性的提升和改善。同时，站域开发水平和站点与站域联系水平存在较强的正相关性，可以通过提升站域开发水平，带动站点与站域之间的联系水平的发展，反之亦然。

（5）将站点的 TOD 效能三大指标进行比较，站点与站域联系水平相对较优，其次为站域开发水平，最低为站点交通服务水平。站点交通服务水平的严重滞后，较大程度上影响了众多站点 TOD 效能的提高，是目前站点空间发展的核心短板，亟待加强。

（6）基于 TOD 效能评价结果和"节点—场所—联系"模型，利用两步聚类算法，将居住型站点分为平衡型、失衡型、待开发型。其中，失衡型又可细分为站域开发滞后型、站点发展滞后型。平衡型站点是指站点交通服务水平（T）、站域开发水平（D）、站点与站域联系水平（O）相互匹配，达到相对均衡状态的站点，其主要位于城市中心或者行政分区的中心地带，即开发相对成熟的地区。站域开发滞后型站点是指交通服务水平（T）和站点与站域联系水平（O）较好，但站域开发水平（D）相对落后，处于较低的等级，相互不匹配的站点。站点发展滞后型站点是指站域开发水平（D）和站点与站域联系水平（O）较好，但站点交通服务水平（T）相对落后的站点，该类站点基本靠近线路末端。待开发型站点是指站点交通服务水平（T）、站域开发水平（D）、站点与站域联系水平（O）均处于低水平等级的站点，有待于开发建设。

图 5-48 为各类型居住型站点特征的示意图。

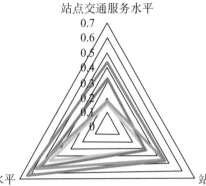

图 5-48　各类型居住型站点特征的示意图

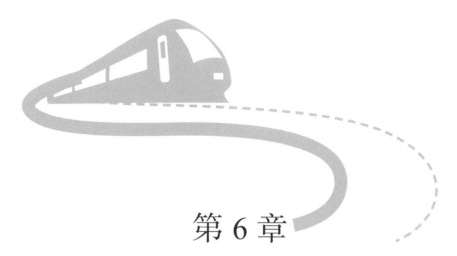

第 6 章
居住型站点 TOD 效能案例的研究

6.1 案例分析

基于居住型站点的分类结果，选取不同类型居住型站点进行更详细的调研，以进一步梳理站点的现状问题，并和评价结果进行对比。分别选取平衡型中的丰潭路站（TOD效能 0.456）、站域开发滞后型中的滨康路站（TOD 效能 0.501）、站点发展滞后型中的乔司站（TOD 效能 0.396）、待开发型中的杨家墩站（TOD 效能 0.318）。

在居住型站点 TOD 效能评价体系中，取站点交通服务水平、站域开发水平、站点与站域联系水平的最高值，形成最优的站点，以便于进行站点指标对比，明确居住型站点的提升方向。

6.1.1 平衡型站点：丰潭路站

丰潭路站位于杭州市西湖区，处于地铁 2 号线东北方向，于 2017 年 12 月开启使用，站台沿文二西路地下以东西向布置。丰潭路站（图 6-1）的站点交通服务水平为 H（最高等级），站域开发水平、站点与站域联系水平均为 M（中间等级），故丰潭路站目前虽然处于相对均衡的状态，但仍需提升站域开发水平、站点与站域联系水平，充分利用站点交通服务水平的优势，以达到更优的状态。

（1）站点交通服务水平：受地理区位的影响，其站点交通服务水平与最优站点相比，差距较大，但是在所有居住型站点中相对较优。在二级指标中，客运强度和连通性均与最优站点的差距较大。

客运强度层面：出入口数量为 4 个，其中 3 个为地面出入口，1 个为室内出入口，每日的地铁班数约为 390 班，日均客流量约为 3 万人。尽管丰潭路站的出入口数量和日发车班次与最优站点之间存在较大的差距，但其地理位置靠近城市中心，客流量较高，与最优站点相差不大，因此具备出色的客运能力。表 6-1 为丰潭路站的站点交通服务水平与最优站点的对比。

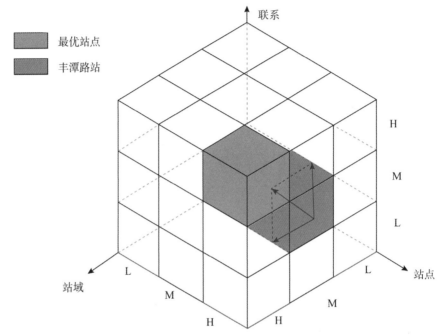

图 6-1　丰潭路站在"节点—场所—联系"模型中的位置与发展方向的示意图

连通性层面：因为丰潭路站位于城市和轨道交通网络的相对中心的位置，所以其可到达的站点数量较多，总计 16 个，但其在轨道交通网络中的重要性一般，非换乘站。

表 6-1　丰潭路站的站点交通服务水平与最优站点的对比

一级指标	二级指标	三级指标	数值	与最优站点的差距
站点交通服务水平评价（T）56.71%	客运强度（T1）60.49%	出入口数量（T11）	4	77.78%
		日发车班次（T12）	391	79.71%
		日客流量（T13）	32710	49.80%
	连通性（T2）55.91%	可达站点数（T21）	16	10.00%
		轨道线路数（T22）	1	100.00%
		度中心性（T23）	2	66.67%

站点交通服务水平存在站点出入口数量少，出入口位置的设置有待优化，且与周边地块的设施缺乏联系。此外，非机动车占据了通往站点出入口的人行道，导致人行道空间狭窄。

利用 GIS 制作丰潭路站的出入口五分钟步行等时圈（图 6-2），由于站点出入口位置的设置以及河流的阻隔，人群步行范围主要集中在丰潭路站东侧出入口，占比达到 60.73%。从 POI 分布来看，站点附近公共服务设施主要集聚在东南侧，而东南侧是传统的老旧住区，支路丰富，布置有零售等众多的底商；在丰潭路站的出入口五分钟等时圈内，其 POI 数量只占 32.11%，靠近站点的商业数量相对较少。这说明目前丰潭路站出入口的布置难以建立和周边公共服务设施之间的联系，地铁站点未能实现对设施聚集性和场所多样性的促进作用。表 6-2 为丰潭路站的土地利用的占比。

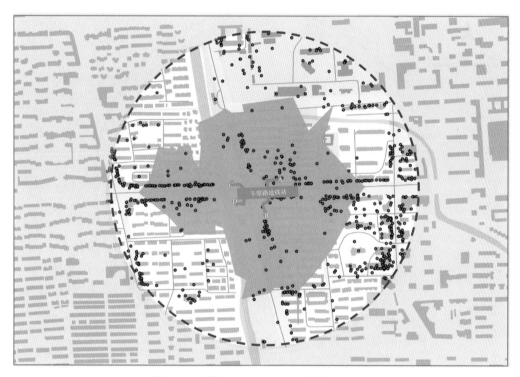

图 6-2　丰潭路站的出入口五分钟等时圈图

表 6-2　丰潭路站的土地利用的占比

用地	各类用地的占比
居住用地	61.02%
商业服务业用地	0.30%
公共管理与公共服务用地	11.13%
交通运输用地	15.81%
绿地与开敞空间用地	7.19%
陆域水域	3.84%
其他土地	0.70%

（2）站域开发水平：与最优站点的相差较大。在二级指标中，设施层面与最优站点的差距最大。

土地利用层面（图6-3）：丰潭路站站点周边的居住用地的占比达到61%，以建设时间较早的传统居住集聚区为主；单纯的商业服务业用地的占比很少，大部分商业以底商形式存在；站点500米范围内存在中小学以及大学，因此，公共管理与公共服务用地的占比相对较大；存在正在施工建设的地块。

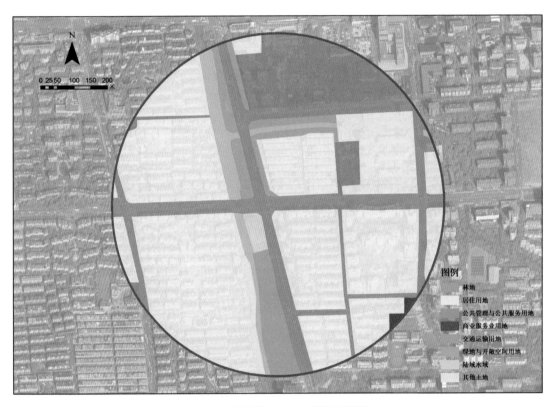

图6-3　丰潭路站的土地利用现状图

相较于最优站点，在土地利用方面相差较大的是土地开发集中度、土地利用多样性和土地功能混合度。由于丰潭路站站点的设置靠近河流以及先开发用地后建设地铁的开发时序，其早期开发时未考虑地铁站点的设置，故站点300米范围内的建筑面积占总建筑面积的比例仅为30%，集中程度较差，开发强度偏低。在土地利用多样性和土地功能混合度方面，由于用地开发时倾向于建设为居住集聚区，故未配置大型商业等，土地利用多样性和土地功能混合度相对偏低。

图6-4为丰潭路开发强度分布图。

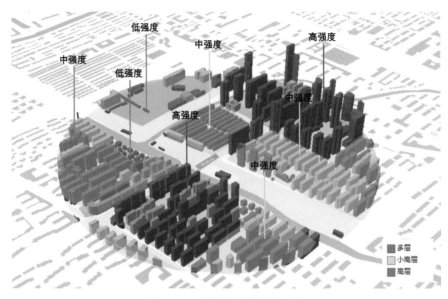

图 6-4　丰潭路开发强度分布图

　　人口层面：在丰潭路站的站域内，大约有 1.5 万人居住。与最优站点相比，丰潭路站的人口数量和居住密度有一定的差距。

　　设施层面：丰潭路站的站域内共有 875 个 POI 设施点（图 6-5），主要集中于道路两侧和东南方向。经营性服务设施建筑面积共计 65774.47 平方米。设施层面是丰潭路站在站域开发水平的二级指标中，和最优站点相差最大的层面。这说明丰潭路站在设施方面仍有极大的提升空间。由于丰潭路站建设相对较早，几乎所有的商业均为底商，建筑面积较少，故公共服务设施数量和密度需要提高。经营性服务设施数量与最优站点的差距较大，同时，公益性和其他服务设施数量也有待于增加。

　　表 6-3 为丰潭路站的站域开发水平与最优站点的对比。图 6-6 为丰潭路站商业分布图。

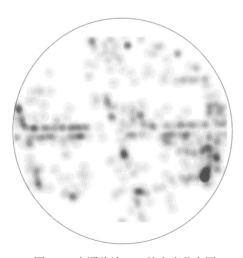

图 6-5　丰潭路站 POI 核密度分布图

表6-3　丰潭路站的站域开发水平与最优站点的对比

一级指标	二级指标	三级指标	数值	与最优站点的差距
站域开发水平评价（D）46.48%	土地利用（D1）27.34%	土地开发强度（D11）	0.32	33.46%
		土地开发集中度（D12）	0.95	50.94%
		土地建设成熟度（D13）	0.58	6.44%
		土地利用多样性（D14）	2.81	50.93%
		土地功能混合度（D15）	1.21	66.55%
	人口（D2）61.89%	居住人口数量（D21）	15832	60.04%
		居住人口密度（D22）	0.046	66.03%
	设施（D3）75.66%	公共服务POI密度（D31）	875	55.73%
		公共服务集中度（D32）	0.28	72.54%
		经营性服务设施建筑面积（D33）	65774.47	92.26%
		公益性服务设施建筑面积（D34）	0	100.00%
		行政性服务设施建筑面积（D35）	0	100.00%

图6-6　丰潭路站的商业分布图

（3）站点与站域联系水平：与最优站点的差距相对较小。在二级指标中，站域可达性与最优站点的差距相对较大。

站域可达性层面：在丰潭路站的站域范围内，共有7个公交站点，可前往8个不同的方向。在道路方面，余杭河的阻隔，导致站点与站域西侧地块联系相对较弱；除了东南区块存在多条巷弄外，其他区块的道路密度均较低。由于站点大部分为路边停车和小区停车场，社会停车场较少，故与最优站点差距较大的是停车场的数量；在公交站点数方面，由于靠近桥梁和线路数量的限制，故公交站点数与最优站点的差距也较大。

设施可达性层面：由于出入口位置的布局，丰潭路站站点到居住地和商业商务设施有一定的距离；到文化教育设施的距离较近，站域内中小学靠近居住用地的配置；由于站点东侧出入口附近是翠莲桥，故无法在桥上布置公交站点，且站点与公交站点的距离较远，使得公交站点可达性较差，导致轨道交通和公交设施在接驳上较为不便。丰潭路站 500 米范围内，共有 7 个公交站点，但与站点距离最近的公交站的距离达到 300 米，不符合《城市轨道沿线地区规划设计导则》中所推荐的 50~100 米的要求，给行人换乘造成不便。图 6-7 为丰潭路站站域内公交站点的分布图。

图 6-7　丰潭路站站域内公交站点的分布图

慢行交通友好性层面：除东南侧地块为传统的老旧小区，有较多的支路，街区尺寸较小外，其他的街区尺寸均为 300 米左右；慢行交通线路长度为 4605 米。但与最优站点相比较，慢行交通线路长度仍有待增长。

表 6-4 为丰潭路站站点与站域联系水平和最优站点的对比。

表6-4　丰潭路站站点与站域联系水平和最优站点的对比

一级指标	二级指标	三级指标	数值	与最优站点的差距
站点与站域联系水平评价（O）22.31%	站域可达性（O1）27.87%	公交站点数（O11）	7	50.00%
		公交方向数（O12）	8	40.00%
		停车场个数（O13）	43	68.84%
		交叉口密度（O14）	12	38.89%
		绕行系数（O15）	1.25	18.58%
	设施步行可达性（O2）25.01%	到居住地的距离（O21）	191	4.74%
		到商业商务设施的距离（O22）	145	38.06%
		到医疗卫生设施的距离（O23）	272	27.28%
		到文化教育设施的距离（O24）	58	7.73%
		到公交站点的距离（O25）	191	100.00%
		到开敞空间的距离（O26）	355.93	29.95%
	慢行交通友好性（O3）34.85%	慢行交通线路长度（O31）	4605.04	52.17%
		街区尺寸（O32）	362.97	18.22%

慢行交通路线的质量不高。丰潭路站 D 口的外步行界面不连续，非机动车道和人行道合并，缺少单独的人行空间。高技路、嘉银巷、华星里街等存在步行道狭窄、不平整以及树木侵占盲道等问题。站点出入口周边缺少非机动车的停放空间，导致公园绿地空间、非机动车道、人行道被占。

（4）案例归纳

丰潭路站 TOD 效能的整体发展虽然较为均衡，但仍有提升的空间，影响丰潭路站TOD 效能发挥的主要是站点的区位设置以及开发时序。

站点交通服务水平：丰潭路站仅有一条地铁线路通过，日发车班次较少，但其具有良好的区位优势，日客流量较大。同时，由于丰潭路站的先开发用地后建设地铁的开发时序，前期建设未考虑站点价值，故出入口附近的商业较少，出入口的设置有待优化。

站域开发水平：土地利用多样性和土地功能混合度偏低。由于丰潭路站的开发时序，在前期用地开发时未考虑到后期地铁建设带来的经济价值，因此，站点周边经营性服务设施均以底商形式呈现，缺乏大型的商业，对于人群的吸引力有限。

站点与站域联系水平：多出现"断头路"等状况，影响公交站点的设置和线路，导致换乘接驳不便，影响了站域可达性。站域范围内部分路段的慢行线路的质量不高，且慢行线路不连续，影响站域范围内的步行友好性。

6.1.2　站域开发滞后型：滨康路站

滨康路站位于杭州市滨江区地铁 1 号线，于 2012 年 11 月开启使用，是杭州地铁 1 号线和 5 号线的换乘车站。滨康路站的站点交通服务水平层面为 H（最高等级），站域开发水平层面为 L（最低等级），站点与站域联系水平层面为 M（中间等级），故滨康路站需提高站域开发水平，充分利用站点交通服务水平、站点与站域联系水平的优势，以达到更优的状态。图 6-8 为滨康路站在"节点—场所—联系"模型中的位置与发展方向的示意图。

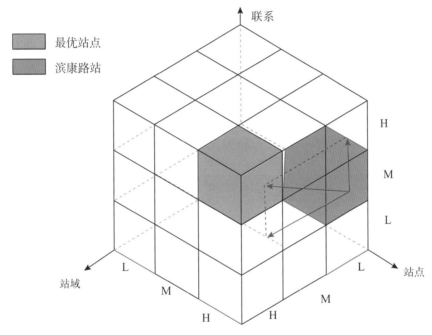

图 6-8　滨康路站在"节点—场所—联系"模型中的位置与发展方向的示意图

（1）站点交通服务水平：由于滨康路站为换乘站点，故具有较优的站点交通服务水平。在二级指标中，客运强度和连通性均与最优站点的差距较小。

客运强度层面：出入口的数量为 5 个，均为地面出入口，每日地铁班数约为 989 班，日均客流量约为 2 万人。虽然日发车班次较多，与最优站点的相差较小，但客流总量较低，说明滨康路站的客运强度不够，站点辐射带动与集散客流能力不强。

连通性层面：滨康路站靠近地铁 1 号线线路的末端，可达站点数为 8 个，相对较少，但由于滨康路站为换乘站点，在轨道交通网络中的重要性较高。

表 6-5 为滨康路站的站点交通服务水平与最优站点的对比。

表6-5　滨康路站的站点交通服务水平与最优站点的对比

一级指标	二级指标	三级指标	数值	与最优站点的差距
站点交通服务水平评价（T）29.33%	客运强度（T1）34.12%	出入口数量（T11）	5	66.67%
		日发车班次（T12）	989	1.05%
		日客流量（T13）	18611	76.98%
	连通性（T2）29.10%	可达站点数（T21）	8	90.00%
		轨道线路数（T22）	2	0.00%
		度中心性（T23）	4	0.00%

（2）站域开发水平：与最优站点相差较大。二级指标中，设施层面的差距最大。

土地利用层面（图6-9、表6-6）：滨康路站仍在开发之中，其开发时序为先建设地铁后开发用地，各类用地有待配置。由于滨康路站位于线路末端，开发强度不高，站域内仍保留有林地等非建设用地，其居住用地占35%左右，仍有部分居住用地正在建设；商业服务业用地较少，仅为2.53%，主要为办公用地和大型商业用地。

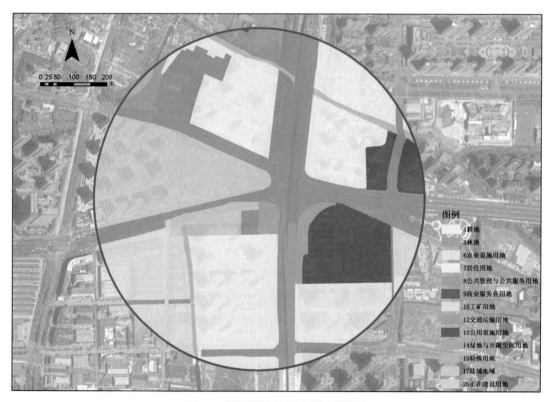

图6-9　滨康路站的土地利用现状图

表 6-6　滨康路站的土地利用占比

用地	各类用地占比
林地	4.43%
农业设施园地	0.53%
居住用地	34.77%
公共管理与公共服务用地	1.22%
商业服务业用地	2.53%
工矿用地	8.56%
交通运输用地	20.38%
公用设施用地	6.69%
绿地与开敞空间用地	2.94%
特殊用地	0.06%
陆域水域	2.02%
正在建设用地	15.86%

在土地利用中，与最优站点相比，差距最大的是土地开发强度和土地开发集中度。土地开发强度低主要是由于滨康路站仍在开发之中，部分土地正在建设，并且站点附近存在容积率较低的工业园区，降低了整体的开发强度。

人口层面：与最优站点的差距较大，在滨康路站的站域内，大约有 5000 人居住，居住人口较少，居住人口密度较低，与滨康路站仍在建设、开发滞后有关。

设施层面：在滨康路站的站域内共有 235 个 POI 点（图 6-10），主要集中于西南侧的工业园区；经营性服务设施建筑面积共为 82464.65 平方米。

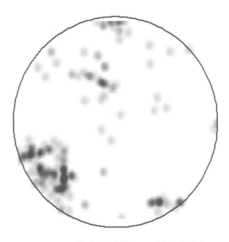

图 6-10　滨康路站的 POI 核密度图

在站域开发水平中，设施与最优站点的差距最大（表6-7）。滨康路站公共服务POI密度和集中度均相对较低，并且主要的公共服务设施为少量的底商和工业园区内的设施，站域设施缺乏，吸引力较弱；经营性服务设施、公益性服务设施、行政性服务设施均有待增加和提升。绘制滨康路站的站域5分钟步行等时圈，除产业园区内的POI外，5分钟等时圈内的POI占29%，仅有68个点，说明站域内各项设施严重缺乏，亟待完善。

表6-7　滨康路站的站域开发水平与最优站点的对比

一级指标	二级指标	三级指标	数值	与最优站点的差距
站域开发水平评价（D）56.04%	土地利用（D1）26.75%	土地开发强度（D11）	1.23	71.10%
		土地开发集中度（D12）	0.17	77.67%
		土地建设成熟度（D13）	0.77	37.77%
		土地利用多样性（D14）	0.78	5.99%
		土地功能混合度（D15）	1.87	17.25%
	人口（D2）76.37%	居住人口数量（D21）	4688	88.92%
		居住人口密度（D22）	0.05	65.72%
	设施（D3）85.24%	公共服务POI密度（D31）	235	88.49%
		公共服务集中度（D32）	0.16	89.53%
		经营性服务设施建筑面积（D33）	82464.65	90.21%
		公益性服务设施建筑面积（D34）	566.95	99.82%
		行政性服务设施建筑面积（D35）	9950.85	81.38%

站域内居住区均为未设置沿街商业的传统的封闭小区，街道活力较弱，对人群缺乏吸引力。滨康路站未充分利用站点带来的人流，无法发挥站点辐射带动的作用。

（3）站点与站域联系水平：与最优站点的差距相对较小（表6-8）。二级指标中，站域可达性与最优站点的差距相对较大。

图 6-11 为滨康路站的出入口五分钟等时圈图。

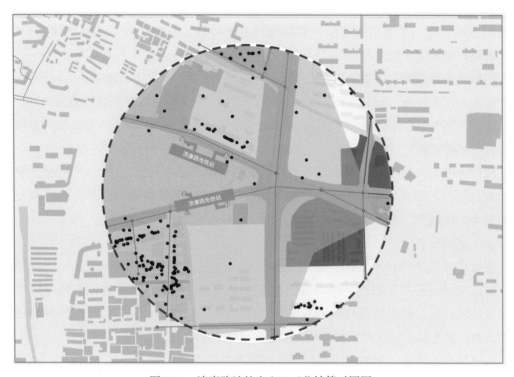

图 6-11　滨康路站的出入口五分钟等时圈图

表 6-8　滨康路站的站点与站域联系水平与最优站点的对比

一级指标	二级指标	三级指标	数值	与最优站点的差距
站点与站域联系水平评价（O）27.23%	站域可达性（O1）43.20%	公交站点数（O11）	6	60.00%
		公交方向数（O12）	8	40.00%
		停车场个数（O13）	12	91.30%
		交叉口密度（O14）	6	72.22%
		绕行系数（O15）	1.20	14.14%
	设施步行可达性（O2）26.23%	到居住地的距离（O21）	147	27.89%
		到商业商务设施的距离（O22）	91	23.06%
		到医疗卫生设施的距离（O23）	723	72.52%
		到文化教育设施的距离（O24）	185	24.67%
		到公交站点的距离（O25）	71	33.70%
		到开敞空间的距离（O26）	400.68	37.01%
	慢行交通友好性（O3）33.01%	慢行交通线路长度（O31）	4280.94	57.92%
		街区尺寸（O32）	288.69	8.97%

站域可达性层面：在滨康路站的站域内，共有 6 个公交站点，可前往 8 个不同的方向；在停车场层面，与最优站点的差距较大，大多为居住区和产业园区的内部停车场；在道路方面，交口密度相对较低，但其绕行系数较高，说明站域内道路便捷性相对较好，道路网络布局较为合理。

设施可达性层面：滨康路站仍在建设之中，站域内医疗卫生设施缺乏，导致到医疗卫生设施的距离较远；到其他设施如居住地、商业、文化教育等的距离均较为合理。

慢行交通友好性层面：滨康路站慢行交通线路长度为 4281 米，由于道路网络较疏，其慢行线路相对较短；街区平均尺寸为 288 米，街区尺寸较为合适。

慢行线路的质量较好，但缺乏活力：滨康路站由于正在开发之中，对于慢行线路的建设规划较好，因此，整体慢行线路的质量较优，但缺乏具有吸引力的公共服务设施，使得行人相对较少，无法吸引人流停驻。

（4）案例归纳

滨康路站属于站域开发滞后型的居住型站点，其具有较好的交通区位且为换乘站点，站点交通服务水平较高，但站域仍在开发建设的过程中，在设施等方面存在不足，需加强站域开发水平和站点与站域联系水平，充分利用地铁站点的人流优势和辐射带动能力，进一步激发站域活力，提升滨康路站的 TOD 效能。

站域开发不完全，土地利用强度和土地开发集中度有待提升，站域内居住人口数量和居住人口密度均相对较低。滨康路站的站域设施相对较少，公共服务设施严重不足，站域内主要的公共服务设施在产业园区内，外部设施严重缺乏，尤其是医疗卫生设施。

站域可达性有待提升，社会停车场不足，并且虽然滨康路站存在多路交叉口，到达站域各处的便捷性较高，但也使得整体交叉口的密度较低，慢行交通线路的长度较短。

6.1.3 站点发展滞后型：乔司站

乔司站位于杭州市临平区内 101 省道与南街交叉口，站台沿 101 省道地下以南北向布置，于 2012 年 11 月 24 日接入杭州地铁 1 号线并投用运营。乔司站的站点交通服务水平层面为 L（最低等级），站域开发水平层面为 H（最高等级），站点与站域联系水平层面为 M（中间等级），故乔司站需提升站点交通服务水平、站点与站域联系水平，充分利用站域开发水平的优势，以达到更优的状态。

（1）站点交通服务水平：由于站点区位的影响，乔司站的站点交通服务水平偏低，二级指标中，客运强度与连通性均与最优站点有较大的差距。见图 6-12、表 6-9。

客运强度层面：出入口数量为 3 个，均为地面出入口，每日地铁班数约为 236 班，日均客流量约为 6673 人。虽然乔司站靠近地铁线路末端，但其周边有一定的开发，设施较齐全，故长时段的通勤较少，居民对于地铁通勤的需求较少。在出入口数量、日发车班次和日客流量 3 个指标上，均与最优站点相差很大，日发车班次和日客流量在所有居住型站点中最少。

连通性层面：由于乔司站靠近轨道交通网络边缘，其可达站点数和度中心性与最优站点的差距较大，在网络中的重要程度较低。

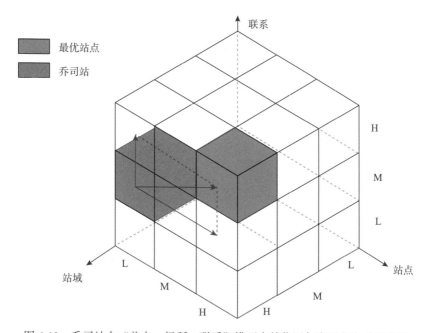

图 6-12　乔司站在"节点—场所—联系"模型中的位置与发展方向的示意图

表 6-9　乔司站的站点交通服务水平与最优站点的对比

一级指标	二级指标	三级指标	数值	与最优站点的差距
站点交通服务水平评价（T）83.14%	客运强度（T1）91.18%	出入口数量（T11）	3	88.89%
		日发车班次（T12）	236	100.00%
		日客流量（T13）	6673	100.00%
	连通性（T2）77.73%	可达站点数（T21）	10	70.00%
		轨道线路数（T22）	1	100.00%
		度中心性（T23）	2	66.67%

（2）站域开发水平：与最优站点的差距最小。二级指标中，设施层面仍需提升。

土地利用层面：乔司站由于其开发时序为先建设地铁后开发用地，各类用地的占比较为均衡，与最优站点相比，差距最大的是土地开发强度和土地开发集中度。由于乔司站靠近城市边缘，开放强度不高，故站域范围内仍保留低容积率、高密度的城中村，以及耕地、林地、草地等非建设用地。居住用地占比为 35.78%，保留部分的城中村；商业服务业用地的占比为 20.11%，存在大型的商业综合体以及居住建筑底商。具体见图6-13、表 6-10。

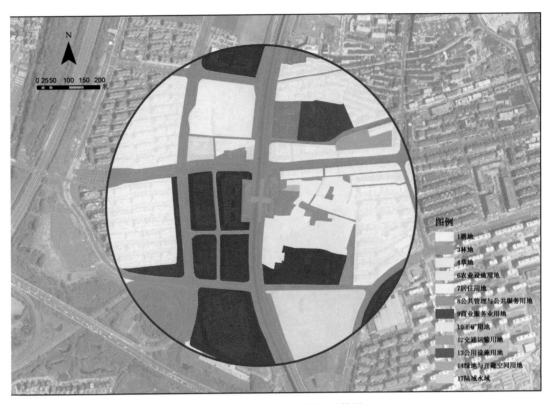

图 6-13　乔司站的土地利用现状图

表 6-10　乔司站的土地利用占比

用地	各类用地占比
耕地	4.48%
林地	2.84%
草地	0.13%
农业设施园地	0.10%
居住用地	35.78%
公共管理与公共服务用地	1.71%
商业服务业用地	20.11%
工矿用地	6.77%
交通运输用地	24.62%
公用设施用地	2.31%
绿地与开敞空间用地	1.04%
陆域水域	0.11%

人口层面：在乔司站的站域范围内，大约有 5000 人居住，居住人口较少，并且多数为城中村居民。

设施层面：乔司站的站域范围内共有 575 个 POI 点（图 6-14），主要集中在站点西侧和东北侧，其分别为大型的商业综合体和沿街底商。设施是乔司站在站域开发水平的二级指标中，与最优站点的差距最大的指标。乔司站在设施方面有较大的提升空间，虽然乔司站靠近站点布局了大型的商业，以及具有生活气息和活力的沿街商铺，但与最优站点相比，密度仍相对较低，数量相对较少，公益性服务设施也有待增加。

表 6-11 为乔司站的站域开发水平与最优站点的对比。

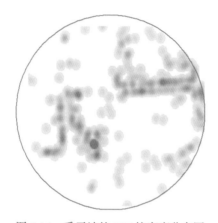

图 6-14　乔司站的 POI 核密度分布图

表 6-11　乔司站的站域开发水平与最优站点的对比

一级指标	二级指标	三级指标	数值	与最优站点的差距
站域开发水平评价（D）27.95%	土地利用（D1）23.63%	土地开发强度（D11）	1.18	72.39%
		土地开发集中度（D12）	0.25	63.36%
		土地建设成熟度（D13）	0.92	11.55%
		土地利用多样性（D14）	0.73	17.51%
		土地功能混合度（D15）	1.69	31.34%
	人口（D2）41.26%	居住人口数量（D21）	5112	87.82%
		居住人口密度（D22）	0.14	0.00%
	设施（D3）52.51%	公共服务 POI 密度（D31）	575	71.08%
		公共服务集中度（D32）	0.55	36.36%
		经营性服务设施建筑面积（D33）	370146.02	54.88%
		公益性服务设施建筑面积（D34）	0	100.00%
		行政性服务设施建筑面积（D35）	10491.17	80.37%

（3）站点与站域联系水平：与最优站点的差距相对较小。二级指标中，站域可达性与最优站点的差距相对较大。具体见表6-12。

表6-12 乔司站的站点与站域联系水平与最优站点的对比

一级指标	二级指标	三级指标	数值	与最优站点的差距
站点与站域联系水平评价(O) 31.23%	站域可达性（O1） 60.79%	公交站点数（O11）	6	60.00%
		公交方向数（O12）	4	80.00%
		停车场个数（O13）	2	98.55%
		交叉口密度（O14）	8	61.11%
		绕行系数（O15）	1.53	47.35%
	设施步行可达性（O2）10.43%	到居住地的距离（O21）	393	0.00%
		到商业商务设施的距离（O22）	10	0.56%
		到医疗卫生设施的距离（O23）	261	26.18%
		到文化教育设施的距离（O24）	261	34.80%
		到公交站点的距离（O25）	50	22.10%
		到开敞空间的距离（O26）	532.20	57.75%
	慢行交通友好性（O3）42.72%	慢行交通线路长度（O31）	4408.58	55.66%
		街区尺寸（O32）	360.38	30.35%

站域可达性层面：在乔司站的站域范围内，共有6个公交站点，可前往4个不同的方向，公交网络较不密集，与最优站点相比的相差较大，通过公共交通前往站域的能力较弱；在停车场层面，与最优站点相比的差距较大，基本上以路边停车的方式解决停车问题，缺乏社会停车场；在道路方面，交口密度相对较低，道路间距较大，影响了出行的便捷性。

设施可达性层面：乔司站由于土地开发时间较晚，故设施可达性相对较好，到居住地的距离与邻里型TOD模型较为契合，并且商业商务设施直接临近站点的配置，最大化利用站点附近的高经济商业价值的土地；除到开敞空间的距离较远外，到其他的设施，如医疗卫生、文化教育等距离相对较近，且较为合理。

慢行交通友好性层面：乔司站的慢行交通线路的长度为4408米，受道路网络较疏的影响，其慢行线路相对较短；除靠近站点西侧的街区尺寸大约为150米外，其他的街区尺寸均相对较大，与最优站点有一定的差距，有待进一步提升。

（4）案例归纳

乔司站属于站点发展滞后型的居住型站点，受城市和地铁网络中的区位限制，导致其站点交通服务水平偏低，但站域开发水平和站点与站域联系水平较高，可以在设施层面提升和完善。针对这一类型的站点，更加倾向于继续提升站域开发水平和站点与站域联系水平。通过站域开发水平和站点与站域联系水平的提升，更好地为站域居民服务，加强站域吸引力，以此促进更多的人流来到站点，从而促进站点交通服务水平的提升，提高居住型站点的 TOD 效能。

图 6-15 为乔司站慢行交通路线的质量问题分布情况。

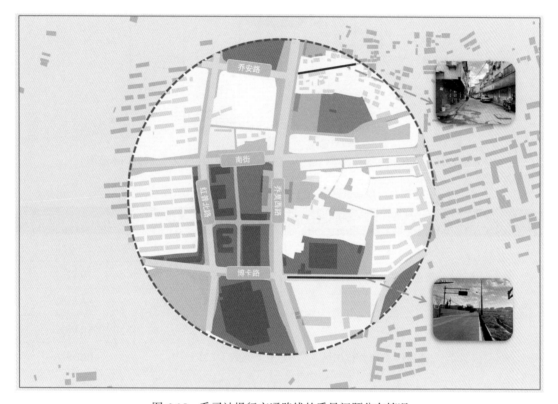

图 6-15　乔司站慢行交通路线的质量问题分布情况

6.1.4　待开发型：杨家墩站

杨家墩站属地铁 4 号线的站点，位于滨江区滨文路与浦沿路的交叉处，沿浦沿路地下南北走向下方布置，于 2018 年 1 月开启使用。杨家墩站的站点交通服务水平层面为 L（最低等级），站域开发水平层面为 L（最低等级），站点与站域联系水平层面为 M（中间等级），均处于低下等级。

（1）站点交通服务水平：与最优站点相比，杨家墩站的站点交通服务水平较低。在二级指标中，客运强度和连通性与最优站点的差距均较大。具体见图 6-16、表 6-13。

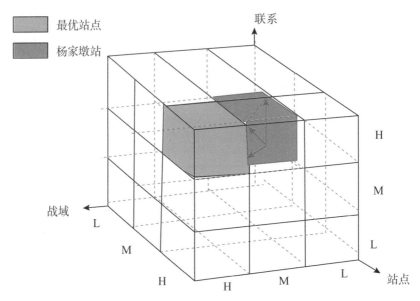

图 6-16　杨家墩站在"节点—场所—联系"模型中的位置与发展方向示意图

表 6-13　杨家墩站的站点交通服务水平与最优站点的对比

一级指标	二级指标	三级指标	数值	与最优站点的差距
站点交通服务水平评价（T）82.84%	客运强度（T1）81.14%	出入口数量（T11）	4	77.78%
		日发车班次（T12）	390	79.82%
		日客流量（T13）	8284	96.89%
	连通性（T2）85.01%	可达站点数（T21）	8	90.00%
		轨道线路数（T22）	1	100.00%
		度中心性（T23）	2	66.67%

客运强度层面：出入口数量为 4 个，每日地铁班数约为 390 班，日均客流量约为8000 人。杨家墩站的客流量较少，客运强度低，在一定的程度上与站域开发水平不高、难以吸引人群到达有关。

连通性层面：杨家墩站靠近地铁 4 号线的线路末端，可达站点数相对较少；在轨道交通网络中，连通性较差，重要性相对较低，主要是由于其特殊的交通区位。杨家墩站靠近杭州滨江区边缘，北与西均邻近钱塘江，形成了特殊的"交通空白"地带。

（2）站域开发水平：与最优站点有较大的差距。二级指标中，人口与最优站点的差距最大。具体见表 6-14。

表 6-14　杨家墩站的站域开发水平与最优站点的对比

一级指标	二级指标	三级指标	数值	与最优站点的差距
站域开发水平评价（D）56.67%	土地利用（D1）45.19%	土地开发强度（D11）	1.14	73.44%
		土地开发集中度（D12）	0.52	13.08%
		土地建设成熟度（D13）	0.41	100.00%
		土地利用多样性（D14）	0.64	36.48%
		土地功能混合度（D15）	1.35	56.07%
	人口（D2）80.99%	居住人口数量（D21）	1774	96.48%
		居住人口密度（D22）	0.045	67.23%
	设施（D3）59.33%	公共服务 POI 密度（D31）	382	80.96%
		公共服务集中度（D32）	0.43	52.15%
		经营性服务设施建筑面积（D33）	99614.33	88.11%
		公益性服务设施建筑面积（D34）	179155.06	44.11%
		行政性服务设施建筑面积（D35）	1375.41	97.43%

土地利用层面：杨家墩站仍在开发建设之中，其开发时序是先建设地铁后开发用地。正在建设用地的占比约为 55%，基本上建成后为居住用地；站域内有公共管理与公共服务用地（13.62%），为一所高校；少量的为商业服务业用地、绿地与开敞空间用地等，土地开发强度和土地建设成熟度整体较低。具体见图 6-17、表 6-15。

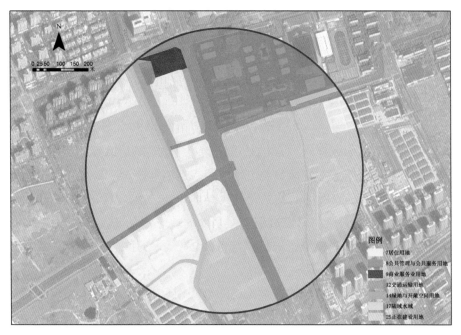

图 6-17　杨家墩站的土地利用现状图

表 6-15　杨家墩站的土地利用占比

用地	各类用地占比
居住用地	14.24%
公共管理与公共服务用地	13.62%
商业服务业用地	1.24%
交通运输用地	9.99%
绿地与开敞空间用地	2.04%
陆域水域	3.33%
正在建设用地	55.54%

人口层面：杨家墩站仍在建设之中，因此，居住人口数量和居住人口密度均相对较低。

设施层面：杨家墩站的站域内公共服务设施集中于站北地区，靠近高校附近，其他地区的公共服务设施分布较少且散乱，公共服务 POI 密度相对较低（图 6-18），有待于进一步完善。

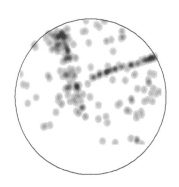

图 6-18　杨家墩站的 POI 核密度分布图

（3）站点与站域联系水平：与最优站点相比，站点与站域联系水平较低。二级指标中，站域可达性和慢行交通友好性与最优站点的差距相对较大。具体见表 6-16。

站域可达性层面：杨家墩站的站域内，共有 4 个公交站点，可前往 6 个不同的方向；由于站域的大部分用地仍然在建设过程中，站域内缺乏停车场，停车设施有待于完善；在道路方面，交口密度相对较低，但其绕行系数较低，说明站域内的道路便捷性相对较好，道路网络布局较为通达，可达性较高。

设施可达性层面：杨家墩站的各类设施的布局相对较为合理，即使商业等设施数量较少，但到设施的步行距离均相对适中；到开敞空间的距离相对较远，有待于在站域内设置更多便捷可达的开敞空间。

慢行交通友好性层面：杨家墩站的慢行交通线路长度为 2785 米，由于道路网络较疏，道路结构简单，导致慢行线路长度相对较短，缺乏支路等生活性道路；街区尺寸相对较小，为 226 米左右，与最优站点的差距较小，说明街区尺寸较为合适，道路网络通达，便于到达站域各处。

表 6-16　杨家墩站的站点与站域联系水平与最优站点的对比

一级指标	二级指标	三级指标	数值	与最优站点的差距
站点与站域联系水平评价（O）36.76%	站域可达性（O1）58.14%	公交站点数（O11）	4	80.00%
		公交方向数（O12）	6	60.00%
		停车场个数（O13）	0	100.00%
		交叉口密度（O14）	4	83.33%
		绕行系数（O15）	1.19	13.01%
	设施步行可达性（O2）28.45%	到居住地的距离（O21）	10	100.00%
		到商业商务设施的距离（O22）	104	26.67%
		到医疗卫生设施的距离（O23）	119	11.94%
		到文化教育设施的距离（O24）	109	14.53%
		到公交站点的距离（O25）	51	22.65%
		到开敞空间的距离（O26）	500.87	52.81%
	慢行交通友好性（O3）42.25%	慢行交通线路长度（O31）	2785.32	84.45%
		街区尺寸（O32）	226.82	1.27%

杨家墩站作为典型的先建设地铁后开发用地的居住型站点，其站域周边的建设均有合理的规划设计，故慢行道路环境较好且质量较高，无人行道变窄等问题。但由于站点仍然在开发建设之中，缺乏沿街商铺等公共服务设施，街道缺乏活力，无法留住行人，难以发挥站点的辐射带动作用。

（4）案例归纳

杨家墩站属于待开发型站点，其站点交通服务水平、站域开发水平、站点与站域联系水平均有待提升，存在交通属性不强、发展不足等问题。需要通过规划的引导作用，加强站域开发水平，促进站点与站域之间的联系，充分发挥站点的辐射带动作用，形成宜居活力的居住型站点，提升居住型站点的 TOD 效能。

对比以上 4 个不同类型的站点，平衡型站点丰潭路站的发展相对均衡，虽然 TOD 效能相对较好，但由于站域用地开发早于地铁建设，存在站点出入口位置的设置有待优化、站点与周边地块的设施缺乏联系、缺乏非机动车停放空间等站域空间质量问题。站

域土地建设较为成熟，但土地开发集中度和土地混合度相对较低，存在站点与商业联系不足、吸引力不足等问题。同时，由于地理因素限制，站域可达性相对较低，也导致丰潭路站距离公交站点较远，不利于换乘。

站域开发滞后型站点滨康路站属于换乘站点，具有较好的交通区位和地理区位，站点交通服务水平较好。站域内慢行线路的质量较好，但整体仍在开发之中，开发强度和土地开发集中度较低，人口不足，各项设施的配置不全，公共服务密度和集中度偏低。

站点发展滞后型站点乔司站由于受区位的影响，站点交通服务水平较低，利用地铁通勤的需求量较小，难以发挥地铁对于人流的集散作用。虽然站域各类用地的配比相对比较均衡且布局合理，但站域内仍存在部分城中村，有待于提升改造。内部社会停车场较少，道路密度和街区尺寸有待优化，以提升出行的便捷性。

待开发型站点杨家墩站的站点交通服务水平、站域开发水平、站点与站域联系水平三方面均有待于提升，需进行合理有序的规划，引导站点往集约、高效的方向发展。站域仍在开发建设之中，存在较多待开发和正在开发的用地，土地开发强度和土地建设成熟度均较低。同时，站域内的设施有待于增加和完善，以提高站域吸引力。

6.2 居住型站点的现状问题

6.2.1 总体问题分析

居住型站点以居住用地为主，具有明显的"钟摆型"客流特征，通过对其进行实地调研，发现居住型站点在 TOD 效能建设方面主要存在以下的共性问题。

（1）TOD 效能整体偏低，开发建设不足。

杭州市居住型站点 TOD 效能整体偏低，表明杭州市居住型站点及其站域的开发与建设存在不足，对于居住型站点的发展缺少关注，空间利用效率偏低，未充分利用地铁站点优势带动站域发展，公共服务设施、道路网络等多方面有待完善。

（2）站点交通服务水平两极分化严重，存在"供需失衡"的现象。

站点交通服务水平呈现"中心高，末端低"的态势。位于城市中心的居住型的站点客流强度和连通性均相对较优，而地铁线路末端的站点客流强度和连通性普遍偏低，这与杭州市轨道交通网络单中心发展、轨道线路密度逐渐向外围递减的特点有关。同时，地铁日客流量与日发车班次存在"供需失衡"的现象，部分站点的客流量较高，但是发车班数较少，导致站点内拥堵以及单位运输量较大的现象，从而降低地铁交通出行的舒适性，影响客运强度。

（3）站域开发不均衡，存在人口、设施、土地利用间的不匹配现象。

站域开发水平中土地利用、人口、设施发展不均衡，较多的站点存在站域人口较多，但土地利用和设施较为落后等问题，容易导致居民需求和设施供给不匹配，进而使得站域发展滞后，并影响居民的生活质量。在土地利用和客流强度上也存在不匹配的现象，如部分站点的周边土地的开发状况较好，但客流强度不高，导致空间利用效率不高、房屋空置等现象。

（4）站域要素的布局有待优化，站点与站域联系水平仍可提升。

站点与站域之间的联系很大程度上影响着居民对于站点的使用效率和生活质量。杭州居住型站点由于受到区位、开发时序等的影响，站域空间范围内的要素布局存在不合理的现象，导致无法发挥站点经济价值、站域缺乏活力等问题，用地、路网、设施等布局有待于合理规划。

6.2.2 不同类型站点的问题分析

6.2.2.1 平衡型

平衡型居住型站点的 TOD 效能相对较好，在站点交通服务水平、站域开发水平、站点与站域联系水平 3 个维度发展均衡，相互匹配，但平衡型并不意味着 TOD 效能达到最佳的状态，实际上仍有较大的提升空间。任一水平的提高，均有待于其他维度水平的提升，进而实现居住型站点 TOD 效能和空间质量的螺旋式上升，达到更佳的状态。

在站点交通服务水平中，平衡型站点由于具有较好的地理区位和交通区位，客流强度较高，连通性较好，因此，站点交通服务水平均处于中等水平以上；在站域开发水平中，平衡型站点的开发较为成熟，主要由于其分布在城市核心区和行政分区中心，具有较高的开发强度和较久的开发历史；在站点与站域联系水平中，在平衡型站点中，除部分站点受到实际的地理环境限制之外，其他站点的站域可达性、步行可达性、步行友好性均相对较好。

在站域开发水平中，由于大多数的平衡型站点的土地开发时间较早，导致站域用地在开发时未考虑到地铁所需的空间和所带来的价值，使得站点建成后仅发挥了交通功能，未充分与站域设施结合，没有实现站点综合化的发展；在站点与站域联系水平中，虽然设施位置、道路等设置较好，但是由于开发的年份较久，存在步行道缺失、被占、过窄等问题，居民的居住环境和空间质量有待于进一步提升，从而促进居住型站点 TOD 效能的提高。

6.2.2.2 失衡型

失衡型居住型站点是在站点交通服务水平、站域开发水平、站点与站域联系水平 3 个维度中存在某个维度上的失衡，与其他的维度不匹配。失衡型站点可以通过充分利用优势维度发展，提升其低水平维度，以达到平衡状态，进而提升 TOD 效能。

（1）站域开发滞后型

站域开发滞后型居住型站点具有较高的站点交通服务水平和站点与站域联系水平，

但站域开发水平偏低。在站点交通服务水平中，由于站域开发滞后型站点一般为换乘站点或区位较优，所以，具有较高的客运强度与连通性；在站域开发水平中，站域开发滞后型站点的开发一般较为滞后，开发强度不足，设施不完善，未充分发挥站点交通服务水平的优势，站域开发水平较低；在站点与站域联系水平中，由于开发较晚，站域开发滞后型站点具有较好的规划，故慢行友好性较好，但站域可达性和步行可达性受设施布置、道路密度等影响，有待于进一步提升。

站域开发滞后型站点的主要问题在于站域开发水平偏低，由于开发较晚，虽然进行了一定的规划建设，充分考虑站点的价值，但土地开发强度不足，土地利用效率较低，存在正在建设或待建设用地，缺乏设施，无法形成充足的人流吸引力。同时，这类型的站点容易仅发展为交通节点，无法发挥其他功能，虽然其建成环境较好，慢行友好性高，但相对冷清，缺乏生活气息，底商空置，设施不足，无法充分利用地铁站点带来的人流，不利于 TOD 效能的提升，仍有待于进一步地开发与建设。

（2）站点发展滞后型

站点发展滞后型居住型站点具有较高的站域开发水平和站点与站域联系水平，但站点交通服务水平偏低。在站点交通服务水平中，站点发展滞后型站点均靠近站点线路的末端，客流强度和连通性相对较低；在站域开发水平中，该类站点的站域开发完全，设施完善，与邻里型 TOD 理想模型契合；在站点与站域联系水平中，该类站点的道路密度、慢行线路长度等均相对较好。

站点发展滞后型居住型站点的问题在于站点交通服务水平不高，客流强度不大，居住在该类站点中的居民较少通过地铁站点进行通勤，更多采用其他交通工具或者实现就近就业，仅需进行短距离通勤，对于地铁通勤的需求量较小，站点对站域辐射的带动能力较弱。

6.2.2.3 待开发型

待开发型居住型站点的 TOD 效能相对较低，评价的 3 个维度均处于低水平。该类站点进一步需要合理开发与规划，以促进居住型站点的发展。

在站点交通服务水平中，待开发型站点靠近线路末端，客流强度不高，连通性较差；在站域开发水平中，该类站点的土地利用不完全，设施不足，常住人口偏少；在站点与站域联系水平中，由于用地建设较晚，对待开发型站点的慢行交通系统进行了合理规划，慢行交通友好性较好，但由于道路网络简单、设施不足等，站域可达性、步行可达性不高。

待开发型站点的关键问题在于开发建设不足，在站域开发水平中，存在较多的用地未建设或正在建设，有待于进一步加强开发建设；同时，设施不足，导致无法吸引人流到达和停留；在站点与站域联系水平，部分道路仍在建设之中，步行可达性较低，慢行交通空间的质量不高。

6.3 影响居住型站点 TOD 效能的原因分析

居住型站点 TOD 效能会受到诸多因素的影响，使得各居住型站点 TOD 效能存在差异。基于居住型站点 TOD 效能的评价结果以及不同类型居住型站点的调研和分析，影响居住型站点 TOD 效能的因素主要有开发时序、区位、人口分布、发展定位、政策导向等方面。

6.3.1 开发时序

平衡型站点属于开发相对较为成熟的站点，一般在地铁开通前就有了一定程度的用地建设。如丰潭路站，虽然其 TOD 效能较好，但由于站域建设的时间较早，住宅历史较久，用地开发时未将地铁建设考虑在内，故出现空间不足、空间质量不高等现象。其中，地铁开通与建设年份之差大于 10 年的平衡型站点位于城市中心区或者行政区划的核心；小部分站点的开发时序属于先建设地铁后开发用地的，如飞虹路站。充分利用站点的辐射带动作用，逐步推进 TOD 开发，TOD 效能较好。这些站点相对靠近城市中心区，具有较高的开发强度，故可以在开通地铁后快速开发建设。

几乎所有的站域开发滞后型站点均是先建设地铁后开发用地，并且相对靠近城市中心区的边缘，开发强度相对中心区较弱，站域未得到充分开发，站域无法完全承接站点带来的客流，土地利用效率较低，缺乏各类配套设施，导致这些站点仅成为单纯的交通节点，无法使人们产生其他非必要性的活动以及更多的经济社会价值，未充分发挥地铁站点的辐射带动作用。

站点发展滞后型站点的开发时序多为先用地开发后建设地铁，用地的开发时间相对较久，因此，站域建设相对较完备，设施相对齐全，用地开发较好，站点与站域联系水平较高，但站点交通服务水平不高，并且杭州的站点发展滞后型站点均靠近地铁线路的末端，对于利用地铁通勤的需求较小。

待开发型站点有一半的站点的开发时序属于先建设地铁后开发用地，故站域开发相对比较滞后，开发不成熟，许多用地仍在建设之中，使得站域开发水平不高，站点与站域连通性不强，TOD 效能不高，整体处于待开发的状态。另一部分的站点属于先用地开发后建设地铁，虽然用地开发的时间较久，但实际距离城市中心区较远，开发强度不大，例如浦沿站、联庄站等，因此，其站域空间、站点与站域的联系均有待于进一步开发与建设。

6.3.2 区 位

平衡型站点一般位于城市中心区或者行政分区的中心，具有较好的地理区位和交通区位，较多分布于钱塘江以北发展较早的地区（包括城西地区）。由于其区位优势，具有较好的发展动力，居住人口数与客流量较多，开发相对完全，各维度较为均衡，TOD 效能较高，具有发展成为城市区块中心的较大的潜力。

站域开发滞后型站点在轨道交通网络中具有较好的区位性和重要性，站点交通服务水平较好，但是地理区位相对较差。这也导致这类站点的开发强度和吸引力不足，站域开发水平较低，进而使得站点与站域之间失衡，无法充分利用站点交通服务水平的优势进行发展与建设，TOD 效能相对偏低。

站点发展滞后型站点具有较好的地理区位，大部分位于城市中心附近或行政分区的中心地区，开发相对较好，站域开发水平高，但是在轨道交通网络中，交通区位较差，客流量相对较少，站点交通服务水平较低，使得站点与站域之间存在不平衡。

待开发型站点位于地铁线路的末端，在地理区位和交通区位两个方面，相对于其他类型的站点较差。并且，待开发型站点的人流量较少，开发强度不高，故站点交通服务水平、站域开发水平、站点与站域联系水平均相对较差，TOD 效能低，未形成成熟的TOD 建设模式，需进行规划引导和建设，具有较大的提升空间。

6.3.3 人口分布

人口分布在一定的程度上影响了站点的 TOD 效能，站域内人口越多，越有利于吸引各类设施，推动用地开发，激发站域经济活力，从而进一步提升客流量，形成良性循环。

平衡型站点的人口分布较多，反映了均衡的开发与建设对人流停驻具有一定的作用。同时，人口的集聚也有利于其进一步提升 TOD 效能，两者具有相互促进的作用。

站域开发滞后型站点的站域开发水平较低，无法真正使人留下，因而实际居住在该类站点站域内的人口较少，无法对站域开发起到推动作用以提升 TOD 效能。

站点发展滞后型站点的站点交通服务水平较差，但站域开发较好，设施齐全，能够满足居民的需求，因此，其人口数较站域开发滞后型站点稍多。但站点发展滞后型站点与均衡型站点相比，人口数仍相对较少。

待开发型站点的人口数少，各方面均有待于建设，对于人流的吸引力较低，无法通过充足的人流给站域带来活力，推动站域发展。因此，TOD 效能较低，站点交通服务水平、站域开发水平、站点与站域联系水平均处于低水平，人口与站点 TOD 建设无法产生相互促进的作用。

6.3.4 发展定位

居住型站点的不同的发展定位在一定的程度上影响着 TOD 效能，不同的发展定位决定了站点的发展方向，影响着站点周边地区的用地设置、设施的数量与种类、道路系统等。位于城市中心区和行政分区中心的站点本身由于区位的优越性，发展定位一般为区域中心。这些居住型站点具有较强的站点辐射带动能力，在用地布局、设施等多方面配置完善，充分考虑站点的经济价值和商业价值，致力于通过站点带动区域发展。因此，这些居住型站点的 TOD 效能较好，居住型站点的发展趋向综合化。

部分居住型站点如站域开发滞后型站点，若发展定位仅为"卧城"，地铁站点仅发挥交通功能——只是人们通勤的工具，人们到达站域也仅仅是为了居住而停留，将导致站域建设相对落后，土地利用效率低下，缺乏活力。即使拥有较多的人流量，但站点价值也无法得到充分发挥，TOD 效能偏低。只有发展定位朝着综合化、多元化的方向发展，以此才能真正推动站域发展，形成舒适宜居、活力便捷的居住社区。

6.3.5 政策导向

政策的出台和引导能够让人们重视地铁站点的价值，关注站域空间的建设与质量，对于居住型站点具有较大的影响，能够推动居住型站点进行 TOD 建设，加快站域的开发与建设。杭州的 TOD 理念约开始于 2015 年后。在这一时期，政府、企业均开始关注 TOD 理念，并着手开始实施建设 TOD，也表明杭州之前的地铁周边开发与建设未完全考虑到站点的经济价值以及辐射带动能力，这也是居住型站点整体 TOD 效能偏低以及许多居住型站点仍在建设和完善之中，站点 TOD 建设仍在初级阶段的重要原因。

2018 年，杭州市提出地铁车辆段"上盖是原则，不上盖是例外"，推进地铁上盖物业的开发，更好发挥轨道交通牵引带动的作用，打造"轨道上的城市"。之后，相继出台了多项政策，如 2020 年提出的《关于推进轨道交通可持续高质量发展的实施意见》、2022 年制定的《杭州市轨道交通 TOD 综合利用专项规划》等，杭州开始逐步重视地铁 TOD 建设，这也使得许多待开发型居住型站点在用地布局、设施配置等方面具有一定的 TOD 雏形。随着杭州 TOD 建设的发展，居住型站点的 TOD 效能也将会得到进一步的提升。

6.4 总 结

根据对各类型站点的调研，不同类型站点的 TOD 效能建设具有较大的差异。在平衡型站点，站点交通服务水平、站域开发水平、站点与站域联系水平相对较好，相互间较为匹配，主要位于城市中心区或者行政分区的中心地带，即开发相对成熟的地区。对于站域开发滞后型站点，站点交通服务水平和站点与站域联系水平较高，但站域开发水平相对落后，该类站点虽然有较大的人流量，但未真正发挥 TOD 的作用，站域缺乏吸引力，无法充分发挥站点辐射带动的作用。对于站点发展滞后型站点，站域开发水平、站点与站域联系水平较高，但站点交通服务水平相对落后，该类站点多靠近线路末端，受到站点区位等客观因素的影响，对于客流的吸引力较弱。对于待开发型站点，站点交

通服务水平、站域开发水平、站点与站域联系水平均处于低水平，该类站点均位于线路末端，存在大量正在建设或待建设用地，亟待有效开发。

居住型站点的 TOD 效能受到众多因素的影响，使得各居住型站点的 TOD 效能存在差异，开发时序、交通区位或者地理区位的优劣均会直接影响到站点交通服务水平，同时对开发强度、设施完善程度等造成影响，站域内的人口分布、站域发展定位和政策导向影响着站域的开发程度、站域经济活力乃至未来的发展方向，城市轨道交通站点的 TOD 建设需要充分考虑这些相关因素，合理规划，科学设计，加快推进。

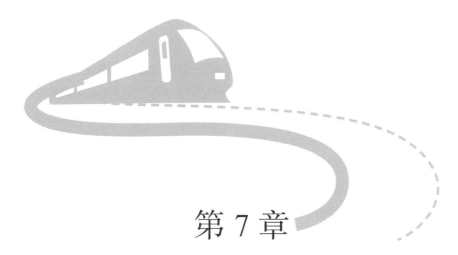

第 7 章
轨道交通站域生活圈健康导向性评价

轨道交通站域生活圈是以多元城市功能高度集聚的城市交通网络重要节点与居民满足日常生活需求的重要空间的耦合，同时也会出现交通导向与健康导向之间潜在的矛盾冲突。因此，对轨道交通站域生活圈的形成与健康发展进行研究，使其在满足城市要素高密度、高周转需求的同时，提升居民日常生活空间的品质，提高居民的健康水平，对于推动高集聚性轨道交通站域生活圈走向健康性发展，并推动城市整体的高质量发展具有重要的现实意义。

本章通过对杭州市轨道交通站域生活圈的评价和实地调研，明确杭州市轨道交通站域生活圈在健康导向下的现实问题，并提出相关的策略，为轨道交通站域生活圈健康性的提升提供理论和技术参考，促进城市轨道交通站域生活圈的健康性发展，提升城市的健康品质。

7.1 轨道交通站域生活圈健康导向性的评价体系

7.1.1 已有的相关评价体系

7.1.1.1 健康城市评价体系

世界卫生组织的健康城市评价体系：为在全球范围内促进健康城市的建设，世界卫生组织将 1996 年 4 月 2 日世界卫生日的主题定为"城市与健康"，并根据世界各国开展健康城市活动的经验和成果，同时公布了"健康城市 10 条标准"。1998 年，该组织在第一版欧洲健康城市网络的健康城市指标体系的基础上，重新筛选了与健康城市更为密切、有效的核心指标，修订形成了一套包含 32 项二级指标（包括死亡率、健康保险覆盖度、医护人员数等）的评价体系。

中国的健康城市评价体系：该评价指标体系以全国卫生与健康大会及《"健康中国2030"规划纲要》等文件和主要指标为依据。2018年全国爱国卫生运动委员会办公室组织制定了《全国健康城市评价指标体系（2018版）》。该体系包含5个一级指标、20个二级指标和42个三级指标。相对于世界卫生组织发布的健康城市标准来看，其更具有针对性。该指标体系强调健康城市建设应当秉持"大卫生、大健康"的理念，并委托第三方机构对全国所有的卫生城市开展评价，以健康城市指数（healthy city index）的形式进行发布。

健康社区评价体系：2020年，中国工程建设标准化协会和中国城市科学研究会发布了《健康社区评价标准》（T/CECS 650—2020），为我国健康社区建设和评估提供重要工具。该评价体系主要着眼于社区尺度和建筑尺度的健康要素。该评价指标包括空气、水等6项一级指标和19个二级指标。

健康城区评价标准：中国城市科学研究会研编的《健康城区评价标准》（T/CSUS 47—2022）于2023年1月正式实施，主要包括三大主题：健康的城镇空间与设施、健康的自然环境与气候、健康的社会氛围与保障。其中，在健康的城镇空间与设施中主要包括空间布局、公共服务设施等8个指标。该标准关注城区的健康特征，并未涉及公共安全、市容卫生、绿色生态等城区应有的全部特性，增加了对于疫情的防控内容，对于城市规划工作具有较强的指导性。

表7-1为健康导向性指标体系情况的对比。

表7-1　健康导向性指标体系情况的对比

名称	世界卫生组织的健康城市评价指标	《全国健康城市评价指标体系》	《健康社区评价标准》（T/CECS 650—2020）	《健康城区评价标准》（T/CSUS 47—2022）
颁布时间	1998年	2018年	2020年	2022年
开发组织	世界卫生组织	全国爱国卫生运动委员会办公室	中国工程建设标准化协会、中国城市科学研究会	中国城市科学研究会
制定背景	应对"城市病"，满足城市居民从基本生存到新的享受的生存战略	落实全国卫生与健康大会部署及《"健康中国2030"规划纲要》	促进标准体系在社区层面的落实与完善	落实"健康中国"国家战略，提高公共健康水平
核心理念	健康服务、环境和社会的统一性，强调以人为本的公共卫生服务体系建设，强调对紧急事件的应急能力和社会监督；强调政策对健康的促进	秉持"大卫生、大健康"理念，实施"把健康融入所有政策"的策略	提升社区健康基础，营造更适宜的健康环境，提供更完善的健康服务，保障和促进人们生理、心理和社会全方位的健康	"一体化健康"理念强调规划可控，针对健康导向的设计措施进行评价
指标数量	4个一级指标 32个二级指标	5个一级指标 20个二级指标 42个三级指标	7个一级指标 19个二级指标	8个一级指标 22个二级指标

续表

名称	世界卫生组织健康城市评价指标	《全国健康城市评价指标体系》	《健康社区评价标准》（T/CECS 650—2020）	《健康城区评价标准》（T/CSUS 47—2022）
一级指标内容	健康状况、健康服务、环境、社会	健康环境、健康社会、健康服务、健康人群、健康文化	空气、水、舒适、健身、人文、服务	空间布局、公共服务设施、道交系统、慢行网络、公交体系、蓝绿空间、住房环境、食品供应

比较上述 4 个健康导向性评价体系，世界卫生组织的健康城市评价指标和《全国健康城市评价指标体系（2018 版）》主要对整个城市的健康程度进行评价，要素更加宏观，以整个城市的健康、健康服务、环境和社会等要素来分析。而健康社区评价标准和健康城区评价标准（健康的建成环境部分）则更聚焦于城市社区的尺度和建成空间的品质，以片区内的建成空间品质、服务设施可达性等进行评价，评价尺度与本书轨道交通站域生活圈相近，评价的主要视点与轨道交通站域生活圈相近。2 个评价体系中，健康环境均包括对居民的居住环境产生影响的蓝绿空间（包含空气、水等要素）及住房环境，以及对日常出行产生影响的道交系统、慢行网络以及空间布局。健康服务则包括公共服务设施（包括医疗、福利、体育、文化、教育）及公交体系。在健康服务层面上，2 个评价体系主要关注医疗、福利、体育（包括健身）、文化、教育和公交体系层面，可以为健康服务评价提供参考。

7.1.1.2 生活圈评价

2021 年 5 月，为指导和规范社区生活圈的规划研究工作，提高社区生活圈的相关内容的编制与实施的针对性，自然资源部编制《社区生活圈规划技术指南》（TD/T 1062—2021），旨在将 15 分钟生活圈构建成为"宜居、宜业、宜游、宜养、宜学"的社区生命共同体，并以社区生活圈构建为平台，培育社会自治环境。该指南在城镇社区生活圈以"15 分钟、5~10 分钟"两个社区生活圈为配置层级，将服务要素划分为基础保障型服务要素、品质提升型服务要素、特色引导型服务要素三类，明确了教育、医疗等 9 类服务设施的评价指标体系。

表 7-2 为《社区生活圈规划技术指南》的配套导则指标体系。

表 7-2 《社区生活圈规划技术指南》的配套导则指标体系

一级指标	二级指标
教育	初中、小学、幼儿园
医疗	卫生服务中心、门诊部
文化	文化活动中心、文化活动站
体育	大型多功能运动场地、中型多功能运动场地、小型多功能运动场地、室外综合健身场地

续表

一级指标	二级指标
社会福利	养老院、老年养护院、老年日间照料中心
管理	社区服务中心、街道办事处、司法所、社区服务站
商业服务	商场、菜市场或生鲜超市、餐饮设施、银行营业网点、电信营业网点、邮政营业场所、社区商业网点
环卫市政	再生资源回收点、生活垃圾收集站、公共厕所
其他	开闭所

同时，地方性的规范与指南也在各地展开。2020年3月，由浙江省住房和城乡建设厅组织制定的《浙江省美丽城镇生活圈配置导则（试行）》发布，生活圈体系框架则分为5分钟邻里生活圈、15分钟社区生活圈（表7-3）、30分钟镇村生活圈、城乡片区生活圈4个层级，并各包含文化体育、教育培训、医疗卫生、社会福利、公用服务、商业服务六大类公共服务。

表7-3 《浙江省美丽城镇生活圈配置导则（试行）》中的15分钟社区生活圈的指标体系

生活圈层级	设施类别	设施名称
15分钟社区生活圈	医疗卫生	卫生院
	社会福利	居家养老服务中心
		养老院
	公共行政	社区服务中心
	商业服务	农贸市场
		商业设施
	教育培训	小学、初中、高中
		社会培训
	文化体育	健身广场、步道
		文化活动中心
		体育健身中心
		中心绿地、公园

相对来说，《社区生活圈规划技术指南》在文化、商业、环卫市政方面的设施更加丰富，而《浙江省美丽城镇生活圈配置导则（试行）》在社会福利方面的设施更加丰富。不同的标准对公共服务的配套要求不同，且设施存在重叠。如在体育方面，运动场地往往包含步道、健身广场等要素。为使得本研究更具有针对性，需要对公共服务设施指标进行筛选，着眼于对健康有较高的影响效果的公共服务设施。

7.1.2　基于健康导向性的轨道交通站域生活圈评价体系的构建

7.1.2.1　评价目标

健康导向是指以人及城市的健康提升为目标所引导的方向，应用于城市规划中，以健康为导向，主要强调对城市空间的健康促进的作用。因此，本章的健康导向是将健康作为研究的出发点，将提升居民健康水平作为目的，通过对城市空间中影响居民健康要素进行梳理，针对性地引导和控制轨道交通站域生活圈中影响城市空间的要素。健康导向性评价将围绕影响居民生命健康的这些城市要素开展分析、比较与评价，以促进城市健康的发展，满足居民的健康需求。

根据评价目标的设定，评价涉及的城市空间要素主要涉及三个方面：健康城市关联要素、TOD 模式关联要素和生活圈关联要素。

（1）健康城市与健康导向的关系

健康城市是一个营造健康人群、环境与社会接近最优化状态的过程，其理念是从城市居民健康福祉出发，从物理环境、生态系统、社会关系等方面提高城市居民健康福祉，提升城市人民的健康水平。因此，健康城市理念的落实能够直接指导城市建设向更健康的方向进行，提升居民的生活环境，进而提高居民的健康水平。作为城市空间发展和人口集聚的重点区域，针对轨道交通站域更需要健康城市理念的指导，为该区域的空间发展和人居环境建设提供支撑。

（2）生活圈模式与健康导向的关系

生活圈作为城市居民日常生活的主要空间，其居住环境的不同要素会对居民健康产生一定的影响。相关的研究表明，生活圈建成空间中的土地使用混合度、街道尺度、道路连通度和换乘点设置等有利于提高居民日常步行体力活动的可能性，进而提高居民的健康水平；生活圈中的蓝绿空间等可达性和品质也能够减缓身体质量指数的上升，有利于居民增加与建成环境之间的互动。同时，新冠疫情让人们再次审视对健康生活圈的要求。相关的研究表明传染病的传播与城市密度、容积率等具有相关性。因此，在生活圈空间布局中，城市密度等空间布局要素也需要加以关注。

自《城市居住区规划设计标准》（GB 50180—2018）出台以来，我国更加注重生活圈配套设施的均衡性、公平性，注重提高居民的获得感。相关的研究也表明，医疗设施的使用次数与居民的健康水平有显著的相关性，体育设施的合理布局也有利于提高老年人体力活动的达标率，同时，重要的配套设施的覆盖水平和布局的合理性以及居民实际出行成本的降低等也对城市居民生活行为和心理健康有一定的影响。

（3）TOD 模式与健康导向的关系

健康城市致力于提高城市居民的健康水平，力争创建有利于健康的支持性环境和提高居民的生活质量，这与 TOD 理念中提倡的集中和多元化的城市土地开发有诸多的契合点。

TOD 模式是交通导向与城市交通发展的纽带，侧重于密集和多元化的城市开发以及步行导向的城市设计。通过鼓励步行，减少小汽车在城市中的使用，促进居民体力活动，从而提升身体健康质量；TOD 模式下，对步行系统的完善能够提高公共交通的可达性，增加人们使用公共交通出行的频率。只有慢行系统和公共交通有效对接，居民才更愿意选择更加低碳、健康的出行方式。

TOD 模式为城市健康导向性发展提供了基本的空间结构模式。城市的合理的空间结构由布置在公共交通干线和支线上的城市型与社区型 TOD 组成。TOD 模式作为城市开发的理论指导，为公共交通和慢行交通的优先权提供了最大的保障，限制了小汽车的使用。这不仅优化了城市空气质量，缓解了城市交通拥堵，还提高了居民生活空间的健康性。

综上，轨道交通站域生活圈健康导向性评价可以从健康城市理念、TOD 模式、生活圈模式 3 个方面展开。健康城市理念主要关注于创造有利于居民健康行为发生的建成空间，同时配置合理有效的健康服务设施；TOD 模式侧重于评价站点周边高效集聚、混合开发以及与公共交通相关的便利，主要从密集、多样性、目的地无障碍、公共交通和设计 5 个层面进行评价分析；生活圈模式则从微观的日常生活尺度出发，对居民的日常居住空间、步行空间、服务设施和公共交通等方面进行提升。

图 7-1 为评价构成要素的系统梳理。

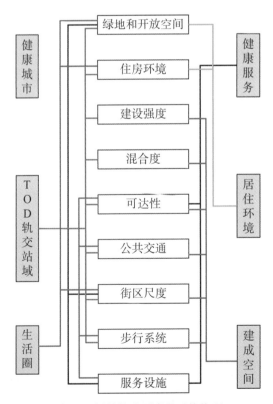

图 7-1　评价构成要素的系统梳理

7.1.2.2 评价体系准则层的确定

根据上述各自的概念内涵，健康城市的理念主要包括蓝绿空间、住房环境、土地使用、空间形态、道路交通和健康服务等相关要素；TOD 模式主要包括住房环境、混合度、设施可达性、公共交通、蓝绿空间和街区尺度等要素；生活圈模式主要包括住房环境、蓝绿空间、空间布局、步行系统、服务设施和公共交通等要素。

对这三方面所涵盖的要素进行聚类整合，可以归纳为健康服务、居住环境和建成空间这三个较为独立的维度，并赋予各自相应的引导方向，最终形成本次评价体系的三个准则层：

● 健康服务可及性：营造轨道交通站域生活圈便捷可及的健康服务。

● 居住环境舒适性：形成轨道交通站域生活圈舒适宜人的居住环境。

● 建成空间健康性：确保轨道交通站域生活圈建成环境的健康安全。

（1）健康服务可及性

便捷可及的健康服务中，健康服务主要是由政府主导配置，能够满足生活圈内居民日常的健康服务需求的设施，如有助于疾病预防和诊治的医疗设施、满足老年人和儿童的康养和照护需求的福利设施、满足居民体力活动需求的体育设施和提高居民精神健康的文化设施等。这些设施的提供能够有效地提升生活圈内居民的健康生活水平。为保证居民能够在生活圈范围内对健康设施的可得性和可及性，主要从三个方面实现：一是各类健康服务设施能够保证居民便捷到达，即在到达这些健康服务设施过程中尽量少绕行；二是健康服务设施能够有效供给生活圈内居民的健康服务设施的需求，即相对满足供需平衡；三是健康服务设施能够保证居民充足的共享性和受益性，达到"开放共享"的发展目标，由健康服务设施的服务覆盖度来反映空间布局的合理性。

（2）居住环境舒适性

舒适宜人的居住环境主要追求生活圈内的环境宜居性，是人类对城市生活质量、居住环境要求越来越高，始终围绕着为人类提供更优良的物质和精神享受的城市发展的必然趋势。生活圈居住环境主要由住区内部的住房环境和公共空间组成。一方面，合适的人均住房面积，能够在一定的程度上改善家庭卫生、提升居民居住的心情，也能避免高密度拥挤的住房环境带来的城市卫生下降、居民心理焦虑等现象出现；另一方面，外部的公共空间的舒适宜人性能够让居民在城市里不仅住得好、住得舒适，也能够让居民与自然不脱离，有充足的阳光、水和新鲜的空气。

（3）建成空间健康性

健康安全的建成环境是对街道宜人性、生活圈建设强度的适度的高密度化和公共交通的驱动发展的反思。建成空间则侧重于生活圈内非居住区域的已建成的物理空间，包括建筑物、土地布局、道路等。城市规划应当担当相应的社会责任，通过优化土地利用格局、控制城市建设强度和提升公共交通的开发情况来提升城市建成环境的健康性和安全性，引导轨道交通站域生活圈建成空间的发展，助推健康城市的形成，从空间层面实现城市的可持续发展。首先，紧凑型、高密度和公交主导的土地利用与慢行交通系统有助于引导体力活动及健康的生活方式，提高健康效益，因此，需要从城市建设强度，比如容积率、建筑密度等层面进行把控。其次，非机动交通则有助于提高身体质量指数和降低肥胖，同时轨道交通站域周边街道的可步行性也有利于提高站域活力，进而提高站点的影响力和效率，因此，需要关注步行空间的建设，提倡开放的社区街道系统和高度可达的小街区路网形式。然后，基于站点的轨道交通站域生活圈发展也要注意公共交通等相关要素的影响，即公共交通网络密度、公交站点周边土地集中开发和公交站点可达性等都能够使轨道交通站域生活圈的发展形势倾向于公交出行，能够充分利用公交资源。

综上，从健康服务可及性、居住环境舒适性和建成空间健康性三个层面，建立轨道交通站域生活圈健康导向性评价体系的准则层部分。按照构建的评价体系准则层与子准则层，并遵循指标系统性、独立性和可操作性等原则进行指标选取，形成最终的轨道交通站域生活圈健康导向性的评价体系（表7-4）。该体系分为4个层级：1个目标层、3个准则层（健康服务可及性、居住环境舒适性和建成空间健康性）、8个子准则层和23个指标层。

表7-4 轨道交通站域生活圈健康导向性的评价体系

目标层	准则层	子准则层	指标层
轨道交通站域生活圈健康导向性	健康服务可及性	健康服务设施绕行系数	医疗设施绕行系数
			福利设施绕行系数
			体育设施绕行系数
			文化设施绕行系数
		健康服务设施服务覆盖度	医疗设施覆盖度
			福利设施覆盖度
			体育设施覆盖度
			文化设施覆盖度
		健康服务设施供给适宜度	医疗设施供给适宜度
			福利设施供给适宜度
			体育设施供给适宜度
			文化设施供给适宜度
	居住环境舒适性	公园绿地均等化	绿地规模的合理性
			公园绿地可达性
		住宅水平适宜性	合适的住房面积

目标层	准则层	子准则层	指标层
轨道交通站域生活圈健康导向性	建成空间健康性	空间可步行性	街区面积与边长尺度控制
			街道形态
		空间开发适宜度	容积率
			建筑密度
			混合用地街坊的占比
		公共交通便捷性	公共交通网络密度
			公交站点可达性
			公交导向土地开发度

7.1.2.3　评价体系指标的解读与计算方法

（1）健康服务可及性

从生活圈健康公共服务设施空间布局入手展开研究，主要评价生活圈内居民获取健康服务设施的距离成本以及健康服务设施的布局规模是否与人口相适应，包括设施绕行系数、服务覆盖度和设施供给适宜度。

针对城市公共服务设施，选取与健康性有紧密联系的医疗设施、体育设施、福利设施和文化设施四类设施（表7-5）。考虑到基层设施的数量庞大，具体的建筑面积、床位数等较难获得，结合实际，假定同一等级的基层设施的服务能力基本均等，差异较小，依据各项标准对各类健康服务设施进行覆盖半径赋值。

表7-5　健康服务设施的分级分类

设施类别	作用	设施内容	等级划分	覆盖范围半径（m）	参考依据	设施供给性标准
医疗设施	保障居民基本的生理健康	综合医院/急救中心等	1级	1000	《杭州市城市规划公共服务设施基本配套规定》	8.5张床位/千常住人口
		社区级卫生服务中心	2级	500		
		诊所/卫生站	3级	500	《综合医院分级管理标准》	
福利设施	满足老年人和儿童的康养和照护需求，促进老年人与儿童健康	老年大学	1级	500	《杭州市城市规划公共服务设施基本配套规定》	0.25平方米/人
		老年日间照料中心/老年之家	2级	500		
		社区食堂	3级	500	《杭州市养老服务设施布局专项规划》	
		托儿所	3级	1000		

续表

设施类别	作用	设施内容	等级划分	覆盖范围半径(m)	参考依据	设施供给性标准
体育设施	满足城区居民的体力活动需求，促进人群身体健康	综合体育馆	1 级	1000	《城市社会服务设施规划手册》	2.80 平方米 / 人
		运动场 / 俱乐部	2 级	500	《2022 年浙江省体育场地统计调查主要数据》	
		健身点 / 健身苑	3 级	500	《杭州市体育设施专项规划(2019—2035 年)》	
文化设施	丰富居民精神文化生活，促进居民精神健康	省市级文化设施	1 级	1000	杭州市公共文化服务体系发展"十三五"规划	4400 平方米 / 万人
		区、社区级文化设施	2 级	1000		
		区、社区级以下文化设施	3 级	1000		

健康服务设施绕行系数：绕行系数（步行非直线系数）用于衡量从起始点到目的点步行的便捷程度。绕行系数的值均不小于 1，绕行系数值越大，则步行效率越低，绕路情况越严重。设施绕行系数能够较好地反映轨道交通站点至各健康服务设施的可达性与便捷度。计算方法为步行起讫点之间实际步行的距离与两点间的直线距离的比值，其中，步行起讫点的设置为该站点的出入口。结合选取的四类健康设施，本项子准则层包括医疗设施绕行系数、文化设施绕行系数、福利设施绕行系数和体育设施绕行系数 4 个指标。

健康服务设施服务覆盖度：反映区域内生活服务设施已覆盖的面积占总面积的比例。采用空间网络服务区分析设施的服务覆盖度。即以设施为起点，按照一定的步行距离划定设施服务区的范围，即服务覆盖范围，得到街道范围内该类设施服务覆盖的总面积。该类设施服务覆盖的总面积与该站点生活圈面积之比即为服务覆盖度。

健康服务设施供给适宜度：表示站域生活圈内健康服务设施的供给规模与居民实际需求的适应情况，既要充分满足居民日常生活的需要，又要保证设施服务效率的最大化。设施供给适宜度用设施供需系数来表示。当设施供给供需系数 =1 时，表明"供需平衡"；当设施供需系数 <1 时，表明"供不足需"，无法较好地满足居民的需求；当设施供需系数 >1 时，表明"供大于需"，能够充分满足居民的需求，但存在设施综合利用率不高、资源浪费的现象。两步移动搜索法同时考虑供给和需求 2 个方面的因素，可以全面简便地对设施供给能力和可达性进行计算。第一步反映健康服务设施配置规模与人口的适应性。第二步以 100 米 ×100 米网格为单位，获得站点各网格内设施的供需比平均值，即为该站点的该类设施的供给适宜度。

（2）居住环境舒适性

居住环境舒适性可理解为居民所处的空间环境的舒适宜人的程度，包括公共和私密的居住空间的舒适与宜人的程度。公共空间中的蓝绿空间能有效缓解热岛效应、净化大气等，而适当的私密居住空间，即住房面积，能够避免因过度拥挤而引发的精神焦虑。因此，居住环境的舒适性评价指标主要为绿地环境（公园绿地公平性）和住房环境（住宅水平适宜性）。

公园绿地公平性：在众多影响健康公平的因素中，绿地扮演着重要的角色。因此，在公园绿地公平性中，选择绿地规模的合理性和公园绿地的可达性作为关键指标。通过2个指标层来表示：①绿地规模的合理性。轨道交通站域生活圈的绿地规模的量化研究就是分析绿地规模供给与人口需求的匹配度，揭示绿地供给上的特征及存在的问题。用供需系数来表示，当供需系数 =1 时，表明"供需平衡"；当供需系数 <1 时，为"供不足需"，绿地供给无法较好地满足居民的需求；当供需系数 >1 时，为"供大于需"，绿地供给能够充分满足居民的需求，但存在绿地综合利用率不高、资源浪费的现象。此处，该指标也采取两步移动搜索法进行计算。②公园绿地可达性。公园绿地可达性用一定的空间阈值范围内公园绿地所覆盖的轨道交通站域生活圈的面积来表示。采用空间网络服务区分析公园绿地的覆盖度，即以公园绿地兴趣面为起点，按照 1 千米的距离划定服务区的范围，即公园绿地可达性的范围，得到街道范围内公园绿地可达覆盖的总面积。公园绿地可达覆盖的总面积与该站点生活圈面积之比即为服务覆盖度。

住宅水平适宜性：在健康城市理念下的轨道交通站域生活圈中，合适的住房面积是要为居民提供充足的居住空间，以满足居民的基本生活的需求。避免过度拥挤是关键考虑的因素，住房面积不应过于狭小，以免引发精神压力和焦虑感，通过提供良好的居住环境，促进居民身心健康。计算方法采用站域生活圈范围内住房面积与人口数量的比值。

（3）建成空间健康性

轨道交通站域生活圈建成空间是居民时空行为与生活区按建设乃至城市规划建设的重要载体。建成空间健康性主要包括：空间可步行性、空间开发适宜度和公共交通便捷性。

空间可步行性：从城市建成空间的角度来看，提高空间可步行性可以通过促进小街区的建设，减少步行时间成本，以及控制街道两侧建筑的高度，形成良好的街道形态来增加居民步行过程中的心理舒适度。通过 2 个指标层来表示：①街区面积与边长尺度控制。参考《绿色住区标准》（ T/CECS 377—2018 ）和《2023 年度中国主要城市道路网密度与运行状态监测报告》，从促进轨道交通站域土地集约利用、优化生活圈空间布局和提高空间活力的角度，设置街区面积≤ 4.0 公顷、街区边长为 150~250 米的标准，指标评判按照站域生活圈范围内满足条件的街区数量占街区总数的比例则为该项的评价结果。②街道形态，生活圈道路两侧的建筑高度在一定的程度上会影响居民的心理健康。参考

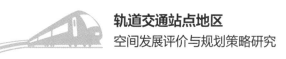

《社区生活圈规划技术指南》等，站域生活圈范围内道路两侧的建筑高度控制在15~24米，满足条件的建筑占站域范围内道路两侧建筑的比例作为该指标的数值。

空间开发适宜度：包括3个指标层。①容积率：建筑面积与地块面积的比值，能够直观反映研究范围的土地开发强度。容积率过低，则会阻碍TOD模式的发展，但是过高的容积率会导致城市空间孤岛化、街道社区失去活力、建设质量参差不齐、健康环境感受差等问题。②建筑密度：为建筑占地面积与地块面积的比值。过高的建筑密度主要涉及热岛效应、通风不畅、空气污染、噪声干扰等公共健康问题。③混合用地街区的占比：为混合用地街区与街区总数的比例。用地混合可以增加区域多样性，缩短居民出行的时空距离，鼓励居民进行体力活动。该项因子参考《绿色生态城区评价标准》（GB/T 51255—2017）和《社区生活圈规划技术指南》，以街区为单元，包含居住用地、公共管理与公共服务设施用地及商业服务业设施用地中两类或三类用地的街区为混合用地街区。

公共交通便捷性：包括3个指标层。①公共交通网络密度：公交网络线路总长与站域生活圈面积的比值，反映居民出行接近公交线路的程度。公共交通网络建设不仅能够减少私家车的出行，也有利于提高居民尤其是老年人的出行次数，促进市民绿色出行。②公交站点可达性：是表征城市公共交通服务能力的重要指标。公交站点可达性高，则有效推动居民选择绿色的出行方式。参考国家标准《城市综合交通体系规划标准》（GB/T 51328—2018），该项因子评价以公共汽车站点服务半径500米范围内所覆盖的用地面积占地块用地面积的比例为数据。③公交导向土地开发度：提高公交站点周边土地的容积率，使其在生活圈内相对于其他区域更为密集，更多比重的人群能够就近获得公共交通，从而提高公共交通的使用效率，减缓私人小汽车的使用趋势。此参数的设定参考《"十四五"现代综合交通运输体系发展规划》以及《城市综合交通体系规划标准》（GB/T 51328—2018），以容积率为1.6以上的区域的面积比重为数据。

7.1.3　数据处理与权重确定

7.1.3.1　数据处理

根据正向化的处理方法，轨道交通站域生活圈健康导向性评价体系的23项指标采取的方法见表7-6。

在设施绕行系数方面，设施绕行系数为1时，赋值5分，该类设施绕行系数最大赋为0分。在服务覆盖度、公园绿地公平性方面，服覆盖度为100%，赋为5分；覆盖度为0%，赋为0分。在绿地规模合理性、设施供给适宜度方面，设施供需系数为1，赋为5分；对设施供需系数的绝对值与1之差的最大项，赋为0分。容积率基于以轨道交通站点为核心的TOD模式进行生活圈建设，下限确定为1.5，《城市居住区规划设计标准》（GB 50180—2018）中，上限值3.1作为评价上限。合适的住房面积参考住房和城乡建设部政策研究中心发布的《中国全面小康社会居住目标研究》中的城镇人均住房建筑面积

35.0 平方米 / 人的建设目标，取 35.0 平方米 / 人作为最优值。公共交通网络密度数值参考《城市综合交通体系规划标准》（GB/T 51328—2018），以及《2022 年度中国城市交通报告》与《健康城区评价标准》，设定 3 千米 / 千米^2 为最优值。建筑密度参考《健康城区评价标准》，设定 35% 为最优值。

表 7-6　指标归一方法

指标名称	归一方法		指标名称	归一方法
设施绕行系数—医疗设施	极小型		绿地规模合理性	中间型
设施绕行系数—福利设施	极小型		公园绿地公平性	极大型
设施绕行系数—体育设施	极小型		合适的住房面积	中间型
设施绕行系数—文化设施	极小型		街区面积与边长尺度控制	极大型
服务覆盖度—医疗设施	极大型		街道形态	极大型
服务覆盖度—福利设施	极大型		容积率	区间型
服务覆盖度—体育设施	极大型		建筑密度	中间型
服务覆盖度—文化设施	极大型		混合用地街坊的占比	极大型
设施供给适宜度—医疗设施	中间型	1	公共交通网络密度	中间型
设施供给适宜度—福利设施	中间型	1	公交站点可达性	极大型
设施供给适宜度—体育设施	中间型	1	公交导向土地开发度	极大型
设施供给适宜度—文化设施	中间型	1		

7.1.3.2　指标权重的计算

本评价模型使用 AHP 层次分析法确定轨道交通站域生活圈健康导向性各指标的权重。通过收集 11 位专家的调查问卷，获取专家对于各项指标重要性的判断，根据 AHP 层次分析法进行计算，得出各指标权重，具体见表 7-7。

表 7-7　轨道交通站域生活圈健康导向性评价权重的分布

准则层	子准则层	指标层	权重
健康服务可及性 0.5635	设施供给适宜度 0.1674	医疗设施	0.1454
		福利设施	0.0338
		体育设施	0.0597
		文化设施	0.0341
	设施绕行系数 0.2730	医疗设施	0.0759
		福利设施	0.0175
		体育设施	0.0181
		文化设施	0.0117
	服务覆盖度 0.1232	医疗设施	0.0875
		福利设施	0.0252
		体育设施	0.0377
		文化设施	0.0170
居住环境舒适性 0.2372	住宅水平适宜性 0.1763	合适的住房面积	0.1763
	公园绿地均等化 0.0609	公园绿地规模合理性	0.0129
		公园绿地可达性	0.0480
建成空间健康性 0.1993	空间可步行性 0.0303	街区面积与边长尺度控制	0.0226
		街道形态	0.0076
	空间开发适宜度 0.1153	容积率	0.0599
		建筑密度	0.0247
		混合用地街区的占比	0.0308
	公共交通便捷性 0.0537	公共交通网络密度	0.0242
		公交站点可达性	0.0173
		公交导向土地开发度	0.0122

（1）准则层权重

经过计算后得到的各准则层的相对权重分别为：健康服务可及性 0.5635，居住环境舒适性 0.2372，建成空间健康性 0.1993。轨道交通站域生活圈健康导向性中的健康服务可及性最为重要，其次为居住环境舒适性和建成空间健康性。

（2）子准则层权重

健康服务可及性中，设施绕行系数的权重最高，其次为设施供给适宜度和合适的住房面积。在居住环境舒适性中，合适的住房面积的权重高于公园绿地公平性。在建成空间健康性中，空间开发适宜度的影响最大，其次为公共交通便捷性，而空间可步行性对轨道交通站域生活圈健康导向性的影响相对最弱。总体来看，设施绕行系数的权重最大，对轨道交通站域生活圈健康导向性的影响最大；空间可步行性的权重较小，对于轨道交通站域生活圈健康导向性的影响较弱。

（3）指标层权重

从指标层权重来看，合适的住房面积对于轨道交通站域生活圈健康导向性的影响最大，其次为医疗设施绕行系数、设施供给适宜度—医疗设施；街道形态对轨道交通站域生活圈健康导向性的影响相对最小，其次为文化设施的服务覆盖度。

在服务设施可及性的四类健康服务设施中，医疗设施在各项子准则层中均高于其他三项，表明医疗设施的布局及供给对轨道交通站域生活圈健康导向性最重要，其次是体育设施。

7.1.4　研究站点的选取与站域生活圈的确定

由于研究目的在于探究轨道交通站域生活圈的健康导向性，因此，作为研究案例站点的站域生活圈宜以居住为主要功能。过高的居住用地占比可能导致功能单一、商业和服务设施缺乏，违背 TOD 的核心理念；过低的居住用地则可能使生活圈缺乏居住氛围。研究选取杭州市已建成轨道交通站点周边 800 米影响域内居住用地占比 50%~80% 的 24 个站点作为研究站点，其主要分布在杭州市西湖区、拱墅区、上城区、滨江区、萧山区、余杭区和临安区。图 7-2 为杭州市轨道交通站点 800 米影响域内居住用地占比的分布情况。

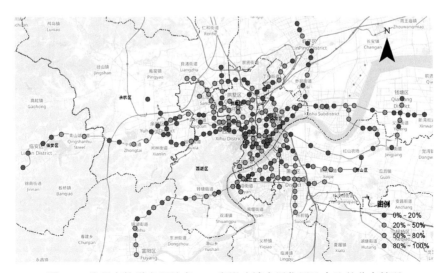

图 7-2　杭州市轨道交通站点 800 米影响域内居住用地占比的分布情况

由于轨道交通站点和生活圈受到区位、建设基础、规划管控等多方面的影响，其各自形成的轨道交通站域生活圈在规模上会有所差异。因此，本章结合《城市居住区规划设计标准》（GB 50180—2018）、《完整居住社区建设指南》对15分钟生活圈的界定和Calthorpe提出的社区型TOD模型，将所选取的站点周边与站点800米影响域相交的街区作为站域生活圈的范围。该生活圈内的要素包括各类用地、公交站点、服务设施等。

　　目前，《城市居住区规划设计标准》（GB 50180—2018）仅依据步行距离对生活圈进行设定，未具体涉及如何划定生活圈范围的问题，为此结合邻里单元中为避免汽车从居住单位内穿越而以城市的主要交通干道为边界的方法，将完整的居住组团作为生活圈范围，城市空间中的河流、山体等自然阻隔要素和城市道路等人工阻隔要素作为划定边界，并避开自然屏障，排除大型公共空间的干扰等，保证站域生活圈研究中的空间完整度。

　　以三坝站域空间生活圈的划定为例（图7-3、图7-4），选择与站点800米缓冲圈范围相交的街区，并根据实地情况以自然屏障要素余杭塘河为南侧边界，排除西侧的高校空间，形成南至余杭塘河、北至申花路、西至紫荆花北路、东至丰潭路的15分钟轨道交通站域生活圈片区，占地面积约为269.90平方米。

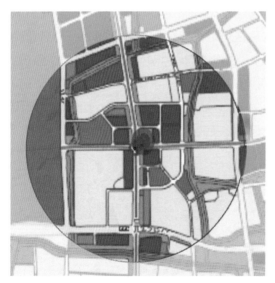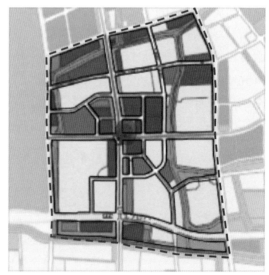

图7-3　三坝站点800米影响域的分析　　　　图7-4　三坝站轨道交通站域生活圈

　　基于轨道交通站域生活圈划定的标准及方法，划定各个站点的轨道交通站域生活圈范围的分布如图7-5。

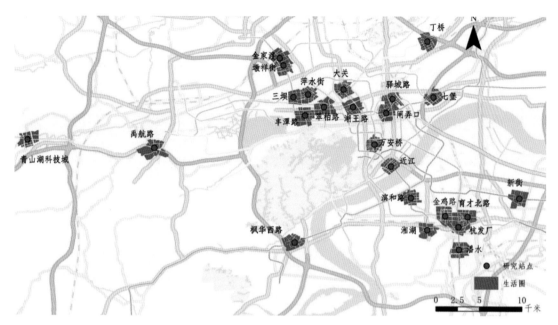

图 7-5　各站点研究范围的分布情况

其中，由于轨道交通站点之间的距离不等，出现 800 米范围内生活圈交互交叉的情况，例如金鸡路站、育才北路站和杭发厂片区，金家渡、墩祥街片区，丰潭路、翠柏路片区，三坝、萍水街片区，驿城路、闸弄口片区。为保证研究对比更具有普遍性，在研究评价中仍依据单个站点生活圈的范围进行评价。选取的 24 个研究站点涵盖了杭州市不同的地理位置，包括核心城区站点（如万安桥站、翠柏路站等）、城市外围站点（如湘湖站、金鸡路站等）和城市郊区站点（如新街站、青山湖科技城站等）；所选的站点的建设时间的跨度较大，既有 2012 年首批通车的老站点（如湘湖站、近江站、闸弄口站），也包括近期投入使用的新建站点（如驿城路站、翠柏路站）；所选的站点涵盖了几乎所有目前正在运行的地铁线路，充分体现了杭州市轨道交通站域生活圈在地理范围、建设时间和地铁线路方面的多样性。

这些轨道交通站点的周边的开发强度一般较大，24 个轨道交通站域生活圈用地功能除居住以外，包含了商业、办公、文化娱乐、中小学教育、交通枢纽用地等，在居住功能主导下表现出较强的功能混合性。

7.1.5　站域健康服务设施的现状

健康服务设施是健康城市的实现基础，为清晰地把握站域健康设施的分布情况，本节主要从四类健康服务设施的分布密度出发，进行站域与非站域等空间的对比。

7.1.5.1　总体情况

对杭州城区（不包含 24 个案例站点不涉及的且处于城市外围相对独立的临平区、钱塘区和富阳区，以下同）及站域健康服务设施的供给情况进行量化分析，健康服务

设施的总数共有 4520 处。各类型分析中，医疗设施的数量最多，为 1742 处，占比约为 38.5%；其次为体育设施 1418 处，占比约为 31.4%；文化设施 1040 处，占比约为 23.0%；福利设施最少，为 320 处，占比约为 7.1%。具体见表 7-8、图 7-6。

表 7-8　杭州市健康服务设施 POI 的密度分布

项目		杭州城区	杭州城区非站域空间	杭州城区251 个站域空间	24 个案例站点站域空间
面积（平方千米）		829.41	472.21	357.2	70.16
合计	数量（个）	4520	2510	2010	417
	密度（个 / 平方千米）	5.45	5.32	5.63	4.94
医疗设施	数量（个）	1742	996	746	151
	密度（个 / 平方千米）	2.10	2.11	2.09	2.15
福利设施	数量（个）	320	197	123	41
	密度（个 / 平方千米）	0.39	0.42	0.34	0.58
体育设施	数量（个）	1418	570	848	171
	密度（个 / 平方千米）	1.71	1.21	2.37	2.44
文化设施	数量（个）	1040	747	293	54
	密度（个 / 平方千米）	1.25	1.58	0.82	0.77

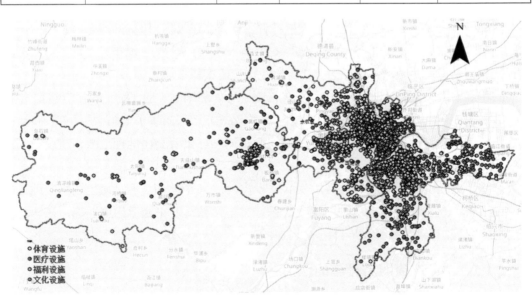

图 7-6　杭州城区健康服务设施 POI 的分布图
（不含临平、钱塘、富阳，以下同）

　　总体上，杭州市健康服务设施布局呈现出"核心—边缘"的布局模式，四类健康服务设施主要集中于轨道交通站点分布最多的中心城区，即西湖东侧、钱塘江两岸，设施数量逐步向外围减少。具体见图 7-7。

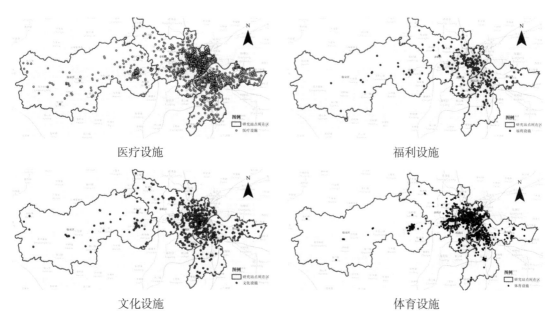

医疗设施 福利设施

文化设施 体育设施

图 7-7　杭州城区健康服务设施的总体布局

24 个轨道交通站域生活圈共有四类健康服务设施 417 处，占城区总数的 9.23%。其中，体育设施的占比最多，171 处，占比为 41.0%；医疗设施 151 处，占比为 36.2%；文化设施 54 处，占比为 12.9%；福利设施最少，41 处，占比为 9.8%。

根据《2022 年城乡建设统计年鉴》，研究范围内的杭州市建成区的面积为 829.41 平方千米，可以得出杭州市城区健康设施 POI 密度为 5.45 个 / 平方千米，其中，所有 251 个站点的站域空间（以站点为核心的 800 米影响域范围）的健康设施分布密度为 5.63 个 / 平方千米，剩余的非站域空间为 5.32 个 / 平方千米，可求得站域与非站域的设施密度比为 1.06 ：1。从整个城市层面来看，站域空间与城市健康设施分布的耦合关系较弱，站域空间没有体现更好的城市健康性的导向。

选取 24 个偏居住功能的轨道交通站点，其站域空间的健康服务设施 POI 密度为 5.94 个 / 平方千米，约为杭州城区健康服务设施 POI 密度的 1.08 倍，约为非站域空间的 1.12 倍，与其他的站点比较，体现了一定的健康服务设施的集聚，但总体程度也比较偏弱。

7.1.5.2　各类型健康设施的情况

（1）医疗设施

杭州城区的医疗设施共有 1742 个，POI 密度为 2.10 个 / 平方千米；251 个站点的站域空间中，医疗设施数为 746 个，POI 密度为 2.09 个 / 平方千米；24 个研究站点的站域空间的医疗设施数为 151 个，POI 密度为 2.15 个 / 平方千米。三者之间的密度几乎没有差别，站域空间的健康设施集聚性布局几乎没有得到体现。

（2）体育设施

杭州城区的体育设施数为 1418 个，POI 密度为 1.71 个 / 平方千米；251 个站点的站域空间中，体育设施数为 848 个，POI 密度为 2.37 个 / 平方千米；24 个研究站点的站域空间的体育设施数为 171 个，POI 密度为 2.44 个 / 平方千米。城市体育设施的分布密度与医疗设施相差不大，但是相对来说更集中于站域空间的分布，站域分布明显高于非站域空间，两者之比为 1.97 ∶ 1，尤其是 24 个案例研究站点，说明城市体育设施与站域空间具有较好的耦合性，站域空间在较大的程度上体现了体育设施的集聚性。

（3）福利设施

杭州城区的福利设施数为 320 个，POI 密度为 0.39 个 / 平方千米；251 个站点的站域空间中，福利设施数为 123 个，POI 密度为 0.34 个 / 平方千米；24 个研究站点的站域空间的福利设施数为 41 个，POI 密度为 0.58 个 / 平方千米。可以看出，大部分站点的站域空间并没有体现出福利设施的集聚性，所有的 251 个站域空间的福利设施密度反而低于整个城市，但是在 24 个偏居住型案例站域中，福利设施的集聚性表现尚可，其密度是整个城区的 1.51 倍。

（4）文化设施

杭州城区的文化设施数为 1040 个，POI 密度为 1.25 个 / 平方千米；251 个站点的站域空间中，文化设施数为 293 个，POI 密度为 0.82 个 / 平方千米；24 个研究站点的站域空间的文化设施数为 54 个，POI 密度为 0.77 个 / 平方千米。与其他三类健康设施不同，文化设施完全表现为偏离站域空间的分布形式，站域空间与非站域空间的密度之比为 0.52 ∶ 1，尤其是 24 个偏居住型案例站域，文化设施的分布密度最小，反而低于非站域空间。由此看来，站域空间文化设施的集聚性有待提升。

四类健康服务设施，分别表现出不同类型的分布特征。从分布密度来看，站域空间的体育设施的 POI 密度最大，其次为医疗设施，文化设施和福利设施的分布密度较低。站域空间与非站域空间进行比较，体育设施体现了较好的站域集聚性，城市体育设施向站域空间有较好的集聚；福利设施在居住型案例站域有一定的集聚；医疗设施基本呈站域与非站域之间的均衡分布的状态；文化设施则呈反方向分布的模式，非站域分布的密度在较大的程度上高于站域空间。

7.2 轨道交通站域生活圈健康导向性的评价

7.2.1 健康服务可及性

7.2.1.1 设施绕行系数

绕行系数的值为实际距离与直线距离之比，绕行系数值越大于 1，轨道交通站域生活圈内居民到达健康服务设施的绕路情况越严重，设施绕行系数的评分越低。

所有站点的四类健康服务设施的绕行系数的平均值为 1.39，即研究站点轨道交通站域生活圈健康服务设施存在一定的绕行，相对于最短的路径增加了 39% 的距离，绕行较多。从设施类别看，四类健康服务设施的设施绕行系数的差异较大。医疗设施的绕行系数集中于 1.13~2.32，平均数为 1.43；文化设施的绕行系数值集中于 1~1.97，平均数为 1.32；体育设施的绕行系数集中于 1.01~2.88，平均数为 1.48；福利设施的绕行系数集中于 1.02~4.51，平均数为 1.43。体育设施的绕行情况最为严重，其次为医疗设施和福利设施，文化设施的绕行情况较弱。具体见图 7-8。

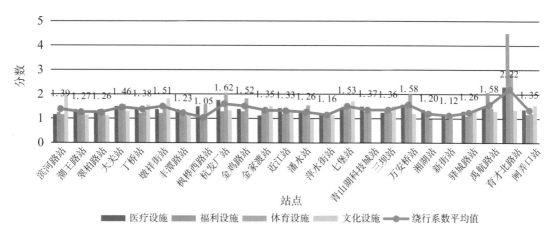

图 7-8　各站点轨道交通站域生活圈的四类健康服务设施的绕行系数评分

对 24 个站点进行比较（表 7-9），育才北路站的设施的绕路情况最为严重，四类健康服务设施的绕行系数的平均值高达 2.22，其次是杭发厂站的均值为 1.62；新街站、枫桦西路站的表现较好，各自的四类健康服务设施绕路系数分别为 1.12 和 1.05。在医疗设施、体育设施与福利设施方面，育才北路站的绕行系数最大，分别为 2.32、2.88 和 4.51；在文化设施方面，滨河路站的绕行系数最大，为 1.97。

表7-9　轨道交通站域生活圈健康服务设施的绕行系数平均值的排名

排名	站点名称	总分	排名	站点名称	总分	排名	站点名称	总分
1	育才北路站	2.22	9	滨和路站	1.39	17	潘水站	1.26
2	杭发厂站	1.62	10	丁桥站	1.38	18	翠柏路站	1.26
3	万安桥站	1.58	11	青山湖科技城站	1.37	19	驿城路站	1.26
4	禹航路站	1.58	12	三坝站	1.36	20	丰潭路站	1.23
5	七堡站	1.53	13	金家渡站	1.35	21	湘湖站	1.20
6	金鸡路站	1.52	14	闸弄口站	1.35	22	萍水街站	1.16
7	墩祥街站	1.51	15	近江站	1.33	23	新街站	1.12
8	大关站	1.46	16	潮王路站	1.27	24	枫桦西路站	1.05

　　对绕行情况一般的墩祥街站和绕行情况严重的育才北路站、杭发厂站进行绕行系数可视化分析（表7-10），可以发现，杭发厂站和育才北路站顺应山体与水网建设的路网较易形成尽端路，且河流阻碍的情况严重。同时，育才北路站设施点多分布于封闭小区的内部，外部开放性低，因此，其设施绕行系数值也较高，难以便捷到达。

表7-10　典型站点的健康设施绕行系数的可视化分析

站点名称	墩祥街站	杭发厂站	育才北路站
图样			
四类设施绕行系数平均值	1.51	1.62	2.22

　　注：●为医疗设施；◐为体育设施；●为福利设施；○为文化设施；┄┄►为直线路径；━━►为实际路径；▬▬为实际距离／直线距离；┅┅为站点800米半径缓冲区。

7.2.1.2　服务覆盖度

　　从设施类别看（图7-9），体育设施的覆盖度较高，各站点服务覆盖度的平均值达63.84%，文化设施的覆盖度较低，各站点服务的覆盖度平均值为5.31%，医疗设施和福利设施的覆盖度的平均值分别为51.96%和29.55%。文化设施覆盖严重缺乏，轨道交通站域生活圈内平均有约 94.69% 范围的人群不能在 15 分钟内到达此类设施。

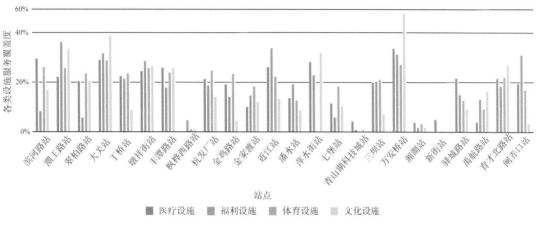

图 7-9 各站点四类健康服务设施的覆盖度

从站点情况来看，仅有 24% 的站点的四类健康服务设施的覆盖度均超过 50%，如潮王路站、大关站、万安桥站；仍有 12% 的站点的四类健康服务设施覆盖度均低于 50%，如枫桦西路站、青山湖科技城站等。

服务设施覆盖度得分较高的站点主要分布在城市发展较早的区域，如万安桥站、育才北路站等，开发比较完全；得分较低的区域主要位于线路末端或者开发不全的地区，如青山湖科技城站、湘湖站等，表现出城市开发与城市站点建设有相对的滞后性。

对健康服务设施覆盖度较高的万安桥站、大关站和得分最低的枫桦西路站、青山湖科技城站进行服务覆盖度可视化分析，万安桥站和大关站四类服务设施的覆盖率的平均值达到 70%，但枫桦西路站和青山湖科技城站的覆盖率均值不足 8.50%。枫桦西路站、青山湖科技城站范围内的居民无法在合理的服务范围以及出行时间内到达公共服务设施，尤其是文化设施的覆盖率均小于 2.00%，严重缺乏该类服务设施。枫桦西路站和青山湖科技城站四项健康服务设施的覆盖均处于站点生活圈的范围以外，站点的 TOD 空间集聚作用体现较弱，在轨道交通站点建设的功能聚集性层面需要加强。

表 7-11 为典型站点的各类健康服务设施的覆盖率的可视化分析。

表 7-11　典型站点的各类健康服务设施的覆盖率的可视化分析

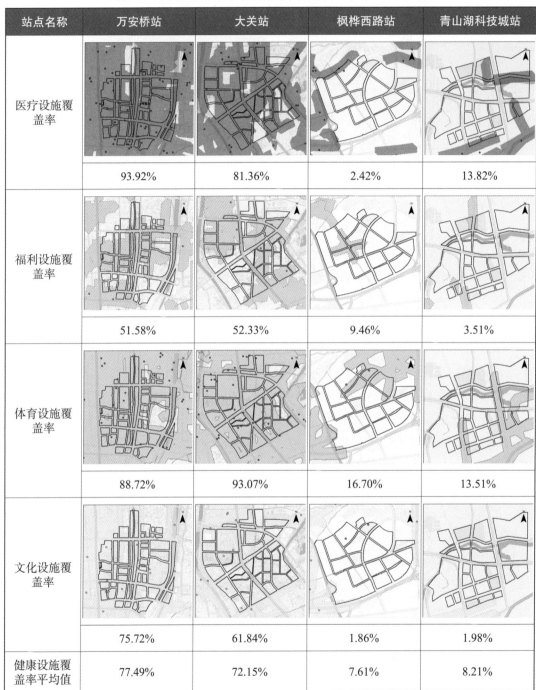

站点名称	万安桥站	大关站	枫桦西路站	青山湖科技城站
医疗设施覆盖率	93.92%	81.36%	2.42%	13.82%
福利设施覆盖率	51.58%	52.33%	9.46%	3.51%
体育设施覆盖率	88.72%	93.07%	16.70%	13.51%
文化设施覆盖率	75.72%	61.84%	1.86%	1.98%
健康设施覆盖率平均值	77.49%	72.15%	7.61%	8.21%

7.2.1.3　设施供给适宜度

基于高斯两步移动搜索法，考虑距离衰减效应，测度研究站点周边 800 米范围内各类健康服务设施的供给性。通过表征健康服务设施的供需系数来侧面反映站区的供给适宜度。其中，供需系数越接近于 1，设施供需越接近平衡的状态，设施供给适宜度越好，在评价中的得分越高。

从设施类别来看，医疗设施的供给适宜度最好，供需系数的平均值为 1.30。其次为体育设施、福利设施和文化设施，各自的供需系数均值分别为 0.56、0.25、0.10，除医疗设施供需系数的平均值大于 1，其他三类健康服务设施的供需系数均小于 1，供不足需的情况较为严重，尤其是文化设施供给较低，亟需依据轨道交通站域生活圈人口情况增补设施。具体见图 7-10。

从站点来看，金鸡路站的健康服务设施的供需较为平衡，供需系数的平均值为 0.91，供给适宜度最好，其次为湘湖站供需系数平均值为 0.75；而翠柏路站和万安桥站的设施供给适宜度最差，各自的供需系数的平均值分别为 0.05 和 0.04，出现严重的供不足需的情况。从空间分布上，轨道交通站域生活圈健康服务设施的供需系数呈现"四周—核心"减弱的现象，城市中心区站点的健康服务设施的"供不足需"的情况更为严重，主要是由于位于城市较早开发的西湖区、上城区和滨江区的轨道交通站域生活圈，如万安桥站、三坝站、丰潭路站等的人口密度较大，设施布局不足以支持高密度人口的需求。

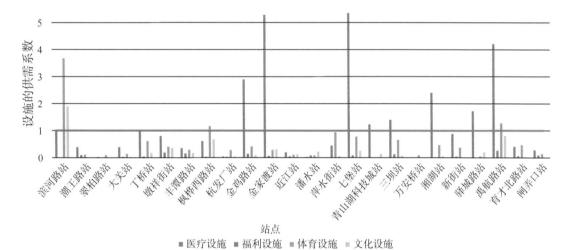

图 7-10　各站点的四类健康服务设施的供需系数

7.2.1.4　健康服务可及性的总体分析

24 个研究站点的轨道交通站域生活圈的健康服务可及性的平均值为 2.71（满分 5 分），总体情况一般。萍水街站和滨和路站的表现较好，得分分别为 3.59 和 3.28，轨道交通站域生活圈内居民能够比较便捷且充足地享受到健康设施的服务；而七堡站和育才北路站的得分最低，分别为 1.91 和 1.79。具体见表 7-12。

健康服务可及性评分高于 3 分的站点有 9 个，2~3 分的站点有 13 个，低于 2 分的站点有 2 个，大部分的站点的健康服务可及性处于一般的水平，超过三分之一的站点的健康服务可及性较好，少数站点的健康服务可及性较差，亟待提升。

从设施类型看，设施的供给适宜度的平均得分为 2.96，其次为设施的绕行系数（2.74）、服务覆盖度（2.32）。设施供给适宜度的评分相对较好，对健康服务可及性起到了一定的正向促进作用，而服务覆盖度的评分偏低，部分站点甚至不到 0.5，表现较差，其对健康服务可及性没有起到正向促进的作用，在今后轨道交通站域生活圈的建设中应重点加强。

表 7-12　各站点的健康服务可及性的评价得分的排名

排名	站点名称	设施的绕行系数	服务覆盖度	设施的供给适宜度	总分	排名	站点名称	设施的绕行系数	服务覆盖度	设施的供给适宜度	总分
1	萍水街站	3.62	3.56	3.57	3.59	13	潘水站	3.27	1.74	2.98	2.85
2	滨和路站	3.63	3.36	2.65	3.28	14	新街站	3.41	0.44	3.48	2.78
3	丰潭路站	3.25	3.19	3.2	3.22	15	万安桥站	2.03	4.25	2.8	2.75
4	三坝站	3.27	2.49	3.51	3.17	16	金家渡站	3.54	1.56	1.09	2.38
6	潮王路站	3.09	3.18	3.13	3.12	17	杭发厂站	1.75	2.73	2.95	2.32
5	丁桥站	2.9	2.81	3.72	3.12	18	湘湖站	2.93	0.44	2.7	2.32
7	墩祥街站	2.64	3.24	3.75	3.1	19	金鸡路站	2.04	2.39	2.52	2.26
9	翠柏路站	3.34	2.53	2.82	3.01	20	枫桦西路站	2.09	0.28	3.85	2.22
8	驿城路站	3.27	2.4	3.04	3.01	21	青山湖科技城站	2.21	0.38	3.25	2.12
10	近江站	2.78	3.27	3.03	2.96	22	禹航路站	2.42	0.82	2.3	2.04
11	大关站	2.41	3.83	3.09	2.92	23	七堡站	2.45	1.56	1.27	1.91
12	闸弄口站	3.01	2.44	3.06	2.9	24	育才北路站	0.46	2.78	3.24	1.79
							平均值	2.74	2.32	2.96	2.71

从空间分布上来看，城市中心区的站点轨道交通站域生活圈的健康服务可及性较好，而城市周边的健康服务可及性较差。

图 7-11 为各研究站点的服务可及性评分的分布情况。

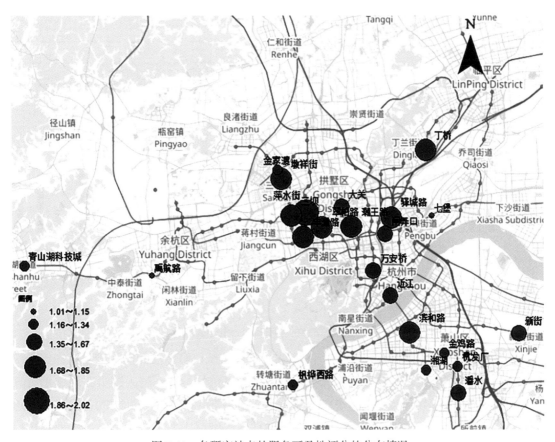

图 7-11 各研究站点的服务可及性评分的分布情况

7.2.2 居住环境舒适性

7.2.2.1 公园绿地公平性

从公园绿地公平性的得分来看，24 个轨道交通站域生活圈的平均值为 1.68，得分较低，即整体的公园绿地公平性有待提升。其中，杭发厂站、万安桥站的评分较好，分别为 3.94 和 3.17，而青山湖科技城站和禹航路站的评分较低，分别为 0.00 和 0.39。

从空间分布看，各站点的公园绿地公平性存在明显的空间不均衡（图 7-12）。城市核心区域，如上城区的万安桥站和翠柏路站，展现出较高的公园绿地公平性；而一些早期开发的城区片区，如育才北路站和杭发厂站，也取得了较高的评分。相反，在城市郊区，例如新街站和青山湖科技城站，公园绿地公平性较低。

从指标层来看，各站点的绿地规模的供需系数出现站点普遍供不足需及部分站点的高程度的供大于需的两种情况，如青山湖科技城站、禹航路站等具有较高的绿地规模的供需系数，而近江站、萍水街站等的绿地规模的供需系数不足 0.1，站点之间的绿地规模的供需系数的差异较大。

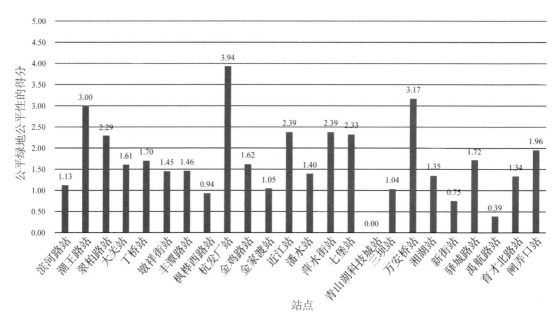

图 7-12　各站点的公园绿地公平性的得分

各站点的绿地可达性的平均值为 18.94%，总体较低，可达性的情况较差。在枫桦西路站、青山湖科技城站和三坝站的公园绿地可达性为 0%，生活圈内缺少绿地覆盖，无法满足居民在自然空间内的休闲娱乐的需求；在杭发厂站、万安桥站等的公园绿地可达性的表现较好，分别为 75.52% 和 54.30%，如杭发厂站周边布局北山公园、山北河等城市型蓝绿空间以及居住区内也有碎片式的绿地布置，绿地覆盖率及可及性都较高，能够满足轨道交通站域生活圈内居民接触自然休闲娱乐的需求。具体见图 7-13。

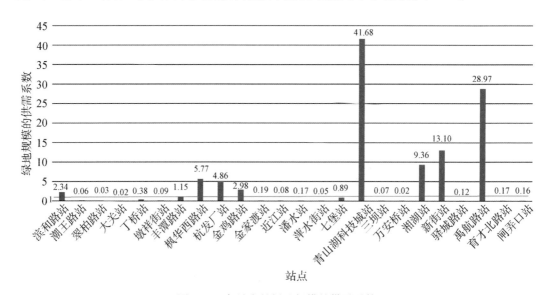

图 7-13　各站点的绿地规模的供需系数

对比来看，绿地规模合理性和公园绿地可达性之间呈较低的一致性，如青山湖科技城站具有较高的绿地规模合理性，有较低的公园绿地可达性，而万安桥站具有较高的公园绿地可达性，有较低的绿地规模合理性。这主要由于轨道交通站域生活圈内的人口分布不均和绿地空间分布不均所导致。以青山湖科技城站为例，其周边绿地在临安区郊区的人口密度较低，尽管绿地供应充足，但由于大范围的绿地距离站域较远，难以覆盖到站域生活圈内，同时，轨道交通站域生活圈内部也缺乏小型公园和绿地的布置。而万安桥站则面临人口密度高、绿地供给不足的问题，导致绿地规模的合理性不足，尽管周边存在东河、横河公园等带状、碎片化的绿地，但其公园绿地的可达性相对较高。具体见图 7-14。

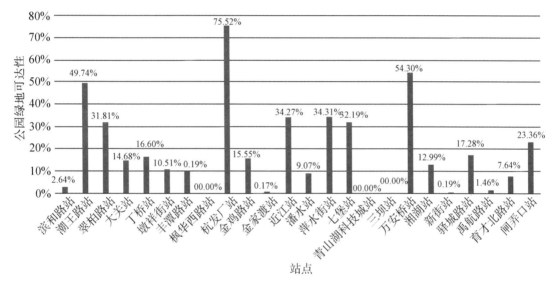

图 7-14　各站点的公园绿地可达性

蓝绿空间作为城市内部公共品质较高的区域，也作为关乎城市居民日常生理健康的空间，在近年来逐渐受到重视。但在调研的 24 个站域生活圈中，蓝绿空间的公平性不足，体现为规模缺失和可达性不高。从城市用地布局和卫星图中看出，只有近江站域生活圈考虑了滨江空间的视线引导和城市空间格局与滨江视域的联系，以及万安桥站域东河绿道的设计和潮王路站沿运河有小部分的绿道设计，其余站域生活圈则缺少系统性的蓝绿空间的布局设计，主要以封闭式住区内部规模较小的绿地为主要的蓝绿空间（如滨和路站），城市中观层面没有将蓝绿空间格局结合从而进行较好的城市设计，绿色可步行空间分布零散、品质不高，亟待统筹布局，增量提质。

表 7-13 为站域景观空间的分布情况。

表 7-13　站域景观空间的分布情况

站点名称	近江站	滨和路站	万安桥站
蓝绿空间分布			

7.2.2.2　住宅水平适宜性

各站点的轨道交通站域生活圈的人均住宅面积平均值为 50.72m²，显著超过《全面建设小康社会居住目标研究》提出的城镇人均住房建筑面积 35.0m²/人的建设目标，表明整体人均住宅面积相对较大。

在各站点中，有 18 个站点的人均住房面积高于 35m²/人。新街站和三坝站的人均住房面积分别为 33.92m²/人和 33.06m²/人，与 35.0m²/人的建设目标的差距最小，表现较好。相比之下，丁桥站、万安桥站和潘水站的人均住房面积明显低于标准值，分别为 12.98m²/人、15.41m²/人和 18.00m²/人，住房环境相对较拥挤，这可能导致高密度社区和拥挤住房状况下的居民居住安全感降低；而杭发厂站、金鸡路站和育才北路站的人均住房面积则远高于标准值，均为 96.95m²/人，这三个站点主要分布在杭州萧山区中部，城市开发建设在 2010 年前后较为成熟，主要以高层住房为主。具体见图 7-15。

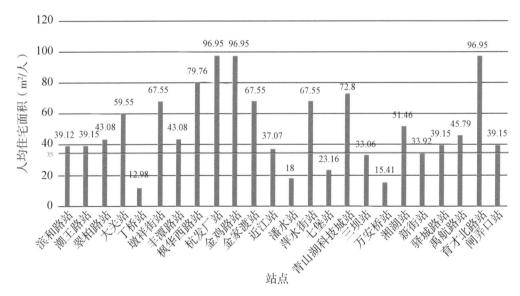

图 7-15　各站点的轨道交通站域生活圈的人均住宅面积

7.2.2.3 居住环境舒适性的总体分析

24个研究站点的轨道交通站域生活圈的居住环境舒适性的平均值为2.83，总体情况一般。潮王路站和近江站的表现较好，分别为4.24和4.21，轨道交通站域生活圈内居民的居住环境比较舒适；而金鸡站和育才北路站的居住环境舒适性的得分最差，分别为0.42和0.34。

居住环境舒适性的评分高于4分的站点有2个，3~4分的站点有12个，2~3分的站点有5个，低于2分的站点有5个。部分站点的居住环境舒适性较好，少数站点的表现较差，亟待提升。

从各站点的总体情况来看，住房健康环境品质的平均得分为3.22，蓝绿空间公平性的平均得分为1.68，住房健康环境品质的评分相对较好，对居住环境舒适性起到了一定的正向的促进作用，而蓝绿空间公平性的评分偏低，部分站点甚至不到1.0，表现较差，其对居住环境舒适性没有起到较好的正向的促进作用，在今后轨道交通站域生活圈建设中应重点加强。具体见表7-14。

表7-14　各站点的居住环境舒适性评价得分的排名

排名	站点名称	蓝绿空间公平性	住房健康环境品质	居住环境舒适性总分	排名	站点名称	蓝绿空间公平性	住房健康环境品质	居住环境舒适性总分
1	潮王路站	3.00	4.67	4.24	13	湘湖站	1.35	3.67	3.08
2	近江站	2.39	4.83	4.21	14	潘水站	1.40	3.63	3.06
3	闸弄口站	1.96	4.67	3.97	15	丁桥站	1.70	3.22	2.83
4	驿城路站	1.72	4.67	3.91	16	大关站	1.61	3.02	2.66
5	三坝站	1.04	4.84	3.87	17	萍水街站	2.39	2.37	2.38
6	翠柏路站	2.29	4.35	3.82	18	墩祥街站	1.45	2.37	2.14
7	滨和路站	1.13	4.67	3.76	19	金家渡站	1.05	2.37	2.03
8	新街站	0.75	4.75	3.72	20	青山湖科技城站	0.00	1.95	1.45
9	丰潭路站	1.46	4.35	3.61	21	枫桦西路站	0.94	1.39	1.27
10	七堡站	2.33	4.04	3.60	22	杭发厂站	3.94	0.00	1.01
11	万安桥站	3.17	3.42	3.36	23	金鸡路站	1.62	0.00	0.42
12	禹航路站	0.39	4.13	3.17	24	育才北路站	1.34	0.00	0.34
						平均值	1.68	3.22	2.83

7.2.3　建成空间健康性

7.2.3.1　空间可步行性

从研究站点的轨道交通站域生活圈总体来看，空间可步行性的子准则层的平均值为
0.86，即空间可步行性的整体表现不佳。其中，近江站和万安桥站的表现较好，但分布
也只有 2.41 和 1.36，而潘水站和滨和路的表现不佳，分别为 0.00 和 0.21。近江站处于
杭州市典型城中村改造街区，其各小区街区尺度规划合理，并在规划中考虑到城市公共
服务设施配套，如中学等位于站域出入口的位置，处于生活圈的中心，整体规划的系统
性较强；万安桥站是位于城市中心的具有历史价值的街区，具有小尺寸、密路网街区的
特征，街区空间有较为完整的街巷网络及院落空间形态，同时，传统的具有历史价值的
街区更易形成独有的、健康的、多样的邻里交往和街区活力，这更是城市街区更新所追
求的核心价值。具体见图 7-16。

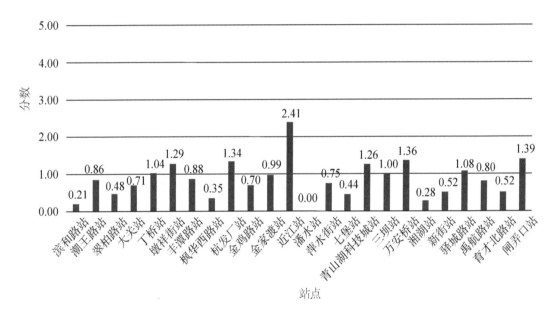

图 7-16　空间可步行性因子及评价总分

从指标层来看，在街区面积与边长尺度的控制方面，近江站、青山湖科技城站等有
较好的表现，各有 56.41% 和 30.77% 的街区符合绿色住区标准的街区标准，而潘水站和
湘湖站的表现最差，没有符合绿色住区标准的街区。青山湖科技城站区域的街区尺度比
较均匀，道路连通性较强，周边以小范围的封闭式小区为主，呈现院落式组团布局的模
式。湘湖站由于城市快速开发与封闭式小区的共同作用，生活圈内及周边主干道的间距
可达 700 米，导致形成"大街区宽马路"的城市格局（表 7-15），街区尺度较大，小汽
车的出行比例高，难以提供安全舒适的步行环境，不利于提升居民步行出行的积极性。
具体见图 7-17。

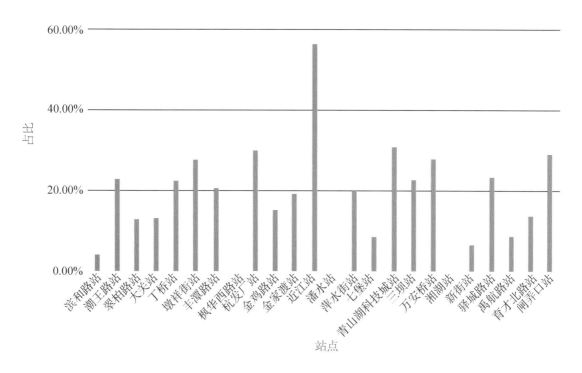

图 7-17 街区面积与边长尺度的控制

表 7-15 "大街区宽马路"的格局站点街区的分析

站点名称	湘湖站	青山湖科技城站
街区图	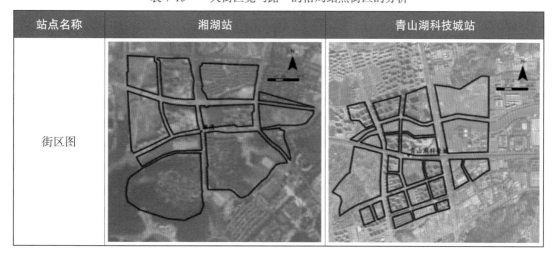	

在街道形态方面，万安桥站和禹航路站的表现较好，满足条件的建筑占站域范围内的道路两侧建筑的比例分别达 24.86% 和 37.59%，而育才北路站、潮王路站、潘水站和萍水街站满足条件的建筑占比均为 0，表现不佳。从万安桥站和育才北路站的建筑高度的对比中可以看出，育才北路站表现不佳的原因主要是商业和办公用地的占比较大，建筑高度整体过高，集中于 34~77 米，行人在步行中易产生压迫感，不利于街道的步行适

宜性。而万安桥站域生活圈保留小营巷民居及周边的小街区的历史街巷布局，使得整体街道的密度较高，街道两侧建筑的平均高度较低。具体见图 7-18、表 7-16。

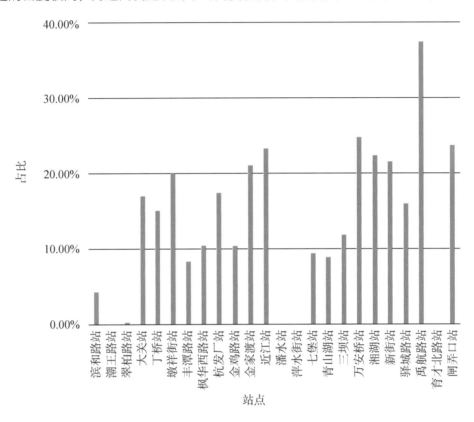

图 7-18　街道形态

表 7-16　典型站域生活圈建筑高度的可视化分析

站点名称	育才北路站	万安桥站
建筑高度		

7.2.3.2 空间开发适宜度

空间开发适宜度的平均得分为 2.74，即空间开发适宜度的整体表现一般。其中，闸弄口站和墩祥街站的表现良好，得分分别为 3.84 和 3.45；近江站和潘水站的表现不佳，得分分别为 0.82 和 1.57。具体见图 7-19。

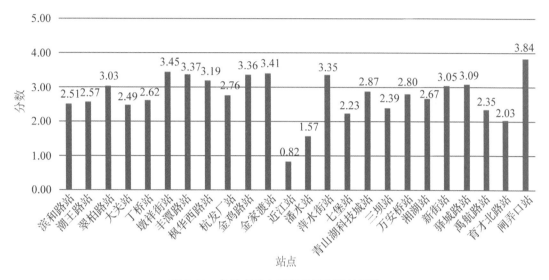

图 7-19　各站点的空间开发适宜度的评分

从指标层来看，研究站域生活圈的建筑密度平均值为 19.91%。近江站（42.76%）、大关站（28.54%）具有比较高的建筑密度，其轨道交通站点附近的城市广场和街角广场的面积很小，与步行空间的连通性较差；潘水站的建筑密度最低，为 1.65%，潘水站域空间河网纵横，绿带较多，环境宜人，能够创造较多的休闲绿地空间，但同时也在一定的程度上导致生活圈的运行效率低下。在建筑密度管控方面，应以中等密度为主，同时兼顾少量的高密度和低密度空间，才能够比较好地兼顾生活圈环境宜人和运行效率两个方面。具体见图 7-20。

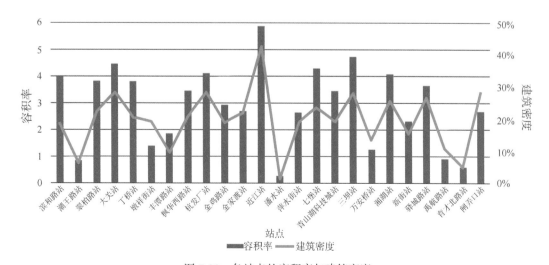

图 7-20　各站点的容积率与建筑密度

在混合用地层面，各站点混合用地街坊的占比的平均值为 16.32%。其中，三坝站和丰潭路站的表现较好，分别为 36.36% 和 37.93%，内部居民能够在生活圈空间功能上激发多样化的城市活动，有较好的步行空间的使用效率和使用舒适度。而近江站、新街站和禹航路站的混合用地街坊的占比均为 0%，居住用地的占比过大，存在用地功能单一的问题。具体见图 7-21。

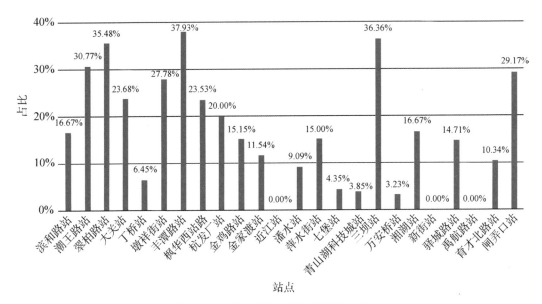

图 7-21 各站点的混合用地街坊的占比

青山湖科技城站、禹航路站、新街站的周边用地处于正在建设中的状态，因此，空间形态、服务设施的布局等尚不明晰，其余 21 个站域生活圈轨道交通站域均有较好的建设完成度，并且多数站域用地也有较高的混合度，但以站点为中心的圈层布局形式不明显，住宅建筑、健康服务设施等布局的系统性较弱，建筑空间尺度相对不均衡。

7.2.3.3 公共交通便捷性

公共交通便捷性的平均得分为 2.31，整体表现一般，其中，育才北路站和潘水站的表现较好，分别为 3.74 和 2.93；禹航路站和枫桦西路站的表现不佳，得分分别为 0.55 和 1.38。具体见图 7-22。

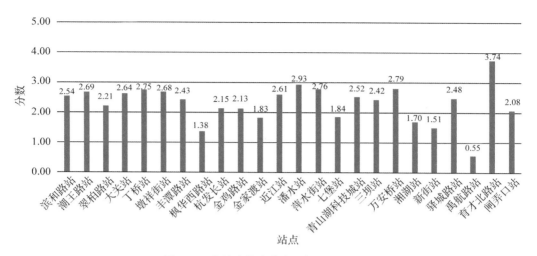

图 7-22　各站点的公共交通便捷性的评分

从指标层来看，各站点的公交站点覆盖率的平均值为 57.49%，公交可达性一般。其中，大关站、近江站和丁桥站域生活圈的公交站点可达性达到 80% 以上，具备较好的公交 + 步行换乘模式，近江站和丁桥站主要是由于内部公交站点的布局较密，从而获得较好的可步行性；而大关站由于场地内部道路较为通达，绕行系数较小，所以其设置密度在相对较低的情况下，也可获得较好的可达效率。

各站点公交导向土地开发度的平均值为 24.48%，即站域生活圈内公交站点周边土地利用率与已经比较集聚发展的轨道交通站域空间形成站域内部相比，其集聚利用状况的效果一般。潘水站和育才北路站的得分比较高，分别为 96.01% 和 86.73%，能够形成较好的接驳站域集聚空间；而杭发厂站和青山湖科技城站的得分较低，分别为 6.06% 和 2.71%，如青山湖科技城站由于建设不完善，建筑密度比较低，公交站 300 米覆盖范围内可达的建筑较少，因此，公交导向土地开发度比较低，围绕公共交通站点的开发集聚性也有待提升。具体见图 7-23。

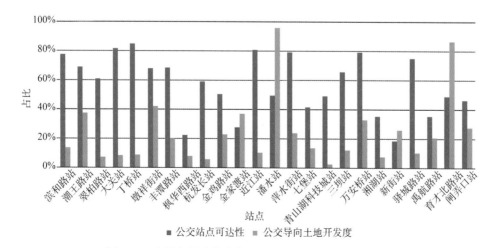

■ 公交站点可达性　■ 公交导向土地开发度

图 7-23　各站点的公交站点可达性和公交导向土地开发度

7.2.3.4 建成空间健康性的总体分析

所有研究站点的轨道交通站域生活圈建成空间健康性的得分均低于 3.0 分，平均值为 2.34，总体情况较差。闸弄口站和墩祥街站的表现相对较好，该准则层的得分分别为 2.99 和 2.91；而近江站和禹航路站的建成空间健康性的得分最差，分别为 1.54 和 1.63。

24 个站点中，2~3 分的站点有 20 个，低于 2 分的站点 4 个，大部分的站点建成空间健康性处于中下水平，少数站点的建成空间健康性较差，亟待提升。

从各站点的总体情况来看，土地开发适宜度的平均得分为 2.74，其次为公共交通便捷性的平均值为 2.31，而空间可步行性的平均值最低为 0.86。可以看出，土地开发适宜度的评分相对较好，对建成空间健康性起到了一定的正向的促进作用，而空间可步行性的评分偏低，部分站点甚至不到 0.5，表现较差，其对建成空间健康性带来较多的负面影响，在今后轨道交通站域生活圈建设中应重点加强。具体见表 7-17、图 7-24。

表 7-17 各站点的建成空间健康性的评分

排名	站点名称	空间可步行性	土地开发适宜度	公共交通便捷性	建成空间健康性总分	排名	站点名称	空间可步行性	土地开发适宜度	公共交通便捷性	建成空间健康性总分
1	闸弄口站	1.39	3.84	2.08	2.99	13	潮王路站	0.86	2.57	2.69	2.34
2	墩祥街站	1.29	3.45	2.68	2.91	14	枫华西路站	0.35	3.19	1.38	2.27
3	萍水街站	0.75	3.35	2.76	2.80	15	育才北路站	0.52	2.03	3.74	2.26
4	丰潭路站	0.88	3.37	2.43	2.74	16	大关站	0.71	2.49	2.64	2.26
5	金鸡路站	0.70	3.36	2.13	2.62	17	新街站	0.52	3.05	1.51	2.25
6	驿城路站	1.08	3.09	2.48	2.62	18	三坝站	1.00	2.39	2.42	2.19
7	金家渡站	0.99	3.41	1.83	2.61	19	滨和路站	0.21	2.51	2.54	2.17
8	万安桥站	1.36	2.80	2.79	2.58	20	湘湖站	0.28	2.67	1.70	2.05
9	青山湖科技城站	1.26	2.87	2.52	2.53	21	七堡站	0.44	2.23	1.84	1.85
10	翠柏路站	0.48	3.03	2.21	2.42	22	潘水站	0.00	1.57	2.93	1.70
11	丁桥站	1.04	2.62	2.75	2.41	23	禹航路站	0.80	2.35	0.55	1.63
12	杭发厂站	1.34	2.76	2.15	2.38	24	近江站	2.41	0.82	2.61	1.54
							平均值	0.86	2.74	2.31	2.34

建成空间健康性评分较好的站点主要集中于城市开发较早、城市空间建设比较完善的地区，如西湖区东部的丰潭路站等、上城区的万安桥站及萧山区西部的金鸡路站等。

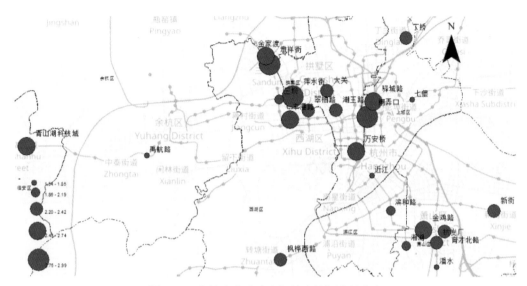

图 7-24　各站点的建成空间健康性评分的分布

7.2.4　总体分析

7.2.4.1　站点评分

结合各准则层因子的情况，对各站点站域生活圈健康导向性进行分析，得出各站点的平均值为 2.67，表现一般，轨道交通站域生活圈健康导向性的建设需求迫切。

从指标准则层测度来看，三项准则层居住环境舒适性的平均分最高达 2.83，但站点间的差异较大，其次为健康服务可及性的平均分为 2.71，建成空间健康性的平均分最低为 2.34，24 个站域生活圈内健康服务可及性相对较好，而建成空间健康性的方面亟待提升。具体见图 7-25、表 7-18。

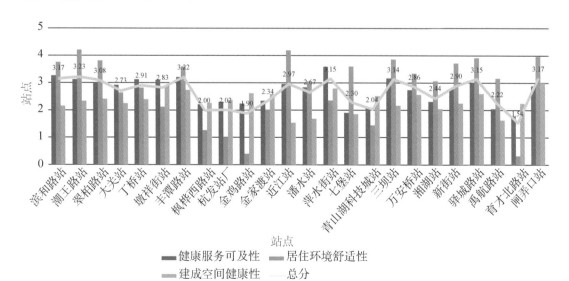

图 7-25　轨道交通站域生活圈健康导向性的评价总分

从站点情况来看，所有站点的得分分布在 1.54~3.23 之间。潮王路站的总体评分最高达到 3.23，但距离满分值 5.00 仍有一定的距离，其次为丰潭路站的得分为 3.22。金鸡路站和育才北路站的得分最低，分别为 1.90 和 1.54，金鸡路站和育才北路站域生活圈主要存在健康服务设施覆盖度不足、公园绿地可达性弱、建成环境中空间可步行性不强、混合用地的占比较少以及公共交通便捷性不高等问题，需重点进行改造升级。

表 7-18　各站域生活圈健康导向性的评价总分

排名	站点	健康服务可及性	居住环境舒适性	建成空间健康性	总分	排名	站点	健康服务可及性	居住环境舒适性	建成空间健康性	总分
1	潮王路站	3.12	4.24	2.34	3.23	13	墩祥街站	3.1	2.14	2.91	2.83
2	丰潭路站	3.22	3.61	2.74	3.22	14	大关站	2.92	2.66	2.26	2.73
3	滨和路站	3.28	3.76	2.17	3.17	15	潘水站	2.85	3.06	1.70	2.67
4	闸弄口站	2.9	3.97	2.99	3.17	16	湘湖站	2.32	3.08	2.05	2.44
5	驿城路站	3.01	3.91	2.62	3.15	17	金家渡站	2.38	2.03	2.61	2.34
6	萍水街站	3.59	2.38	2.80	3.15	18	七堡站	1.91	3.60	1.85	2.30
7	三坝站	3.17	3.87	2.19	3.14	19	禹航路站	2.04	3.17	1.63	2.22
8	翠柏路站	3.01	3.82	2.42	3.08	20	青山湖科技城站	2.12	1.45	2.53	2.04
9	近江站	2.96	4.21	1.54	2.97	21	杭发厂站	2.32	1.01	2.38	2.02
10	丁桥站	3.12	2.83	2.41	2.91	22	枫桦西路站	2.22	1.27	2.27	2.00
11	新街站	2.78	3.72	2.25	2.90	23	金鸡路站	2.26	0.42	2.62	1.90
12	万安桥站	2.75	3.36	2.58	2.86	24	育才北路站	1.79	0.34	2.26	1.54
							平均	2.71	2.83	2.34	2.67

7.2.4.2　评分与人口密度的关联分析

站域生活圈应能以全面的健康设施服务、宜人的居住空间和健康的建成空间给城市区域内的高密度人口提供更为健康的发展导向。从杭州市轨道交通站域生活圈健康导向性的得分分布来看，人口密度越大的轨道交通站域生活圈有较高的健康导向性得分，而人口密度越低的轨道交通站域的健康导向性的得分分布的域值较宽。

在整体评分中，潮王路站的站域生活圈健康导向性的评价最高，达 3.23，且生活圈内人口密度较高，即能够让较多的人口享受较健康的生活居住体验。而在人口 2 万人 / 平方千米以下的站点中，生活圈健康导向性的评价多也处于低值，如枫桦西路站、禹航路站、青山湖科技城站等；2 万 ~6 万人区间的站点中，评分最低的是育才北路站和金鸡路站，即在这个站域范围内有较低的人口数且健康性不足；在 6 万人 / 平方千米及以上的站域生活圈中，站点评分均超过 2.8，评分情况相对较好，但由于这些站点所覆盖的人口数最多，健康导向性的要求更高，如万安桥站站域的人口达到 14.7 万人，需要有更多的健康设施和更好的服务来满足其需求。具体见图 7-26。

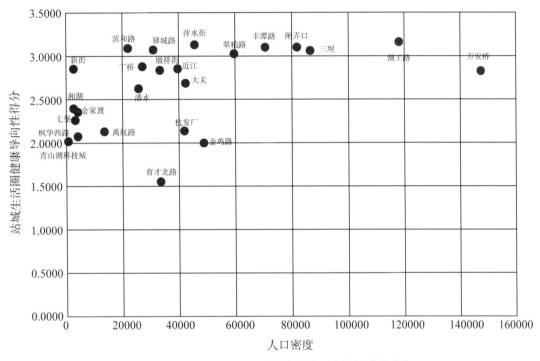

图 7-26　站域生活圈人口密度与健康导向性评分的分布

7.2.4.3　评分与区域开发水平的关联分析

从各站点评分的空间分布来看，站域生活圈健康性评分与所在城市的区块开发水平有较大的关联。如得分最高的潮王路站域生活圈，以及得分较高的万安桥、丰潭路、萍水街和大关站域生活圈，主要集中于城市中心区域，即上城区的西部、拱墅区等。这些地区的城市发展较早，站域生活圈的开发水平较高，整体的公共设施布局较为紧凑，道路网密度等也有延续街巷形制的小街区格局，进而不断促进城市生活圈的健康品质的提升。而评分较弱的站域生活圈主要分布于郊区性站点，如枫桦西路站、育才北路站等，或者城市地铁线路的末端，如湘湖站、潘水站、青山湖科技城站等，站域生活圈所在的城市空间的开发建设较晚，整体的配套设施建设仍不完善，有较大的提升空间。

大部分轨道交通站域生活圈健康导向性的评分较为均衡，但准则层间仍存在不均衡的现象，包括存在居住环境舒适性较好，但是健康服务可及性或建成空间健康性较差的状况，例如近江站、潮王路站等，一般位于城市中心区外围的新建住区，城市配套设施

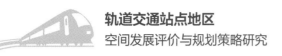

的布局不完善，以封闭式、高密度住区为主，导致步行绕路、街道两侧的建筑高度过高等问题出现；有健康服务可及性较好，但居住环境舒适性或建成空间健康性较差的状况，如滨和路站等，主要位于城郊居住片区，存在城市配套设施较为标准但蓝绿空间不足，现代化封闭住区建筑密度及容积率过高等问题；居住环境舒适性显著低下，如金鸡路站、育才北路站等，该指标的得分不到 0.5，严重影响站域的总体评分。具体见图 7-27。

图 7-27　站点评分的分布图

7.3　轨道交通站域生活圈健康导向性的困境思考

7.3.1　健康导向性的问题分析

7.3.1.1　健康服务可及性

服务设施可达性较低：在站点周边 800 米范围内，路网体系多受水网、山体等的影响，可达性差，有些设施被布置于封闭小区的内部，缺乏外部开放性，个别站点的绕行系数超过 2.0，存在较为明显的绕路现象，增加行人的出行距离，降低步行舒适度。

外围站点的健康设施配置不足：老城区站点生活圈周边的一般服务设施的种类较齐全，分布密度较高，而城市外围站点的周边健康设施多有不足，导致设施覆盖度普遍较低，站域设施配置不足，覆盖率不足 10%。

健康设施配置不均衡：虽然部分站域生活圈的健康设施的种类丰富，但往往是某一类或两类设施的规模较大，而其他类的设施数量较少且规模小，忽略各类设施之间的均衡性配置。如新街站域生活圈内的医疗设施的配置较好，但福利设施不足，仅有 2 家老年活动中心并缺少文化设施。

7.3.1.2　居住环境舒适性

生活圈对近距离蓝绿空间的不重视：目前，城市普遍较为重视大型公园或绿地的建设，而对生活圈蓝绿空间的关注度较少，比如湘湖轨道交通站域生活圈南侧的湘湖风景区形成了较好的生态休闲空间，但居民身边的生活圈蓝绿空间的建设，如湘湖轨道交通站域生活圈和新街轨道交通站域生活圈街区内部缺乏蓝绿空间的布局，使得居民平时难以接近自然、亲近自然。

绿地可达性低，与绿地规模合理性呈较低的一致性：多数站域生活圈的绿地可达性不足 0.35，数个站点的可达性设置为 0.0，生活圈内绿地不足。并且，可达性与规模性存在较多不一致的情况，即绿地规模大，却可达性差（如青山湖科技城站），反之又有可达性好，却绿地规模不足（如万安桥站）。

住宅户型总体偏大，居住人口规模受限：站域生活圈需要有一定密度的居住人口来支持，然而，大部分站域生活圈的人均居住面积较大，近半数超过 50 平方米 / 人，虽然提供了较好的居住空间，但对站域生活圈的价值体现带来不利的影响。

7.3.1.3　建成空间健康性

封闭式大街区，步行适宜度不高：轨道交通站域步行空间作为城市重要的公共空间，其建设水平及整体步行适宜度应当纳入到站域整体空间的设计中。当前，由于大范围的封闭式居住小区的建设，大部分站域生活圈的街区尺度过大，居民间难以相互认识以增加社交频率与信任度。而大街区意味着城市道路网络相对稀疏，更加依赖汽车通行，使得城市街道的步行性更为低下。

无障碍设施缺乏，步行友好度不高：多数站点的盲道设置均出现盲道品质不佳的问题，主要有盲道缺失、盲道颜色不突出、盲道被机动车和非机动车及公共设施所占用、盲道不连续、多台阶等问题，不利于弱势群体尤其是视力障碍群体顺畅通行且增大安全隐患，有待改善。健康性的轨道交通站域生活圈首先要保证弱势群体的出行安全，尤其是站点出入口处空间的步行适宜性。

公共活动空间不足，可利用性差：传统街区的站域生活圈公共空间多因历史原因存在诸多的问题。其中，功能性的过时和环境欠佳是最为突出的方面，如街区空间内的建筑多年久失修，质量较差，密度过大，内部空间功能不能满足现代人的生活方式；街区空间内商户私搭乱建、垃圾桶占用公共街道空间的现象严重，侵蚀了仅有的公共空间进而导致公共活动空间不足等。新建街区的站域生活圈公共空间问题主要体现在街区空间内的建筑密度较大，建筑高度普遍较高，容积率较高，导致街区街道尺度感不佳，缺乏系统的城市蓝绿空间和公共活动空间，站点出入口周边非机动车占道严重，出入口附近

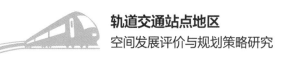

面状公共空间被占用，可利用性差等问题。

公交系统接驳设施薄弱，可达性差：多数站域生活圈的交通体系无法建立站域空间内部各个部分的紧密联系，不利于形成以公共交通为导向的城市发展结构。首先，在出入口方面，站点出入口与慢行系统的衔接不到位，常出现站点出入口与盲道衔接不通畅、人行道与机动车道的衔接处无坡度设置。同时，出入口的广场空间不足，无法快速集散人群。其次，在地面公交接驳方面，站点的公交车站配套设施不完善，许多站点无法满足乘客在公交车站短暂休憩的需求，缺乏天桥、地下横岛等利于步行的设施建设，步行环境与机动车空间的交叉较多，未能建立以慢行交通为骨架的交通网络，步行通达度差。

地块开发强度低，用地混合不足：受到线路走向、站点设置和原有用地格局等多种因素的影响，部分站域生活圈的容积率较低，甚至小于 1.0，如育才北路站和潘水站。同时，在土地混合开发方面，各站点的差异较大，混合度小于 10% 的站点达到近 30%，说明其城市土地功能单一，土地功能的复合化程度不足，不利于吸引人群向轨道交通站点聚集，也不利于生活圈为居民提供便捷的设施需求。

7.3.2 健康导向性的困境思考

轨道交通站域生活圈健康导向性的建设受到诸多因素的影响，不仅和健康服务设施布局、居住环境舒适性和建成空间有关，与站域生活圈建设、城市规划建设等具有更深层次的联系。主要的矛盾可以归纳为以下三个层面。

7.3.2.1 站域空间建设和生活圈空间建设的矛盾

（1）城市健康设施分布与站域生活圈发展的不匹配

城市功能服务建设是不断变化和发展的。健康服务设施跟随城市的发展不断优化，也是生活圈发展的必要条件和重要保障。然而，城市内部的健康服务设施的布局多不均衡，轨道交通站域的发展又普遍存在滞后性。

首先，各类健康服务设施在城市中心区呈现高度集聚的特点，而在外围和城郊区，公共服务设施的分布及可达性尚未形成明显的高集聚中心。这反映了健康服务设施空间分布的不平衡，中心区部分存在"供大于需"的现象，导致健康服务设施资源的浪费。由于城市外围地区的建设发展存在一定的滞后性，沿轨道交通线路开发的模式还未得到充分重视，站域生活圈各类型的服务设施密度普遍较低。

其次，轨道交通站域生活圈内的健康服务设施的供给适宜度较低，与 TOD 理念以围绕轨道交通站点形成的便捷出行体系的目标不一致。在城郊区的轨道交通站域生活圈中，多是先建设地铁站后开发用地的流程，虽然存在较好的步行空间，但站域设施建设相对滞后，人均居住面积较大，开发的完善度相对中心区较低，导致土地利用效率低，各类健康服务设施配套不足，设施辐射力也不足，设施点状分布难以形成连片聚集效应，这容易导致轨道交通站域生活圈形成单纯的交通节点，而忽略了生活的基本需求。城市中心区轨道交通站域生活圈的用地开发的时间较早，健康服务设施较为完善，轨道交通站域生活圈健康服务可及性高，但生活圈的土地开发适宜度较低，主要是由于这部分轨道交通站域生活圈是先用地开发后建设地铁，城市的更新难度大，轨道交通站域集聚性的效果较低。

（2）站域圈层开发与生活圈功能建设的冲突

轨道交通站域生活圈的打造需要在确保内部功能不相冲突的基础上，同时具备良好的社区性和集聚性。在土地利用方面，轨道交通站域生活圈需要保障生活服务功能的比例，使站点核心能够成为周边区域的公共活动中心。然而，目前轨道交通站域开发的核心区主要以商务办公功能为主，用地组成与生活圈的需求存在较大的差异，站域圈层开发与生活圈功能建设存在较多的冲突。同时，轨道交通站域生活圈的土地开发的适宜度较差，容积率一般在 1.5~3.0 之间，用地混合度较低，较少遵循 TOD 开发强度级差密度的开发模式。

此类问题的产生原因主要有：城市规划的多利益相关者和多层次过程使得 TOD 理念在实际规划中难以全面贯彻，各利益主体对开发方向存在不同的期望；土地所有权的结构复杂，不同土地使用权的主体导致整体规划受到碎片化制约，追求土地最大化利用可能与 TOD 的圈层性开发理念相悖；不完善的政策法规也是一个制约因素，某些地区缺乏对 TOD 实施的支持和激励措施，导致开发商更倾向于传统的商办模式。历史城市形态、投资回报压力等因素也影响着 TOD 的实践。因此，要实现 TOD 的圈层性开发并实现 TOD 开发与生活圈开发强度相协调，需通过完善规划和法规、多方利益协调以及激励措施等手段，促进城市空间向更可持续和综合的方向发展。

（3）轨道交通站域步行需求与现代封闭住区大街区格局的冲突

TOD 理念强调轨道交通站域步行的可行性和通达度，使居民能够便捷且愉悦地从轨道交通站点步行到站域范围内的目的地，轨道交通站域步行空间结构的通达度对于建立健全的城市步行体系至关重要，同时对居民使用轨道交通产生积极的影响。

然而，在实际的轨道交通站域生活圈中，由于现代城市居住区的封闭性，宽道路和低密度交通系统已经取代了传统的街道系统和城市肌理，这样的封闭住区也将城市空间划分成若干大而无法穿越的独立空间，小区街道系统与城市交通系统彼此隔离，增加了居民出行的绕行难度，街区尺度的扩大也加剧了人们使用小汽车出行的倾向，降低了居民的绿色出行的意愿。

在城市管理方面，当前的建设者仍然坚持以车辆通行效率作为基本标准，特别是在城市开发蔓延的城郊区域，大街区格局减弱了街道之间的相互联系，降低了人们在街道上自由活动与停留的比例，降低了街道的亲和力，也抑制了生活圈居民的社交活动和室外活动的频率，不利于居民身心的健康发展。

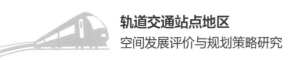

7.3.2.2 站域空间发展和城市健康性的矛盾

（1）轨道交通站域 TOD 开发指向与健康导向的错位

当前的 TOD 开发主要聚焦于交通便捷性和土地集约利用。站域 TOD 的规划和设计往往偏向于交通设施和商业用地的布局，以吸引商业投资并提高站点利用率。然而，对居民的健康需求和生活质量的关注较少，这可能导致忽视一些健康导向性的因素，如缺乏公共休闲空间和健康服务设施。

（2）轨道交通站域高密度开发与蓝绿空间不足的关系

轨道交通站域生活圈的健康导向性旨在实现交通与城市居住空间的有机发展和功能融合，通过土地混合使用和设计宜人的步行环境，共同创造宜居、绿色、生态的就业和居住空间。然而，轨道交通站域生活圈的蓝绿空间的供给较为有限，城市高强度的建设开发使得站域内的开发空间的规模大，蓝绿空间被压缩，覆盖率严重不足，且多呈碎片化，不利于居民日常与自然进行互动。城市建设的高密度和生态系统性的不足也阻碍了健康生活圈空间的塑造。

中心城区紧缺的城市土地空间和密集的人口压力下，轨道交通站域建设规划多以满足出行需求缺口为主要目标，在站域发展中忽略轨道交通站域生态空间的规划，不利于轨道交通站域生活圈健康品质的提升。

7.3.2.3 生活圈建设与健康导向性发展的矛盾

（1）生活圈健康设施量化配置，忽视健康设施的效益

两者的矛盾主要体现在生活圈建设更侧重于设施的数量和多样性，而健康导向性发展则注重如何使这些设施更具有健康效益。生活圈建设强调的主要是设施的建设和配置，注重于创造一个综合而完备的生活区域，包括商业、居住、文化等多个方面的设施。然而，在健康导向性发展的背景下，仅仅强调设施的存在并不足以满足居民的全面健康的需求。健康导向性的发展要求不仅关注设施的设置，还强调对健康设施的高效、便捷的利用，以促进居民更积极地参与健康活动，提升整体的健康水平。

（2）缺乏对休闲行为需求的关注

实地调研显示，生活圈居民更倾向于在生活圈内部和周边绿地进行休闲活动，但由于生活圈内部蓝绿空间不足和生活圈外城市公园的"休闲引力"，导致居民行为空间的情况不容乐观。主要表现在生活圈内公共空间缺乏安全性和可达性的考虑，长期缺乏管理维护，导致使用率低下；活动设施布置不合理、环境条件不完善（如设置不合理的高差、缺乏遮蔽绿荫等），影响了生活圈内居民社交休闲活动的展开。

（3）缺乏对步行者心理需求的关注

马斯洛需求层次理论强调，当低层次的需求，如生理需求、安全需求得到满足时，就会激发更高层次的需求。尽管人们通常在居住活动中将心理需求划分为马斯洛需求层

级，但这种分类方法并不适用于所有的步行活动，因为并非所有的活动都遵循同一种需求层次。例如，在"点状"生活圈空间中，人们主要进行候车、等人、日常购物等行为活动，因此，空间的便利性和可停留性更受关注；在"线状"生活圈空间中，人们主要进行上下班通勤、上下学等活动，通达性和安全性更为重要；在"面状"生活圈空间中，人们主要进行观望、休息、交流等活动，因此，需要保证空间环境的共享性与舒适性。

尽管轨道交通的发展提高了城市交通效率，缩短了出行时间，但步行既是居住地与站点间的最常用的通行方式，也是最贴近生活的交通方式，因此，轨道交通站域生活圈的空间品质对人步行意愿的提高尤为重要。轨道交通站域生活圈不仅承载着轨道交通站域的通行功能，也承载了生活圈居民的社交功能，活动类型丰富，呈现多元和复杂的特征。然而，街道过宽、街道形态不佳等问题普遍存在，不论是"点状"、"线状"还是"面状"空间，都存在对步行者心理需求的设计不足的问题：在"点状"空间中缺乏休憩设施，无法满足可停留性的需求；"线状"空间中，生活圈的步行空间被占用，通达度和安全度不高；"面状"空间中，天空开敞度、绿化率等不高，不利于人们观望、休憩，无法有效改善居民的心理健康。

7.4 总 结

轨道交通站域生活圈健康导向性评价体系围绕 3 个准则层（健康服务可及性、居住环境舒适性和建成空间健康性）、8 个子准则层，由 23 个指标层所构成，其中，健康服务可及性的权重最大。

杭州市健康服务设施布局呈现出"核心—边缘"的布局模式，主要集中分布于中心城区，即西湖东侧、钱塘江两岸；同时在站域空间的集聚性较弱，其聚集主要体现在体育设施上，福利设施在偏居住型的站点上也有一定的集聚，但医疗设施在站域与非站域的分布上几乎无差异，文化设施反而向非站域空间聚集。

以杭州市 24 个轨道交通站域生活圈为例，对其进行全面系统的健康导向性综合评价。轨道交通站域生活圈的健康导向性的平均得分为 2.67，整体表现一般，其中，居住环境舒适性相对其他两项准则层的表现较好，健康服务可及性与建成空间健康性有待提升。

从各站点来看，潮王路站和丰潭路站的轨道交通站域生活圈的健康导向性较好，而育才北路站和金鸡路站的表现最为薄弱；对于人口密度较大的轨道交通站域生活圈，如金鸡路站、杭发厂站等，需要重点提升其健康性。轨道交通站域生活圈的健康性评分与所在城市区域的开发水平相关联，城市中心区的轨道交通站域生活圈的健康导向性的建设较好，而城市郊区的轨道交通站域生活圈的健康导向性较差，同时，站点准则层之间存在不均衡的现象。

　　当前，站域生活圈健康导向性建设存在服务设施可达性较低、外围站点健康设施配置不足、生活圈对近距离蓝绿空间的不重视、绿地可达性低、封闭式大街区等，从而导致步行适宜度不高、公共活动空间不足、地块开发强度低等问题，其主要原因来自站域空间发展和城市健康性的矛盾、站域空间建设与生活圈空间建设之间的矛盾、生活圈建设与健康导向性发展不均衡的矛盾，需要城市积极应对，及时修正。

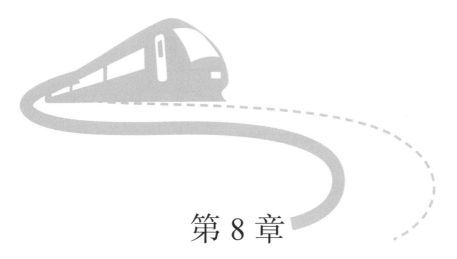

第 8 章
城市轨道交通站点地区空间的
发展策略

  城市交通与城市空间的发展表现为复杂的互动关系，它们相互影响，相互促进，共同发展。城市发展的每一个阶段，都需要良好的城市交通体系的支撑；城市交通体系的发展，也是在城市空间有序发展的前提下形成并壮大的。城市轨道交通正是城市空间持续发展的重要结果，有足够的人口规模、产业规模和用地规模，有较为有序的城市空间布局形态，城市轨道交通才能得以规划、建设，并成为城市公共交通体系的核心。城市轨道交通以其运量大、快速便捷、可达性强等优点，已成为我国大城市公共交通体系的重要组成部分，是城市空间发展的重要依托。以轨道交通站点为城市的重要建设地块，以其沿线为城市空间发展廊道，点线汇面，带动整个城市的用地开发和空间发展，促进城市有序高效的发展，是各大城市的重要的发展目标。

  然而，由于各种原因的存在，城市交通与城市空间并不总是表现为协同发展和相互促进。尤其是在城市轨道交通上，城市空间的发展往往表现出若干的矛盾与不一致的现象，这些现象将对城市空间的可持续发展起到更加不利的影响。如城市轨道交通发展不能适应城市发展的需要，或城市轨道交通建设过于超前而导致其利用率低下，给运营带来较大的压力；城市轨道交通网络体系不够合理，或城市开发落后而无法支撑城市轨道交通站点的长期的正常运行；城市轨道交通站点的设置不尽合理，或轨道交通站点的建设难以带动其周边的城市开发等。已有轨道交通的城市，或正在规划建设的相关城市，应充分认识到城市轨道交通与城市空间协同发展的必要性和重要性，提前谋划，切实制定相应的政策措施，为城市持续、有序、科学发展提供保障。

8.1 促进轨道交通与城市用地开发的协同发展

8.1.1 宏观层面：发挥城市规划引领的作用，引导城市空间科学发展

8.1.1.1 加强城市规划的预见性，协同城市交通与城市空间的发展

轨道交通的建设对城市用地、城市空间结构乃至城市新城的发展等都将产生重要的影响。这既来自轨道交通的带动效应，也受作用于城市政府对轨道交通沿线用地的规划引导，两者共同影响城市空间的布局。因此，应该加强城市规划的引领作用，更好地发挥轨道交通对城市带来的积极意义，提升轨道交通的价值。进一步加强城市规划的预见性，发挥其对城市空间发展的超前判断能力，在轨道交通的建设之初，综合分析轨道交通的影响作用，并进行多次评估，调整城市功能设施的规划布局，使轨道交通与城市用地能够协调发展。建成区外围区域和新城区的站点，是城市规划引导的重点，应积极增加建成区外围的功能，不断开发站点周边的非建设用地，推动居住和商业功能向站点集聚，从而实现主城区功能向外围疏散的作用。同时，充分考虑城市空间发展站点和重大设施的建设等影响轨道交通沿线用地开发的因素，及时调整规划布局，使轨道交通能够充分发挥引导城市空间的拓展方向、促进新区发展形成以及加速旧城更新等方面的重要作用。

8.1.1.2 结合城市空间格局，发挥轨道交通的带动效应

随着城市空间的不断扩张，老城区的压力增大，集中式的发展模式使城市陷入空间发展和交通发展的恶性循环中。此时，越来越多的大中城市开始积极构建多中心的空间模式来缓解主城区高度集聚的人口压力，优化城市空间的发展。轨道交通作为一种快速且大容量的交通方式，可提升沿线区域的可达性和机动性，疏散老城区的压力，引导城市空间形态，凸显其廊道效应。因此，借助轨道交通，实现多中心的空间结构是城市空间发展战略的重要手段。

在城市轨道交通网络规划中，要充分考虑城市空间发展战略和现有的交通等情况，从而确定轨道交通线路的布局，使中心城区与外围组团或城市副中心在轨道交通的建设下得以快速连接，引导服务性产业和就业人员向城市次级中心转移，促进多中心的空间结构的形成。另外，积极调整城市的总体规划，促进城市空间与轨道交通网络的整合。轨道交通对沿线用地产生影响，通过城市规划的规划指引，完善轨道交通网络与城市结构之间的连接机制，更好地发挥轨道交通的带动效应，促进城市空间轴状化的发展。最后，建立轨道交通与城市空间协调发展的实时监测与评价机制，定时评估轨道交通网络与城市空间规划之间的关联性，从而更好地实现城市空间发展的战略，防止城市无序蔓延。

8.1.1.3 激活城市外围用地的开发潜力，提升副城的吸引力

在轨道交通大力发展的背景下，城市外围区域的发展有了新的交通设施支撑，可借助轨道交通的廊道效应，激活建成区外围组团的快速发展，提升副城或更次级中心的吸引力。首先，发挥轨道交通的端点优势，使线路的端点均与外围组团进行有效的衔接，中心城区专业性、服务性功能向外围地区疏散，从而带动外围功能组团的快速发展。其次，城市控规积极引导轨道交通沿线用地的开发，尤其是建成区外围的区域，通过改变土地的利用方式和开发强度，激活建成区的外围用地，引导城市边缘开发。最后，借助轨道交通站点的增长极效应，增强副城区域站点周边公共服务设施的比重，建设具有集聚人流作用的大型的商业设施、休闲娱乐设施和商务办公设施等用地，提升副城或更次级城市中心的吸引力，同时积极开发其外围的居住用地，将主城区的居住功能向副城或更次级城市中心疏散，促进城市整体的协调有序的发展。

8.1.2 中观层面：协调轨道交通与沿线用地的关系

8.1.2.1 协调交通与土地开发，构建连续有序的城市空间

轨道交通的建设影响沿线用地的开发，改变原有土地的利用方式和开发强度。因此，根据轨道交通的影响作用，结合城市用地现状和未来空间发展的战略，调整沿线功能的布局，使轨道交通与沿线用地协调发展。首先，借助轨道交通的刺激和诱导作用，优化调整轨道交通沿线用地的性质，增强用地开发强度，由低密度的空间布局向高密度发展，增加土地经济价值。其次，根据站点所处的不同区位和未来空间发展的战略，区分不同的站点开发类型，比如服务设施型、居住型、交通枢纽型、大学园区型等，分类型指导轨道交通与沿线用地的协同发展。例如在城市中心区或城市副中心规划服务设施型站点，在城市居住片区规划居住型站点，在大学城中规划大学园区型站点等。最后，根据站点类型进行不同的用地规划，并且在各类型站点之间进行用地的过渡和平衡，使轨道交通沿线的用地空间连续且有序，避免城市空间的细碎化。例如，在服务设施型和居住型站点之间，规划居住＋服务设施型站点以平衡居住和服务设施用地。在交通枢纽型站点和大学园区型站点的周围，布置居住型或居住＋服务设施型站点，平衡其所带来的居住和商业功能等。

针对已建的线路，以待开发站点为核心，结合城市未来空间发展战略，优化调整沿线功能的布局；针对拟规划的线路，应兼顾轨道交通线路与用地功能布局的双向调整的可能性，构建连续有序的城市空间发展的新格局，并促使职住空间走向平衡。

8.1.2.2 结合城市动态的发展需要，灵活协调城市空间的发展

城市自身的扩张和轨道交通建设自身带来的促进作用，对于站点周边的用地也会产生各种影响，导致交通客流的改变和用地功能的变迁等，甚至带动站点类型的变动。因此，在规划各种站点的周边用地时，应随时把握城市发展的动态需求，结合站点类型的变动模式，协调轨道交通发展和城市空间扩展。例如，针对较为普遍存在的城郊型站点

和郊外型站点，应重点加大其向其他类型转换，尤其是向居住＋服务设施型这种居住和服务设施用地比重都相对较高的站点，充分发挥轨道交通对城市开发的带动作用。位于建成区外围的城郊型站点，可以适当向服务设施型或者服务设施用地比重较高的居住＋服务设施型站点转化，从而提高建成区外围的吸引力。位于城市边缘的郊外型站点，可以向居住型或者居住比重相对较高的居住＋服务设施型站点转换，通过吸引居民定居来带动城市边缘区域的建设。对位于重要交通枢纽区域的站点，加强轨道交通与其他交通方式的衔接，充分发挥城市核心枢纽的作用，可以向交通枢纽型站点，甚至具有城市副中心功能的服务设施型转型。建成区的居住型站点，应增加服务设施用地的比重，引导逐渐向居住＋服务设施型站点转换，满足随着城市中心不断扩大而对站点周边用地的影响作用。位于城市中心区的服务设施型、居住＋服务设施型站点，以及大学园区型站点，随着城市空间的拓展和轨道交通的发展，需进一步完善站点周边的用地功能和开发强度，适应城市各区块的动态发展的需求。

应推动站点建设与站点周边地块建设同步进行，避免站点超前建设。站点规模等内源性因子，对站点发展水平的影响力不如用地布局等外源性因子大。因此，合理的城市用地布局，可以为站点带来集散力、引导力和价值力的全面提升。例如，增加站点周围的公共服务、商业、绿地等用地，进而引导人口流向重点的发展地区与重点的提升地区。

8.1.2.3 综合研判用地变动的影响因素，引导各类用地有序建设

轨道交通沿线用地受到各种内外多因素的影响，如城市的自身扩张、新居住区块的开发、地铁线路建设自身带来的促动等，站点周边用地会发生功能变迁，各类用地的开发也发生变化。城市规划需要综合考虑轨道交通沿线用地变动的影响因素，调整各类用地在站点周边的比重，完善沿线用地的开发建设。

目前，轨道交通站点周边用地受到最主要的影响因素是非建设用地的开发、新居住用地的开发、老小区或城郊村的搬迁、服务功能的提升、制造业的撤退和交通功能的增强等，这些将对非建设用地、商业商务与公共服务设施用地、居住用地、工业用地和交通用地的变动产生较大的影响。因此，对于非建设用地，应该通过加快开发、积极引导，向居住、商业服务设施类等用地转变，尤其是中心区外围存在较多非建设用地的区域，加快发挥轨道交通的带动效应，提升土地的价值；对于服务设施用地，应该不断提高其在轨道交通沿线的比重，增加其类型的多样化，吸引人流，带动轨道交通沿线用地的发展；对于居住用地，应该积极进行老旧小区和城郊村的搬迁，加强居住环境质量的提升，以及采用低容积率向高容积率的开发模式转型，提高沿线用地的居住功能；对于工业用地，应该积极优化调整产业结构与升级，加快与城市发展不相适应的制造业的撤退，避免工业用地对轨道交通发展的阻碍；对于交通设施用地，应充分与轨道交通设施进行协调，优化不同的交通方式与轨道交通的换乘，满足轨道交通发展建设的需求，构建站点地区一体化的城市综合交通体系。

8.1.3　微观层面：优化站点周边用地的布局

8.1.3.1　因地制宜，分类引导站点用地布局与空间开发

根据轨道交通站点所处的区域功能的不同，站点可以分为不同的类型，包括服务设施型、居住＋服务设施型、居住型、大学园区型和交通枢纽型等。各类轨道交通站点在用地布局、用地结构比例、开发强度等方面均存在明显的差异，因此，需要针对不同类型的站点开发特征，分类引导站点周边用地的开发。

（1）服务设施型：一般位于城市中心区或副城中心，是城市发展的重要区域，商业服务设施用地和公共管理与公共服务设施用地的比重高，开发强度大。在对其的改造提升的过程中，应采用高强度且集约化的开发方式，形成城市的重要节点。在确保交通顺畅的条件下，结合站点规划垂直复合的综合体，将商业服务、金融办公、文化娱乐、餐饮等中高强度的用地混合布置，提升其功能强度的同时，有利于人流的组织和交通的疏散，也满足人们对于不同功能的需求。外围配合中高强度的住宅用地，多采用商住的混合模式，强化用地服务功能，提升辐射能力。尽量采用密度较高的道路网，完善站点与其他交通方式的衔接。

（2）居住＋服务设施型：与服务设施型站点类似，但此类站点兼具居住与服务功能。在规划布局中，在站点一侧设置大量的公共设施，或者让公共设施向站点集聚，站点的另外一侧或者核心区外围规划中低的住宅用地。根据站点所在区域的区位，合理规划居住用地和服务设施用地的比重，位于城市中心区或者重要功能节点的站点，应该增加服务功能的比重，适当采取垂直式的用地复合模式，提高站点服务功能的辐射能力。临近居住片区或者位于一般功能节点的站点，应该更加注重居住功能，开发宜居的住宅，并配备完善的服务配套设施，既满足居民日常生活需求的同时，又能为居民提供商业商务、休闲娱乐等需求。

（3）居住型：站点作为该类地块城市用地发展的重要增长点，可以成为地块的商业服务活动中心。按照 TOD 模式理论，应该在站点周围规划服务于居住区的商业服务和办公用地，在外围规划足够的住宅用地。在城市中心区外侧的该类站点，应该适当提高服务设施用地的比重，提高用地容积率；在建成区外围的站点，应该加大对于工业工地迁移和城郊村的搬迁力度。另外，在规划布局中，也要适当预留空地，建设绿地公园和换乘广场，提升居住环境，为居民提供便利。

（4）大学园区型：位于城市高等教育园区，此类型站点的规划布局跟城市发展战略相关。在规划布局时，要充分结合城市的总体规划及其他相关规划对其区域的布局要求，除教育用地以外，应适当规划居住用地和商务商业设施用地，发挥大量的教育设施用地对周边用地的开发带动作用，完善其他各类用地功能的需求。

（5）交通枢纽型：一般位于城市的大型换乘枢纽，也是城市对外交通的换乘枢纽。站点周边用地最重要的作用就是梳理整合各种交通方式，实现各类交通方式的衔接与换

乘。因此，站点周边用地应以交通设施用地（包括广场及道路）为主，以商业商务设施为辅，适当设置居住用地和绿地等。交通设施用地适宜采取垂直化的立体模式，以更好地疏散人流，方便换乘。商业设施用地主要沿主干路两侧进行，绿地规划在居住和交通用地的分隔区。

8.1.3.2 加强圈层化布局，集约高效利用土地资源

借鉴 TOD 的空间模式，围绕轨道交通站点形成"紧凑、圈层化"的用地布局，不仅有利于人流活动的组织和交通问题的改善，也有利于实现土地资源的集约高效的利用。为此，需加强站点周边用地的开发强度，将商业、商务等开发强度高的用地类型向站点核心区集聚，而将开发强度低的老旧小区、城郊村、工业仓储用地等逐渐移出站点周边的影响圈，呈现以站点为中心向外围阶梯递减的趋势。

圈层化布局也需考虑站点的类型，根据不同类型站点的不同功能的要求，规划不同的圈层模式。①服务设施型：100 米范围内主要规划交通和商业用地；100~500 米规划中高强度的商业商务用地和居住用地，且以商业用地为主；500~1000 米范围内逐渐规划大量的居住用地，开发强度向外围梯度递减。②居住＋服务设施型：200 米范围内主要规划商业商务用地和绿地；200~500 米内规划中强度的商业商务用地和居住用地；500~1000 米范围内规划居住用地。③居住型：200 米范围内主要开发商业用地和办公用地、绿地与换乘广场；200~500 米范围内规划大量的居住用地和少量的商业设施用地，居住用地容积率沿轨道半径向外围梯度递减。④交通枢纽型：200 米范围内规划高强度的交通用地和商务商业用地；200~500 米内规划中强度的商业用地和交通用地；500~1000 米范围内主要规划居住用地。⑤大学园区型：商业用地在 200m 范围内集聚；500 米内规划大量的教育设施用地，居住用地在 200~1000 米范围内集中分布。

8.1.3.3 挖掘地下空间资源，加强站点土地的复合利用

轨道交通的建设对沿线用地的影响较大，能提升土地的价值，吸引大量的人流，但是在发展过程中也容易出现用地资源综合利用率不高、地下空间利用不足等问题，致使无法最大限度地发挥站点及沿线的空间资源优势。因此，站点周边用地开发时，应充分挖掘地下空间资源，加强站点土地的混合开发，充分利用地下和地上的空间资源。

针对地下空间资源的利用，可以不断挖掘潜力，从开发建设用地的地下空间、利用绿地广场及道路地下空间资源、与现状地下空间进行联合等方式，实现地上和地下空间的一体化发展。针对不同类型的站点，采取不同的地下空间利用方式：①服务设施型和居住＋服务设施型站点，充分利用地下空间开发商业餐饮等用地，并与轨道交通出入口衔接，同时也利用地下空间作为地下交通通道，缓解街上人行交通的压力；②居住型站点，利用地下空间规划少量的商业用地和地下交通通道，并将出入口与地上公共设施和城市绿地相结合；③交通枢纽型站点，充分利用地下资源与铁路、航空、公交等其他的

交通方式快速换乘，实现交通枢纽的无缝衔接，为交通出行提供便利。

为了复合利用用地，提高土地的综合价值，应该积极引导站点采取"R+P"模式、地铁上盖等土地和交通资源充分利用的方式。如在新城区，轨道交通车站宜与商业、广场等整合为统一的建筑群，成为城市商业服务业布局中的重要区块。在交通枢纽，轨道交通车站与高铁、客运站实现无缝对接，与城市中心性功能结合，让其成为城市次级中心。

8.1.3.4　完善交通换乘设施的建设，实现无缝接驳

轨道交通在发展的过程中，还需要与其他交通整合衔接，这样才能更好地发挥站点周边功能的作用。因此，应完善与公交、出租车、私家车、非机动车、步行等交通方式的无缝衔接，健全综合交通体系。

对于服务设施型站点和居住+服务设施型站点，站点周边以商业、商务等中高强度的用地为主，是人流和车流都相对密集的区域。因此，应该加强其与其他轨道交通线路和多条公交线路的接驳，且轨道交通与公交的换乘距离控制在100~200米的步行尺度内，这既避免造成站点出入口人群的集聚，也能快速进行换乘；对于私家车、出租车和网约车，应该减少其城市道路路面接驳的数量和规模，采用"R+P"设置立体停车的设施，减少地面停车，从而减少对地面交通的阻塞。

对于居住型站点，其一般位于居住区，站点主要服务周围居民的出行，站点服务的范围较广。因此，在进行换乘设施建设时，应该考虑各种交通方式，满足居民的需求。在100~300米的步行范围内，设置多条公交线路，满足更远范围的居民的对应需求；同时，也要适当增加私家车和公共自行车的停车用地，建设"R+P"的换乘系统，特别是"轨道交通+自行车"的换乘方式。

对于大学园区型站点，其位于大学城的附近，学生数量较多，在进行此类站点换乘的时候，学生的交通方式主要是公共交通和非机动车。在100~300米的步行范围内，应设置多条的公共线路；在轨道交通站点出入口100米范围内规划足够用的非机动车停车用地，从而为学生和附近居民的日常出行提供便利。

对于交通枢纽型站点，应充分利用好地下、地上空间资源，做好与铁路、航空、公交、出租车、小轿车等交通方式的衔接，方便市民快速换乘。

8.1.3.5　整合绿地广场用地，形成城市形象的"展示窗口"

在进行高效复合化的土地利用时，也要充分考虑站点主出入口的开放空间，整合绿地、广场用地，提升城市的形象。首先，每个站点都应考虑规划广场、公园绿地等城市开敞空间，其是快速集散人流、展现城市文化、体现城市活力的重要场所，与轨道交通站点的整合设计，将有助于提升站点周边用地的吸引力，形成城市形象的"展示窗口"。其次，绿地和广场的整合设计，应充分考虑集散人流的特征、周边建筑设施的呼应，使

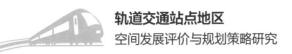

广场与公园绿地能更好地融入站前空间。再次，针对站点类型，规划不同的开敞空间，如居住型站点出入口一般被设置在社区公园等开放空间，商业服务设施型站点出入口一般采取地铁上盖而不预留开放空间；交通枢纽型站点出入口与站前广场相衔接。

8.2 提升轨道交通居住型站点地区的 TOD 效能

对于站点地区的开发建设，通常来说，较为重视城市中心区的服务设施型站点，希望通过站点地区的中高强度的开放和城市更新，促进城市功能的集聚，提升站点地区的 TOD 效能。而针对居住型站点的 TOD 效能的建设，往往缺乏足够的重视。居住型站点是轨道交通站点最普遍的类型，是城市功能的重要载体，其 TOD 效能的开发与提升，将有利于疏解中心城区过于集中的城市功能，缓解大城市单一型的城市空间的发展模式，优化城市居民的职住关系，促进城市空间有序、持续的发展。

居住型站点地区的 TOD 效能建设，是以轨道交通站点为核心，进行梯度化强度开发，期望形成用地混合密集紧凑、公交优先、适宜步行、利于换乘、便捷可达、居住适宜、设施齐全的站点地区。居住型站点的周边以居住用地为主，并且地铁站点具有较高的开发潜力与价值，需要通过优化居住型站点的周边建设，以提升空间利用效率，提高空间质量，推动站点周边高效集约的发展，避免造成空间资源的浪费。同时，也为生活在居住型站点周边的居民提供便捷可达的设施，营造良好的居住环境，提升居住质量，带动居住型站点的活力提升，形成更高质量、更高水平的居住型站点，并从而带动城市有序开发，促进城市整体的高质量发展。

8.2.1 立足居住型站点的优势，打造城市的重要节点

居住型站点周边以居住用地为主，具有一定的人流量以及对于各项设施的需求，故应立足于居住型站点的特征和优势，围绕地铁站点，充分利用站点人流，在合理的步行范围内，满足居民的需求，提供便捷的商业、医疗、教育等设施，营造宜居的环境，提升整体的空间质量和生活品质，推动站点集约高效的开发与建设，使居住型站点发展为城市的重要节点，带动站域整体化、综合化的发展。

对于居住型站点的 TOD 效能提升，要立足自身站点的优势，提升自身功能水平的同时，更应关注站点、站域、站点与站域联系的协同，实现良性的循环和互动，通过站点交通服务水平的提高，增强轨道交通出行的便捷度和舒适度，促进站域开发，从而为居民提供更加优质的就业与居住环境，提高生活的质量和舒适性。

8.2.2 居住与就业相结合，构建宜居宜业的居住型街区

在优化居住型站点的建设过程中，需要充分协调好居住功能与就业功能的关系，合

理布局相关的用地，同时贯彻选择性、可达性、安适性、人本化的原则。选择性原则：让生活在居住型站点内的人群具有多样选择的可能性，需要为人群提供完善齐全的设施以及多功能的用地，以满足人们多样化的需求。可达性原则：提供多种交通工具，如公交车、共享自行车等，人们可以较为便捷地使用这些交通工具以快速到达其他的区域，站域内道路、慢行线路等交通系统具有较高的可达性，方便人们往返于站点与站域。安适性原则：各项设施和用地在站域内的布局合理，街区尺度适宜，便于人们通过步行前往各项设施或者用地，具有较高的安全性和舒适性。人本化原则：站点建设优化需要以人为中心，在细节设计与布局上，需充分体现人性化，充分为生活在居住型站点中的居民考虑，如增加公共设施与公共空间、无障碍设施等。

8.2.3 提升站点交通服务水平，发挥站点辐射的带动作用

居住型站点的 TOD 建设是围绕地铁站点进行开发和建设，其客流强度和连通性较多地受制于站点的地理区位和地铁站点在轨道交通网络中的交通区位。因此，对于站点交通服务水平的提升，应更多关注于站点设计，包括站点出入口数量和位置选择、出入口附近非机动车停车场的设置等，以提高站点附近的空间质量，方便居民使用地铁站点，进而提高居民对于地铁站点的使用率，从而提高站点交通服务水平。在开发和建设之中，需充分利用地铁站点对于人流的集散作用，充分发挥优势，提升居民出行便捷性和空间质量，致力于形成人流与站点 TOD 建设的良性循环。

8.2.4 梯度化站域开发建设，增加和完善设施配置

居住型站点应进行梯度化的开发与建设，而不是单一的高强度、高密度的建设，要以居民居住的舒适度和宜居性作为开发建设的标准。对居住型站点 150~200 米以内的直接辐射区应进行高强度、高密度地集约开发，而对 150~200 米以外的站域则需适度控制开发强度，形成梯度化的强度建设，保持合理的建筑密度，营造良好适宜的居住环境。在开发建设的过程中，需增加和完善设施，保证站域内具有完善的经营性设施、一定数量的公益性设施，以及可适当补充配置社区服务性设施。具体见图 8-1。

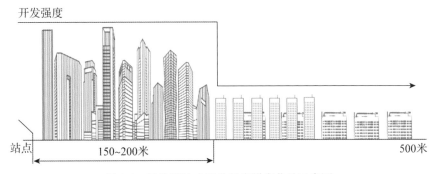

图 8-1 居住型站点开发强度梯度化的示意图

8.2.5 合理规划站域要素，优化慢行环境与质量

居住型站点站域内的要素需进行合理规划和布局，其关系到站域可达性、设施可达性等。在靠近站点出入口附近，应设置换乘公交站点以及一定数量的非机动车停车空间；规划形成密路网的道路系统，提高交叉口的密度，避免出现"断头路"等现象，提升从站点到达站域边缘的可达性；合理布局各类用地和设施，将居住用地适宜布局到150~200米以外的站域地块，商业商务等经营性设施宜靠近站点的配置，充分发挥站点的经济价值，开敞空间宜融入居住区和经营性设施之间，从而进行合理布局。在提高站点与站域联系水平时，也需关注慢行交通线路的设置以及质量，保障合理的街区尺寸，优化步行环境，保障慢行线路的通畅、便捷、可达，为市民步行到达站点和站域提供保障。具体见图8-2。

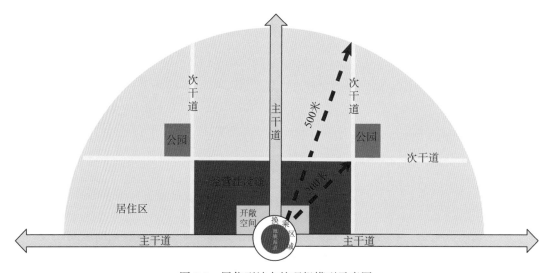

图8-2 居住型站点的理想模型示意图

8.2.6 因站而异，制定针对性的 TOD 效能提升的策略

根据前文以及 TOD 效能建设对居住型站点的分类，居住型站点可分为平衡型、站域开发滞后型、站点发展滞后型和待开发型这几个。每一类型在 TOD 效能建设方面都表现出较大的差异，需要因站而异，制定针对性的 TOD 效能提升策略。

8.2.6.1 平衡型站点

利用区位优势，加强站域开发与建设。平衡型站点具有较好的交通区位和地理区位，应利用其本身的区位优势，加强站域内的设施、用地等的建设，增加站域内经营性服务设施、公益性服务设施、行政性服务设施，围绕站点进行高效率开发建设和设施点的布局，缩短步行距离，提高人流的吸引力，充分发挥轨道交通站点对于周边地区的辐射带动作用，为居民提供便捷可达、舒适宜居的居住环境。

优化站点周边空间利用，打通公共交通"最后一千米"。平衡型站点的建设年份一般较早，用地开发时未考虑轨道交通建设对于空间和用地的需求，导致站点周边存在换乘接驳空间缺乏、用地效率低下等问题。故可根据站点出入口设置和出入口附近的环境特点，向人行道的富余空间、零碎空间等借地，用于非机动车和轨道交通的换乘，以方便居民通过自行车、电动车等非机动车到达轨道交通站点，打通公共交通网络中的"最后一千米"，提高居民利用轨道交通出行的便捷性和意愿。

8.2.6.2　站域开发滞后型站点

加强站域开发，发挥站点优势。站域开发滞后型站点具有较好的站点交通服务水平，在轨道交通网络中具有重要的地位，但其站域未进行充分开发，需加强和完善站域内的设施建设，围绕站点进行高强度、高效率的开发，在站点周边经济价值高的区域，增设经营性服务设施，吸引人流停驻，诱导更多非必要性的活动；在居住小区间，设置公益性服务设施和行政性服务设施，为居民生活提供便利。虽然该类的居住型站点用地开发时考虑了轨道交通建设所需的空间，但周边普遍以大面积的居住用地为主，缺乏商业、文化等用地，故需推动站点周边用地混合，增加站点附近商业等用地的建设，提升土地功能混合度，提升站域开发的水平，加强站域的吸引力。

促进站点与站域之间的联系，塑造便捷可达的站点。站域开发滞后型站点虽然具有较好的人流量，但站点与站域之间的联系不强。因此，该类站点需要加强站域可达性，完善道路系统，增加支路建设，使支路深入居住小区之间，丰富道路的"毛细血管"，便于居民从站域各处到达站点；提升步行友好性和可达性，加强人行道建设和管理，增设和拓宽人行道，提升人行道的质量，方便居民通过步行到达站点，提高居民步行的意愿。

8.2.6.3　站点发展滞后型站点

完善站域建设，营造宜居环境。站点发展滞后型站点的站域空间的开发相对较好，但站点交通服务水平较低。站点交通服务水平较多受站点区位等站点本身因素和特征的影响，难以通过规划改变，其需要整体开展轨道交通网络的建设。针对站点发展滞后型站点，应关注站域开发以及站点与站域联系水平的发展，促进站域质量的进一步提高，以提升站域内部居民生活幸福感为导向，增加商业等设施的多样性，打通断头路，完善道路网络，提升人行道的质量，增加站域可达性，进而提升站点的吸引力，以反向带动站点客流量的提升，从而推动站点更好地发展，为居民提供更高质量的生活环境。

8.2.6.4　待开发型站点

加快站域开发，促进站域功能的整体提升。待开发型站点的用地、设施等方面的建设均不成熟，故需要根据其周边的地理条件、开发基础等要素，结合邻里型 TOD 模型，进行有序规划的建设。在靠近站点附近设置一定的商业等设施，充分利用轨道交通站点的经济价值，同时，增加居住区街道内的底商数量，形成具有生活气息的街道；站

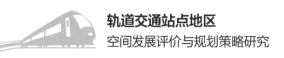

域内结合原有的自然条件保留或开辟一定的开敞空间，如口袋公园等，便于人们到达和休憩；合理布局居住用地，倡导建设开放住区，促进居住设施和道路等的共享，形成舒适宜居的环境和高质量的站域，进而吸引人们到达和定居，从而促进 TOD 效能的提升，充分发挥轨道交通站点的作用。

合理布局道路网络，鼓励促进公共交通发展。对于待开发型站点内的道路、设施等，需进行合理规划和布局。应保持道路通达，需根据地理环境等合理规划道路系统，便于人们从站点到达站域各处，也便于人们通过公交等公共交通换乘前往其他的区域，进而提升人们使用公共交通的意愿。提高人行道的质量，靠近站点布局的设施，减少步行距离，提高站点与站域之间的步行可达性和慢行交通友好性，既为居民提供舒适便捷的生活环境，又鼓励和提高居民通过公共交通和步行出行的可能性，进而建设更加便捷舒适的居住型站点。

8.3　加强轨道交通站域生活圈健康导向性的建设

8.3.1　关注健康导向性，提升轨道交通站域生活圈的建设质量

8.3.1.1　重视对轨道交通站域生活圈健康导向性的建设

在我国各大的城市，随着轨道交通建设的加快，轨道交通站域空间越来越得到重视，包括站域功能的集聚与高密度开发、TOD 效能的提升等。然而，在这种大背景下，对轨道交通站域生活圈健康性的关注却还处于初始阶段。注重轨道交通站域生活圈的健康导向性建设，不仅直接关系到居民的身体健康和生活质量，同时也对城市的可持续发展和社会公平产生深远的积极影响。关注健康导向性也为城市规划提供了新的理念和思路，有助于构建更为宜居和人性化的城市环境。应通过优化轨道交通站域的规划和设计，合理配置健康服务设施、公共休闲空间等，为居民提供便捷的健康资源，改善整体的健康水平，引导居民采用更为健康和低碳的出行方式，提高轨道交通的使用率，促使城市轨道交通站域高集聚的开发空间实现更环保的发展。

8.3.1.2　重视公共服务设施有无到关注健康服务供给可达

健康服务设施是提升城市居民健康品质、实现健康资源综合利用的有效载体，但是针对轨道交通站域生活圈健康服务设施的建设还较为落后，其服务设施布局亟待充实和优化。在健康服务设施规划中，做好基础研究的工作，除保障健康服务设施按照有关的标准规定在"量"上落实之外，也要通过大数据等手段关注居民具体的健康服务需求、道路通达度等，实现健康服务设施的合理布局和高效利用。

8.3.1.3　重视居住用地开发到关注居住品质

目前，城市生活圈的发展仍然过度注重居住用地的开发，忽视了对居住品质的关

切。建设者倾向于追求用地的高效利用，过分关注用地的数量和密度，而将居住区域看作是简单的居住功能的堆积，忽略了居住者的实际生活的需求，这导致了城市居民的生活质量未能得到充分的提升。因此，需要从过去的"重视居住用地开发"向"关注居住品质"进行转变，不仅要关注居住区的规模和密度，更要关注居住者的日常生活的体验。城市规划者应该注重创造有品质的居住环境，提供丰富的社区服务和文化设施，以满足居民对舒适、便利和宜居的期待。图 8-3 为轨道交通站点健康导向性优化策略的路径图。

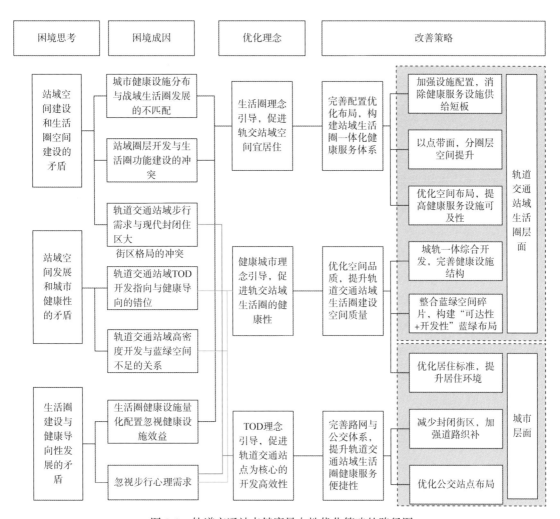

图 8-3　轨道交通站点健康导向性优化策略的路径图

8.3.1.4　重视高效出行到关注生活圈的健康出行

重视街区生活与低碳出行，不仅有助于在城市生活圈中打造更宜人的居住环境，还直接促进健康城市的建设。强调步行、骑行和公共交通的重要性不仅能够减少环境污染和交通事故的风险，同时可以鼓励居民采用更健康的出行方式，促进身心健康，使轨道交通站域生活圈成为一个充满活力、绿意盎然、关注居民健康的社区，进一步提升城市的整体幸福感。

8.3.2 三理念协同，推动站域生活圈健康导向性的建设

在新型城镇化的背景下，城市空间的发展需要从无序扩张转变为紧凑型、多中心的形态，城市高质量发展目标成为新时期城市发展的指引。为此，轨道交通站域空间的发展必须与生活圈及城市整体规划相契合，其核心在于整合轨道交通站域与生活圈的空间，促进功能单元的集聚，注重城市空间的建设，实现城市健康、协同发展。为促进轨道交通站域生活圈健康导向性的提升，需要从城市整体发展层面出发，充分协同健康城市的理念、TOD 的理念和生活圈的理念，注重可持续、健康、宜居的发展方向，为居民提供更加美好的生活环境，同时为健康城市建设的全面发展提供助力。

8.3.2.1 健康城市理念引导，促进轨道交通站域生活圈的健康性

通过健康城市理念引导轨道交通站域生活圈中健康服务设施的规划布局，追求便捷性、可持续性和社区参与，以提升整个生活圈的健康性，提高居民的健康生活质量。首先，应将健康服务设施纳入站点地区规划，确保其在轨道交通站域生活圈内得到充分的考虑，包括医疗机构、健身设施、蓝绿空间等，以满足居民的身体健康和心理健康的需求。其次，强调服务设施的便捷性，合理布局健康服务设施，使其对轨道交通站点和生活圈内的居住小区都具有便利的可达性。在健康城市的理念中，还应注重绿色、可持续的设计，引导轨道交通站域生活圈布局中的蓝绿空间的设置，推动生活圈的绿色发展，提高居住环境的整体品质。

8.3.2.2 TOD 理念引导，促进轨道交通站点为核心的开发高效性

TOD 理念的核心是通过大容量公共交通实现对城市发展的引导，因此，合理的交通规划及其与之相对应的聚集式土地开发规划是实现 TOD 模式的基础。首先，在服务设施聚集布置方面，确保医疗、文化、休闲等健康服务设施的充分分布，通过对便民服务点，如健康诊所、文化活动场所等围绕轨道交通站点的集聚开发，提高居民对轨道交通站域内健康资源的利用率。其次，在建成空间方面实行混合适度、中高密度的开发，通过调整居住与服务用地的相对比例，创造紧凑而充实的城市空间，使健康服务设施区域、居住区域相互交织。

8.3.2.3 生活圈理念引导，促进轨道交通站域空间的宜居性

首先，着眼于轨道交通站域生活圈的规划与设计，注重提高轨道交通站域生活圈的品质，引导开发商在居住区域设置中融入自然景观、公共绿地，适度引导轨道交通站域外部圈层的开发强度，打造宜居的生活环境。其次，通过生活圈理念，引导轨道交通站域健康服务设施的布局，并结合轨道交通站点的便捷特性，使得居民基本的健康服务需求能够在轨道交通站域生活圈内更便捷地得到满足，提高空间的宜居性。

8.3.3 完善配置优化布局，构建站域生活圈一体化的健康服务体系

在轨道交通站域生活圈，居民的多元健康需求迫切需要一个有机协调的城市社区健康服务体系，解决单一设施无法全面满足健康需求的问题，通过设施间的互动来提高健康服务的便利度。为减少获取健康服务的时间和成本，更好地体现健康导向性，可通过以下三个方面构建一体化的城市轨道交通站域生活圈健康服务体系。

8.3.3.1 加强设施配置，消除健康服务设施供给的短板

目前，城市整体的健康服务设施布局的供给水平不高，其在站域生活圈的供给水平相对滞后，如目前杭州市医疗设施基本呈站域与非站域之间的均衡分布的状态，文化设施甚至呈反方向分布模式，非站域地区的分布密度较大程度高于站域空间，因此，需进一步增加该区域的健康服务设施的补给。医疗服务设施的权重值最高，但供给最为薄弱。应对人口集中度较高但医疗设施供给性较弱的站域生活圈，增加社区医疗服务站等基层医疗服务设施的配置。文化设施在轨道交通站域生活圈的分布密度最小，低于非站域空间，应重点关注在文化设施配置上不足的站点。体育设施的配置应充分发挥生活圈内外的统筹布局的作用，紧紧围绕"5分钟健身圈"和"15分钟健身圈"等理念，加速城市边缘社区的体育设施建设，增强生活圈公共体育设施的服务供给，解决生活圈体育设施区域发展不平衡的问题。

8.3.3.2 以点带面，分圈层空间提升

轨道交通站域生活圈满足轨道交通站点地区的开发目标与开发强度遵循极差密度的特征，即对城市轨道交通站域生活圈门户区、核心区及影响区采取不同的开发强度来控制引导。在土地混合度上，结合《城市居住区规划设计标准》（GB 50180—2018）和TOD理念优化轨道交通站域生活圈用地布局，门户区、核心区及影响区的土地利用构成应有所差异。在以轨道交通站点为中心的一体化开发过程中，应通过增强站点与设施之间的步行联系，扩大健康设施服务水平。对于健康服务设施配置较为匮乏的轨道交通站域生活圈，则应以站点为依托，在站区分圈层植入健康服务设施功能，形成紧凑的城市布局，并逐渐向更远范围内实现功能渗透。

8.3.3.3 优化空间布局，提高健康服务设施可及性

在轨道交通站域生活圈中，尽管居民在相应的时间阈值内可以获取部分健康类公共服务，但仍然存在较多的设施可及性问题。一方面，健康类公共服务设施在部分站域生活圈内相对匮乏，尤其是在城郊区域的站域生活圈，使得居民需要花费较长的时间跨越站域边界才能获得健康设施供给。设施的空间布局与居民的生活轨迹往往存在一定的偏差，导致人们步行获取健康公共服务的时间成本增大。例如，杭州市萍水街站域生活圈内虽然已配置了老年活动中心，但由于居住小区的空间分布较为分散，导致西北的居住小区获取养老服务的便利度低于东北的居住小区。这种由于"空间错位"而影响便利度

的情况在当前健康服务设施布局中较为普遍。为此，如果已建立的健康类公共服务设施的空间布局较难改变，例如机构养老设施、基层医疗设施等，可以考虑对原有的设施进行扩建，增加设施配置规模，提高服务能力。另一方面，对于"空间错位"较大且布局较为灵活的设施，如公共厕所、健身步道等体育锻炼设施，可以考虑在居民15分钟生活圈范围内增设相关的健康公共服务，以提升居民获取设施的便利度。

8.3.4 优化空间品质，提升轨道交通站域生活圈的建设空间质量

8.3.4.1 城轨一体综合开发，完善健康设施结构

对于土地混合率较低的街道空间，可考虑增加服务设施的密度和种类，以增强用地功能的复合性。例如，可结合轨道交通站点步行影响域，增设一定数量的社区便利店、社区文化设施等，确保这些服务设施具备良好的步行可达性。在设施步行可达的便捷性基础上，构建分区分级的轨道交通站域步行生活圈，形成层次有序的健康服务设施覆盖网络体系，以提升各类设施布局的空间合理性。片区级健康服务设施在站域空间集中布置影响范围较大的综合性设施，如城市公园、大型医院、图书馆和体育馆等；社区级健康服务设施的辐射次之，可相对分散布置社区服务中心、社区医疗中心等公共性强的设施类型；而对于小区级的轨道交通站域生活圈街道，可零散布置辐射影响范围较小的生活服务性设施。

8.3.4.2 整合蓝绿空间的碎片，构建"可达性＋开放性"的蓝绿布局

网络系统空间结构布局是城市要素空间组合的基本特征，是实现健康城市的重要载体。各城市站点可结合自身城市的水网、公园、绿地的特征，采取多种形式的"绿径＋社区小型绿地"的布局方式，整合蓝绿空间的碎片。"绿径＋社区小型绿地"体现了"街道＋社区"的社会网络在生态系统上的有效连接，能够充分利用自然要素连接社会活动节点；选择"绿径"而非"绿廊"，是因为"绿廊"更具有城市性和区域性的绿地系统连接，考虑到生活圈土地规划面积有限，"绿径"更能够促进居民短距离的生态接触活动，提高身体素质。

生活圈蓝绿系统设计的关键在于注重可达性和开放性。为了保障居民的便捷出行，蓝绿空间应当被巧妙地布置于生活圈居民的步行范围内，确保出入便利，为居民提供方便的休闲和活动场所。在生活圈内，绿地系统应该以开放的态度迎接居民，确保绿地无障碍对居民开放，使其成为一个可共享的社区资源。这种可达性和开放性的设计不仅满足了居民的日常生活和休闲的需求，同时也促进了生活圈内部的互动与社交，进而营造出更宜居和更健康的生活环境。

8.3.4.3 优化居住标准，提升居住环境的质量

因地制宜设置住房量化的指标。根据中国城市规划设计研究院联合中国建筑设计研

究院有限公司发布的《城镇家庭居民"住有所居"量化指标研究报告》，基于居住空间需求的尺度，城市住有所居的面积标准区间为 20~40 平方米。该标准充分考虑了不同地区的地理、气候、文化差异等因素，以确保住房指标更具有本地区实际情况的适用性。在具体的实施过程中，可以根据当地的土地资源、城市规划和居民需求等综合考量，进一步微调住房量化指标，以更好地满足不同地区居民的实际居住需求，使更多的居民能就近享有轨道交通站域生活圈的健康服务等相关设施，又促进居住环境的可持续发展。

8.3.5 完善路网与公交体系，提升轨道交通站域生活圈的健康服务便捷性

8.3.5.1 减少封闭街区，加强道路织补

通过打通封闭街区、增设支路系统、开通断头路，完善城市道路网络系统，提高道路网络的密度，逐步提高站点周边道路的密度。通过开放街区，增加街道的转向机会，缩小街区尺度。生活圈理想的步行街区长度为 100~150 米，通常不超过 200 米，通过优化道路网络，设置合理的道路交叉口，降低距离衰减效应对站区步行性的影响，提高站区地面步行的效率和舒适度。

8.3.5.2 优化公交站点的布局

城市公共交通的低覆盖率，客观上将阻碍居民使用公共服务设施的便捷程度。在公共交通系统的层面，应该着眼于优化公交站点的布局，确保居民在 5 分钟内步行即可到达。针对大型居住区和中心城区等繁忙地段，应增设公交线路，同时将公共服务设施布置在轨道站点和公交枢纽的周边，构建起一个便捷的公共服务中心；在生活圈规划中，可以结合公共交通站点的布局，创造轨道交通站点与公交站点相互综合利用的生活圈空间，结合自行车设施和慢行步道，为生活圈居民提供更多元化的交通出行方式的选择。

参考文献

埃比尼泽•霍华德.明日的田园城市 [M].金经元，译.北京：商务印书馆，2010.

彼得•霍尔.更好的城市——寻找欧洲失落的城市生活艺术 [M].袁媛，译.南京：江苏教育出版社，2015.

彼得•卡尔索普，杨保军，张泉.TOD 在中国：面向低碳城市的土地使用与交通规划设计指南 [M].北京：中国建筑工业出版社，2014.

彼得•卡尔索普.下一代美国大都市地区：生态、社区和美国之梦 [M].郭亮译.北京：中国建筑工业出版社，2009.

边经卫.城市轨道交通与城市空间形态模式选择 [J].城市交通，2009，7（5）：40-44.

蔡蔚，朱剑月，叶霞飞，等.轨道交通对城市发展引导作用分析 [J].城市轨道交通研究，1999（3）：19-22.

曹敬洽，许琰，孙立山，等.基于轨道交通数据的客流特征与城市功能结构分析 [J].都市快轨交通，2021，34（2）：71-78，85.

曾智超，林逢春.上海地铁 1 号线沿线城市发展的实证研究 [J].现代城市研究，2005（12）：27-31.

柴彦威，于一凡，王慧芳，等.学术对话：从居住区规划到社区生活圈规划 [J].城市规划，2019，43（5）：23-32.

柴彦威，张雪，孙道胜.基于时空间行为的城市生活圈规划研究——以北京市为例 [J].城市规划学刊，2015（3）：61-69.

陈飞，张惠，孙一璠. 耦合功能连接性的 TOD 发展模式"节点—场所"测度模型构建 [J]. 地理信息世界，2020，27（5）：52-57.

陈泽东，谯博文，张晶. 基于居民出行特征的北京城市功能区识别与空间交互研究 [J]. 地球信息科学学报，2018，20（3）：291-301.

党云晓，董冠鹏，余建，等. 北京土地利用混合度对居民职住分离的影响 [J]. 地理学报，2015，70（6）：919-930.

丁川，吴纲立，林姚宇. 美国 TOD 理念发展背景及历程解析 [J]. 城市规划，2015（5）：89-96.

段德罡，张凡. 土地利用优化视角下的城市轨道站点分类研究——以西安地铁 2 号线为例 [J]. 城市规划，2013，37（9）：39-45.

方远平，闫小培. 西方城市公共服务设施区位研究进展 [J]. 城市问题，2008（9）：87-91.

冯长春，李维瑄，赵蕃蕃. 轨道交通对其沿线商品住宅价格的影响分析——以广州市轨道交通 11 号线为例 [J]. 地理学报，2011（8）：1055-1062.

付栋文，韩印，王馨玉. 基于 POI 数据的城市轨道交通站点活力研究 [J]. 交通运输研究，2021，7（6）：69-78.

甘佐贤. 建成环境对城市轨道交通客流及出行特征的影响机理研究 [D]. 南京：东南大学，2019.

高德辉，许奇，陈培文，等. 城市轨道交通客流与精细尺度建成环境的空间特征分析 [J]. 交通运输系统工程与信息，2021，21（6）：25-32.

高天智，陈宽民，李凤兰. 城市轨道交通网络的拓扑结构分析 [J]. 长安大学学报（自然科学版），2018，38（3）：97-106.

辜姣，邓为炳，郭龙，等. 交通网的结构特性 [J]. 现代物理知识，2015，27（4）：12-16.

郭巍，侯晓蕾. TOD 模式驱动下的城市步行空间设计策略 [J]. 风景园林，2015（5）：100-104.

韩增林，董梦如，刘天宝，等. 社区生活圈基础教育设施空间可达性评价与布局优化研究——以大连市沙河口区为例 [J]. 地理科学，2020，40（11）：1774-1783.

杭州市规划和自然资源局. 杭州市轨道交通 TOD 综合利用专项规划 [R]. [2024-08-01]. https://www.hangzhou.gov.cn/art/2022/2/23/art_1229063387_1813096.html .

胡晶，黄珂，王昊. 特大城市铁路客运枢纽与城市功能互动关系——基于节点—场所模型的扩展分析 [J]. 城市交通，2015，13（5）：36-42.

胡润州. 城市轨道交通的规划演变与推动城市发展的影响——以武汉市轨道交通规划编制为例 [J]. 上海城市管理，2017，26（6）：67-71.

黄建中，曹哲静，万舸 . TOD 理论的发展及新技术环境下的研究展望 [J]. 城市规划学刊，2023（2）：40-46.

黄晓燕，曹小曙，殷江滨，等 . 城市轨道交通和建成环境对居民步行行为的影响 [J]. 地理学报，2020（6）：1256-1271.

黄子云 . 面向智慧城市建设的枢纽站点 15 分钟生活圈空间研究 [J]. 住宅与房地产，2021（24）：106-108.

惠英 . 城市轨道交通站点地区规划与建设研究 [J]. 城市规划汇刊，2002（2）：30-33，79.

姜莉，温惠英 . 空间耦合连接性的 TOD 测度模型构建及应用研究 [J]. 交通运输系统工程与信息，2021，21（4）：239-247.

蒋谦 . 国外公交导向开发研究的启示 [J]. 城市规划，2002（8）：82-87.

蒋雅君，杨其新 . 城市轨道交通系统的分类及选型 [J]. 城市轨道交通研究，2005（2）：70-73.

蒋阳升，俞高赏，胡路，等 . 基于聚类站点客流公共特征的轨道交通车站精细分类 [J]. 交通运输系统工程与信息，2022，22（4）：106-112.

金鑫，张艳，陈燕萍，等 . 探索适合中国特征的 TOD 开发模式——以深圳市地铁深大站站点地区 TOD 开发为例 [J]. 规划师，2011（10）：66-70.

冷彪，赵文远 . 基于客流数据的区域出行特征聚类 [J]. 计算机研究与发展，2014（12）：2653-2662.

李爱民，胡蕾 . 习近平总书记系统推进新型城镇化重要论述的思想脉络和理论创新 [J]. 开发研究，2023（5）：10-18.

李崇旦 . 杭州市轨道交通 TOD（交通引导发展）模式的探索与实践 [J]. 城市轨道交通研究，2021（9）：1-4.

李嘉威，任利剑，运迎霞 . 生活圈视角下轨道交通站点周边公服设施完善度评估研究——以天津地铁 3 号线为例 [C]. 中国城市规划学会、成都市人民政府，2021：659-668.

李少英，彭洁玲，吴志峰，等 . 基于地铁与土地利用影响关系的广州地铁站点特征聚类 [J]. 广州大学学报（自然科学版），2016，15（3）：63-69.

李珽，史懿亭，符文颖 . TOD 概念的发展及其中国化 [J]. 国际城市规划，2015（3）：72-77.

李文翎，阎小培 . 城市轨道交通发展与土地复合利用研究——以广州为例 [J]. 地理科学，2002（5）：574-580.

李文翎，陈建龙 . 广州地铁 TOD 战略研究 [J]. 热带地理，2008（4）：363-368.

李文翎，谢轶 . 广州地铁沿线的居民出行与城市空间结构分析 [J]. 现代城市研究，2004（4）：

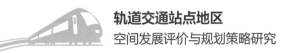
61-64.

李彦熙，柴彦威，塔娜. 从防灾生活圈到安全生活圈——日本经验与中国思考 [J]. 国际城市规划，2022，37（5）：113-120.

李昀松. 城市轨道交通与城市空间形态相互影响关系研究 [D]. 武汉：武汉大学，2016.

林耿. 地铁开发对大城市消费空间的影响 [J]. 城市规划，2009（3）：17-24.

林雄斌，杨家文. 北美都市区建成环境与公共健康关系的研究述评及其启示 [J]. 规划师，2015，31（6）：12-19.

刘皆谊. 城市立体化发展与轨道交通 [M]. 南京：东南大学出版社，2012.

刘迁. 辩证分析城市快速轨道交通 TOD 功能 [J]. 都市快轨道交通通，2004（2）：22-26.

刘泉，钱征寒. 北美城市 TOD 轨道站点地区的分类规划指引 [J]. 城市规划，2016（3）：63-70.

刘泉. 轨道交通 TOD 地区的步行尺度 [J]. 城市规划，2019，43（3）：88-95.

刘诗奇，郭静，李若溪，等. 北京轨道交通典型站点周边的土地利用特征分析 [J]. 城市发展研究，2014（4）：66-71.

刘学军，王彤，刘华，等. 多源数据下地铁站域 TOD 效能评估——以武汉地铁 2 号线为例 [J]. 测绘地理信息，2023，48（2）：32-37.

卢丽娜. 基于 TOD 与生活圈耦合的居住型轨道交通站区公共服务设施配置优化研究 [D]. 北京：北京建筑大学，2023.

鲁颖. TOD4.0 导向下的深圳市轨道交通 4 号线"站城人一体化"规划策略 [J]. 规划师，2020，36（21）：84-91.

陆化普，丁宇，张永波. 中国城市职住均衡实证分析与关键对策 [J]. 城市交通，2013，11（3）：1-6.

陆化普，赵晶. 适合中国城市的 TOD 规划方法研究 [J]. 公路工程，2008（6）：64-68.

陆林，邓洪波. 节点—场所模型及其应用的研究进展与展望 [J]. 地理科学，2019，39（1）：12-21.

罗克乾，沈中伟. 基于空间句法的城市地下空间活力研究——以成都市轨道交通站点接驳的地下空间为例 [J]. 南方建筑，2019（4）：116-121.

马超群，王玉萍. 城市轨道交通客流特征与规律分析 [J]. 铁道运输与经济，2015，37（6）：85-91.

马亮. 基于轨道交通刷卡数据的城市通勤圈范围研究 [J]. 城市轨道交通研究，2017，20（8）：80-84.

马强，徐循初 . "精明增长"策略与我国的城市空间扩展 [J]. 城市规划汇刊，2004（3）：16-22，95.

马强 . 近年来北美关于"TOD"的研究进展 [J]. 国际城市规划，2009，24（S1）：227-232.

马强 . 走向"精明增长"：从"小汽车城市"到"公共交通城市"[M]. 北京：中国建筑工程出版社，2007.

马文军，李亮，顾娟，等 . 上海市 15 分钟生活圈基础保障类公共服务设施空间布局及可达性研究 [J]. 规划师，2020，36（20）：11-19.

潘海啸，任春洋 .《美国 TOD 的经验、挑战和展望》评介 [J]. 国外城市规划，2004（6）：61-65.

潘海啸，卞硕尉，王蕾 . 城市外围地区轨道站点周边用地特征与接驳换乘 [J]. 上海城市规划，2014（2）：37-42.

潘海啸，任春洋 . 轨道交通与城市公共活动中心体系的空间耦合关系——以上海市为例 [J]. 城市规划学刊，2005（4）：76-82.

饶传坤，高雪 . 基于类型化的城市地铁站点用地开发研究——以杭州地铁 1 号线为例 [J]. 浙江大学学报（理学版），2020（3）：231-243.

饶传坤，韩卫敏 . 我国城市蔓延研究进展与思考 [J]. 城市规划学刊，2011（5）：55-60.

饶传坤，郑碧云，高雪 . 规划引导下的地铁站点周边用地开发状况研究——以杭州市地铁 1 号线为例 [J]. 现代城市研究，2021（7）：60-67.

任利剑，运迎霞，权海源 . 基于"节点—场所模型"的城市轨道站点类型及其特征研究——新加坡的实证分析与经验启示 [J]. 国际城市规划，2016（1）：109-116.

任雪婷，高杰，张育南 . 北京居住型轨道交通站点出入口周边慢行空间研究 [J]. 北京规划建设，2019（1）：96-99.

申犁帆，张纯，李赫，等 . 城市轨道交通通勤与职住平衡状况的关系研究——基于大数据方法的北京实证分析 [J]. 地理科学进展，2019，38（6）：791-806.

矢岛隆，家田仁 . 轨道创造的世界都市——东京 [M]. 陆化普，译 . 北京：中国建筑工业出版社，2016.

宋文杰，史煜瑾，朱青，等 . 基于节点—场所模型的高铁站点地区规划评价——以长三角地区为例 [J]. 经济地理，2016，36（10）：18-25，38.

宋昀，汤朝晖 . 从经典式到现代式——对中国城市 TOD 规划的启发 [J]. 城市规划，2016（3）：71-75，102.

宋正娜，陈雯，袁丰，等 . 公共设施区位理论及其相关研究述评 [J]. 地理科学进展，2010，29（12）：1499-1508.

孙道胜，柴彦威 . 城市社区生活圈规划研究 [M]. 南京：东南大学出版社，2020.

孙道胜，柴彦威 . 城市社区生活圈体系及公共服务设施空间优化——以北京市清河街道为例 [J]. 城市发展研究，2017，24（9）：7-14.

孙德芳，沈山，武廷海 . 生活圈理论视角下的县域公共服务设施配置研究——以江苏省邳州市为例 [J]. 规划师，2012，28（8）：68-72.

唐枫，徐磊青 . 站城一体化视角下的轨道交通地块开发与空间效能研究——以上海三个轨道交通站为例 [J]. 西部人居环境学刊，2017，32（3）：7-14.

滕丽，钟楚捷，蔡砥 . 广州市地铁 TOD 站域的空间类型分异——基于"节点—场所—联系"耦合度模型的研究 [J]. 经济地理，2022，42（4）：103-111.

王成芳，孙一民，张春阳，等 . 基于"节点—场所"特性的轨道交通站点地区规划设计 [J]. 规划师，2014，30（10）：30-34.

王姣娥 . 公交导向型城市开发机理及模式构建 [J]. 地理科学进展，2013（10）：1470-1478.

王兰，周楷宸，汪子涵 . 健康公平理念下社区养老设施的空间分布研究 [J]. 人文地理，2021，36（1）：48-55.

王琦，李健 . 居住型轨道站点周边慢行交通设施评价与改善 [J]. 武汉理工大学学报（交通科学与工程版），2016，40（3）：544-549.

王绮，修春亮，魏冶，等 . 基于高斯两步移动搜索法的沈阳市就业可达性评价 [J]. 人文地理，2015，30（2）：78-82.

王伟强，李建 . 住区模式类型与居民交通出行碳排放相关性研究——以上海曹杨新村为例 [J]. 上海城市规划，2016（2）：109-113，121.

王亚洁 . 国外城市轨道交通与站域土地利用互动研究进展 [J]. 国际城市规划，2018（1）：111-118.

魏哲，于洋，喻冰洁 . 地铁引导下武汉市城市空间形态的演变 [J]. 华中建筑，2016（7）：80-85.

吴光周，黄虎，胡金晖 . 基于 IC 卡刷卡数据的深圳市轨道交通站点活力研究 [J]. 都市快轨交通，2020，33（5）：39-45，79.

吴秋晴 . 生活圈构建视角下特大城市社区动态规划探索 [J]. 上海城市规划，2015（4）：13-19.

伍学进 . 城市社区公共空间宜居性研究 [M]. 北京：科学出版社，2013.

夏正伟，张烨，徐磊青 . 轨道交通站点区域 TOD 效能的影响因素与优化策略 [J]. 规划师，2019（22）：5-12.

夏正伟，张烨 . 从"5D"到"5D+N"：英文文献中 TOD 效能的影响因素研究 [J]. 国际城市规划，2019，34（5）：109-116.

萧敬豪，周岱霖，胡嘉佩. 基于决策树原理的社区生活圈测度与评价方法——以广州市番禺区为例 [J]. 规划师，2018，34（3）：91-96.

肖作鹏，柴彦威，张艳. 国内外生活圈规划研究与规划实践进展述评 [J]. 规划师 2014，30（10）：89-95.

谢秉磊，丁川. TOD 下城市轨道交通与土地利用的协调关系评价 [J]. 交通运输系统工程与信息，2013（2）：9-13，41.

徐婉庭，马宏涛，程艺，等. 北京地铁站域活力影响因素探讨 [J]. 北京规划建设，2018（3）：40-46.

许葭，宋守信，翟怀远，等. 基于复杂网络的北京地铁网络化发展分析 [J]. 都市快轨道交通通，2020，33（5）：88-93.

许园园，塔娜，李响. 基于地铁刷卡数据的城市通勤与就业中心吸引范围研究 [J]. 人文地理，2017，32（3）：93-101.

杨家文，段阳，乐晓辉. TOD 战略下的综合开发土地整备实践——以上海、深圳和东莞为例 [J]. 国际城市规划，2020（4）：124-130.

杨仙，于洋，周睿. 国外节点—场所模型的研究进展及启示 [J]. 国际城市规划，2014（4）和应用：1-17.

杨震，康牧铧，慕希雅，等. 社区生活圈研究进展 [J]. 北京规划建设，2023（4）：88-91.

杨镇铭，杨林川，崔叙，等. 成都市中心型地铁站点地区协同性评价 [J]. 规划师，2020，36（23）：67-74.

殷玮宏，杨健，何兆东，等. 基于数据挖掘的深圳市地铁刷卡数据可视化分析 [J]. 现代信息科技，2020，4（14）：106-112.

于白勇，林宁. "轨道主导" 型 TOD：南京城市轨道交通可持续发展的支点 [J]. 现代城市研究，2006，10（5）：43-48.

于一凡. 从传统居住区规划到社区生活圈规划 [J]. 城市规划，2019，43（5）：17-22.

张纯，夏海山，于晓萍. 轨道交通与城市空间发展协同的时空响应研究——以北京为例 [J]. 城市规划，2020，44（5）：111-117.

张开翼，曹舒仪. 基于节点 – 场所模型评价东京典型轨道交通站点周边地区 [C]. 规划 60 年：成就与挑战——2016 中国城市规划年会论文集（05 城市交通规划），2016：966-976.

张明，刘菁. 适合中国城市特征的 TOD 规划设计原则 [J]. 城市规划学刊，2007（1）：91-96.

张乔嘉. 站点影响域与社区生活圈的空间耦合——以山地城市环境重庆为例 [J]. 重庆理工

大学学报（自然科学），2020，34（10）：202-210.

张文忠. 城市内部居住环境评价的指标体系和方法 [J]. 地理科学，2007（1）：17-23.

张艳，曹康，何奕苇，等. 土地使用与轨道交通的空间适配探讨 [J]. 城市规划，2017（8）：107-115.

张艳，朱潇冰，杨培霖，等. "5D+"视角下城市轨道交通站点的 TOD 效能评价：深圳市的实证研究 [J]. 现代城市研究，2022（9）：75-82.

赵晖，杨军，刘常平. 轨道沿线居民职住分布及通勤空间组织特征研究——以北京为例 [J]. 经济地理，2011，31（9）：1445-1451.

赵万民，方国臣，王华. 生活圈视角下的住区适老化步行空间体系构建 [J]. 规划师，2019，35：69-78.

赵燕青. 存量规划：理论与实践 [J]. 北京规划建设，2014（4）：153-156.

郑啸，陈建平，邵佳丽，等. 基于复杂网络理论的北京公交网络拓扑性质分析 [J]. 物理学报，2012，61（19）：95-105.

周岱霖，黄慧明. 供需关联视角下的社区生活圈服务设施配置研究——以广州为例 [J]. 城市发展研究，2019，26（12）：1-5，18.

周青峰，刘苏，王耀武. 城市轨道交通站点周边土地利用与交通协调关系研究 [J]. 铁道运输与经济，2018，40（4）：100-106.

周弦. 15 分钟社区生活圈视角的单元规划公共服务设施布局评估：以上海市黄浦区为例 [J]. 城市规划学刊，2020（1）：57-64.

周雨霏，杨家文，周江评，等. 基于热力图数据的轨道交通站点服务区活力测度研究——以深圳市地铁为例 [J]. 北京大学学报（自然科学版），2020，56（5）：875-883.

朱敏清，张姝婷，崔洪军，等. 公交引导发展模式下天津市社区型地铁站点与服务设施布局协调性研究 [J]. 城市轨道交通研究，2023，26（1）：44-48.

住房和城乡建设部. 城市轨道沿线地区规划设计导则 [S].[2024-08-01].https：//www.mohurd.gov.cn/. 2015.

邹兵. 增量规划向存量规划转型：理论解析与实践应对 [J]. 城市规划学刊，2015（5）：12-19.

ANANS A，CUANN L S.Dynamic forecasting of travel demand, residence location, and land development[M]. Advances in Urban Systems Modelling，1986.

ANGELOUDIS P，FISK D.Large subway systems as complex networks[J]. Physica A：Statistical Mechanics and its Applications，2006，367：553-558.

ANZHELIKA A，WANG F H，CHESTER W. Urban land uses，socio-demographic attributes and commuting：a multilevel modeling approach[J]. Applied Geography，2011，31（3）：1010-1018.

AREFEH N，ZHANG L. The analysis of transit-oriented development（TOD）in Washington，D.C. and Baltimore Metropolitan Areas[J]. Transport Policy，2014：32.

BARBIERI L，AUTILIA R，MARRONE P，et al. Graph representation of the 15-minute city：a comparison between Rome，London，and Paris[J]. Sustainability，2023，15（4）：3772.

BERTOLINI L. Station areas as nodes and places in urban networks：an analytical tool and alternative development strategies[J]. Berlin：Springer，2008.

BERTOLINI L.Nodes and places：complexities of railway station redevelopment[J]. European Planning Studies，1996，4（3）：331-345.

CALTHORPE P. Pedestrian pocket[M]. Berlin：Spring，1988.

CALTHORPE P. The next American metropolis：ecology，community，and the American dream[M]. New York：Princeton Architectural Press，1993.

CAO Z J，YASUO A，TAN Z B. Coordination between node，place，and ridership：comparing three transit operators in Tokyo[J]. Transportation Research Part D，2020：87.

CAREY C. Evolution of the transit-oriented development model for low-density cities：a case study of Perth's new railway corridor[J]. Planning Practice and Research，2008，23（3）.

CASET F. Planning for nodes，places，and people：a strategic railway station development tool for flanders[D]. Ghent：Ghent University，2019：83-100.

CERVERO R，KOCKELMAN K. Travel demand and the 3Ds：density，diversity，and design[J]. Transportation Research Part D：Transport and Environment，1997（3）：199-219.

CERVERO R，SARMIENTO O L，JACOBY E，et al. Influences of built environments on walking and cycling：lessons from Bogota[J]. International Journal of Sustainable Transportation，2009（4）：203-226.

CHOW A S Y. Urban design，transport sustainability and residents' perceived sustainability：a case study of transit-oriented development in Hong Kong[J]. Journal of Comparative Asian Development，2014，13（1）：73-104.

DAGANZO C F. Structure of competitive transit networks[J]. Institute of Transportation Studies，Research Reports，Working Papers，Proceedings，2009.

DAVID H. The condition of postmodernity：an enquiry into the origins of cultural change[J].

American Ethnologist，1994，21：915-916.

DOU M，WANG Y，DONG S. Integrating network centrality and node-place model to evaluate and classify station areas in Shanghai[J]. ISPRS International Journal of Geo-information，2021，10（6）：414.

EWING R，CERVERO R. Travel and the built environment：a meta-analysis[J]. Journal of the American Planning Association，2010（3）：265-294.

GREEN R，JAMES D M.Rail transit station area development：small area modeling in Washington DC [M]. New York：Routledge，1993.

HANCOCK T.The evolution，impact and significance of the healthy cities/healthy communities movement[J]. Journal of Public Health Policy，1993，14（1）：5-18.

HESS P M. Measures of connectivity streets：old paradigm，new investment[J]. Places，1997，11（2）.

HIGGINS C D，KANAROGLOU P S. A latent class method for classifying and evaluating the performance of station area transit-oriented development in the Toronto region[J]. Journal of Transport Geography，2016，52：75-72.

JACOBS J. The death and life of American great cities. New York：Random House，1961.

JACOBS M. Multinodal urban structures：a comparative analysis and strategies for design[D]. Delft：Delft University Press，2000.

JAMES E M，KIM T J. Mills'urban system models：perspective and template for LUTE applications[J]. Computer，Environment and Urban Systems，1995（4）：207-225.

JIN X，LONG Y，SUN W，et al. Evaluating cities vitality and identifying ghost cities in China with emerging geographical data [J]. Cities，2017，63：98-109.

JINKYUNG C，YONG J L，TAEWAN K，et al. An analysis of Metro ridership at the station-to-station level inseoul[J].Transportation，2012，39（3）：705-722.

KAMRUZZAMAN M，WOOD L，HINE J，et al. Patterns of social capital associated with transit oriented development[J]. Journal of Transport Geography，2014（35）：144-155.

KAMRUZZAMANMD，FARJANA M S，JULIAN H，et al. Commuting mode choice in transit oriented development：disentangling the effects of competitive neighborhoods，travel attitudes，and selfselection[J]. Transport Policy，2015：42.

KNIGHT R.Land use impacts of rapid transit systems：implications of recent experience[J]. Final Report Prepared for the US Department of Transportation，1977（2）：14-15.

LAURA G，JAFAR R，GONÇALO C. Incorporating the travellers'experience value in assessing the quality of rransit nodes : a rotterdam case study[J]. Case Studies on Transport Policy, 2018, 6（4）.

LEE K, JUNG W S, PARK J S, et al. Statistical analysis of the metropolitan seoul subway system : network structure and passenger flows[J]. Physica A. Statistical Mechanics and Its Applications, 2008（24）: 387.

LI Z, HAN Z, XIN J, et al. Transit oriented development among metro station areas in Shanghai, China : variations, typology optimization and implications for land use planning[J]. Land Use Policy, 2019, 82: 269-282.

LIU X, LONG Y. Automated identification and characterization of parcels with openstreetmap and points of interest[J]. Environment and Planning B: Planning and Design, 2016, 43（2）: 341-360.

LOO B P Y, CHEN C, CHAN E T H. Rail-based transit-oriented development : lessons from New York City and Hong Kong[J]. Landscape and Urban Planning, 2010, 97（3）: 202-212.

LOWDON W. Transportation and urban land[M]. Washington DC : Resource of the Future, 1961.

LYU G, BERTOLINI L, PFEFFER K. Developing a TOD Typology for Beijing metro station areas[J]. Journal of Transport Geography, 2016（49）: 40-50.

MILLS, EDWIN S. Studies in the structure of the urban economy[M]. Baltimore Md : Johns Hopkins University Press, 1972.

MONAJEM S, NOSRATIAN F E. The evaluation of the spatial integration of station areas via the node place model[J].Transportation Research Part D, 2015, 40: 14-27.

MONTGOMERY J. Making a city : urbanity, vitality and urban design[J]. Journal of Urban Design, 1998, 3（1）: 93-116.

NELSON A C. Reshaping metropolitan America[M]. Washington DC : Island Press/Center for Resource Economics, 2013.

PANERAI P, DEPAULE J C, DEMORGAN M. Analyseurbaine[M]. Marseilles : Éditions Parenthèses, 1999.

PAPA E, BERTOLINI L.Accessibility and transit-oriented development in European metropolitan areas[J]. Journal of Transport Geography, 2015（47）: 70-83.

PEZESHKNEJAD P, MONAJEM S, MOZAFARI H. Evaluating sustainability and land use integration of BRT stations via extended node place model[J]. Journal of Transport Geography, 2020: 82.

PUSHKAREV, BORIS M, JEFFREY M Z. Public transportation and land use policy[M]. Bloomington: Indiana University Press. 1977.

RATTI C, PULSELLI R M, WILLIAMS S, et al. Mobile landscapes: using location data from cell phones for urban analysis[J]. Environment & Planning B planning & Design, 2006, 33（5）: 727-748.

RENNE J L, WELLS J S, VOORHEES A M. Transit-oriented development: developing a strategy to measure success[M]. Washington DC: National Academy Press, 2005.

RENNE J L. From transit-adjacent to transit-oriented development[J]. Local Environment, 2009（1）: 1-15.

RICHARD M H. Principle of city land values[M]. New York: The Record and Guide, 1924: 1-60.

ROBERT C, MICHAEL D. Which reduces vehicle travel more: jobs-housing balance or retail-housing mixing?[J]. Journal of the American Planning Association, 2006, 72（4）: 475-490.

ROBERT C. Jobs-housing balancing and regional mobility[J]. Journal of the American Planning Association, 1989, 55（2）: 136-150.

SAAD A, ARDESHIR A. Do rail transit stations affect housing value changes? The dallas fort-worth metropolitan area case and implications[J]. Journal of Transport Geography, 2019: 79.

SU S, ZHANG H, WANG M, et al. Transit-oriented development（TOD）typologies around metro station areas in urban China: a comparative analysis of five typical megacities for planning implications[J]. Journal of Transport Geography, 2021, 90: 102939.

SUNG H, LEE S. Residential built environment and walking activity: empirical evidence of Jane Jacobs' urban vitality[J]. Transportation Research Part D Transport & Environment, 2015, 41: 318-329.

SUSAN L H, MARLON G B, REID E, et al. How the built environment affects physical activity[J]. American Journal of Preventive Medicine, 2002, 23（2）: 64-73.

TRAN M, DRAEGER C. A data-driven complex network approach for planning sustainable and inclusive urban mobility hubs and services[J]. Environment and Planning B: Urban Analytics and City Science, 2021, 48: 239980832098709.

VALE D S, VIANA C M, PEREIRA M. The extended node-place model at the local scale: evaluating the integration of land use and transport for Lisbon's subway network[J]. Journal of Transport Geography, 2018, 69: 282-293.

VALE D S.Transit-oriented development, integration of land use and transport, and pedestrian accessibility : combining node-place model with pedestrian shed ratio to evaluate and classify station areas in Lisbon[J]. Journal of Transport Geography, 2015（45）: 70-80.

VITO L, MASSIMO M. Is the Boston subway a small-world Network?[J]. Physica A : Statistical Mechanics and its Applications, 2002, 314（1）: 109-113.

VUCHIC V R, MUSSO A. Theory and practice of metro network design. Public Transport International, 1991, 40（3）: 298-325.

WELCH T F, GEHRKE S R, FARBER S. Rail station access and housing market resilience[J]. Urban Studies, 2018, 55（16）: 1-16.

WILLBERG E, FINK C, TOIVONEN T. The 15-minute city for all? – Measuring individual and temporal variations in walking accessibility[J]. Journal of Transport Geography, 2023, 106: 103521.

WILLIAM A. Location and land use : toward a general theory of land rent[M]. Cambridge : Harvard University Press, 1964.

WILLIAMS, TIFFANY R. Combining action research and grounded theory in health research : a structured narrative review. SSM - Qualitative Research in Health, 2022: 100093.

YAMINI J S, AZHARI L, JOHANNES F, et al. Measuring TOD around transit nodes - towards TOD policy[J]. Transport Policy, 2017: 56.

ZEKUN L, ZIXUAN H, JING X, et al. Transit oriented development among metro station areas in Shanghai, China : variations, typology, optimization and implications for land use planning[J]. Land Use Policy, 2019: 82.

ZHANG Y R, MARSHALL S, MANLEY E D. Understanding the roles of rail stations : insights from network approaches in the London metropolitan area[J]. Journal of Transport Geography, 2021: 94.

ZHANG Y R, STEPHEN M, MANLEY E D. Network criticality and the node-place-design model : classifying metro station areas in greater London[J]. Journal of Transport Geography, 2019: 79.

ZHOU J P, YANG Y L, GU P Q, et al. Can TODness improve（expected）performances of TODs? An exploration facilitated by non-traditional data[J]. Transportation Research Part D: Transport and Environment, 2019, 74: 28-47.

ZHOU M Z, ZHOU J L, ZHOU J P, et al. Introducing social contacts into the node-place model[J]. Journal of Transport Geography, 2023: 107.